全国专业技术人员新职业培训教程

物联网
工程技术人员 初级

物联网应用开发

人力资源社会保障部专业技术人员管理司　组织编写

中国人事出版社

图书在版编目（CIP）数据

物联网工程技术人员：初级．物联网应用开发／人力资源社会保障部专业技术人员管理司组织编写．--北京：中国人事出版社，2023

全国专业技术人员新职业培训教程

ISBN 978-7-5129-1793-4

Ⅰ．①物⋯　Ⅱ．①人⋯　Ⅲ．①物联网-程序设计-技术培训-教材　Ⅳ．①TP393.4②TP18

中国版本图书馆CIP数据核字（2022）第208958号

中国人事出版社出版发行

（北京市惠新东街1号　邮政编码：100029）

*

保定市中画美凯印刷有限公司印刷装订　　新华书店经销

787毫米×1092毫米　16开本　23印张　345千字

2023年3月第1版　2023年3月第1次印刷

定价：58.00元

营销中心电话：400-606-6496

出版社网址：http://www.class.com.cn

版权专有　　侵权必究

如有印装差错，请与本社联系调换：（010）81211666

我社将与版权执法机关配合，大力打击盗印、销售和使用盗版图书活动，敬请广大读者协助举报，经查实将给予举报者奖励。

举报电话：（010）64954652

本书编委会

指导委员会

主　　任：梅　宏

副 主 任：左仁贵

委　　员：陈继欣　郑　磊　丁恩杰　金　莹　郑轶群　张　晖　周治平

编审委员会

总 编 审：谭志彬

副总编审：邓　立　林金龙

主　　编：张正球

副 主 编：龚玉涵　王欣欣　马永涛

编写人员：彭坤容　刘晓勇　雷呈喜　张志宏　林　凡　李万臣　孔英会
　　　　　林建新　刘书勇　张　丽　徐连诚　王毅峰

主审人员：李　克　许宏吉

出版说明

当今世界正经历百年未有之大变局,我国正处于实现中华民族伟大复兴关键时期。在全球经济低迷,我国加快形成以国内大循环为主体、国内国际双循环相互促进的新发展格局背景下,数字经济发挥着提振经济的重要作用。党的十九届五中全会提出,要发展战略性新兴产业,推动互联网、大数据、人工智能等同各产业深度融合,推动先进制造业集群发展,构建一批各具特色、优势互补、结构合理的战略性新兴产业增长引擎。"十四五"期间,数字经济将继续快速发展、全面发力,成为我国推动高质量发展的核心动力。

近年来,人工智能、物联网、大数据、云计算、数字化管理、智能制造、工业互联网、虚拟现实、区块链、集成电路等数字技术领域新职业不断涌现,这些新职业从业人员通过不断学习与探索,将推动科技创新、释放巨大能量,推动人们生产生活方式智能化、智慧化、数字化,推动传统产业转型升级,为经济高质量发展注入强劲活力。我国在技术、消费与应用领域具备数字经济创新领先优势,但还存在数字技术人才供给缺口较大、关键核心技术领域自主创新能力不足、数字经济与实体经济融合的深度和广度不够等问题。发展数字经济,推进数字产业化和产业数字化,推动数字经济和实体经济深度融合,急需培育壮大数字技术工程师队伍。

人力资源社会保障部会同有关行业主管部门将陆续制定颁布数字技术领域国家职业标准,坚持以职业活动为导向、以专业能力为核心,遵循人才成长规律,对从业人员的理论知识和专业能力提出综合性引导性培养标准,为加快培育数字技术人才提供基本依据。根据《人力资源社会保障部办公厅关于加强新职业培训工作的通知》(人社厅发〔2021〕28号)要求,为提高新职业培训的针对性、有效性,进一步发挥新职业培训促进更好就业的作用,人力资源社会保障部专业技术人员管理司组织相关领域的专家学者编写了全国专业技术人员新职业培训教程,供相关领域开展新职业培训使用。

本系列教程依据相应国家职业标准和培训大纲编写,划分初级、中级、高级三个等级,有的职业划分若干职业方向。教程紧贴数字技术人员职业活动特点,定位于全国平均水平,且是相关数字技术人员经过继续教育或岗位实践能够达到的水平,突出该职业领域的核心理论知识、主流技术及未来发展要求,为教学活动和培训考核提供规范和引导,将帮助广大有意或正在从事数字技术职业人员改善知识结构、掌握数字技术、提升创新能力。

希望本系列教程的出版,能够在加强数字技术人才队伍建设、推动数字经济快速发展中发挥支持作用。

目　录

第一篇　物联网平台应用开发

第一章　物联网平台部署 ………………………… 003
第一节　使用容器技术 …………………………… 005
第二节　部署物联网平台 ………………………… 020

第二章　规则链应用设计 ………………………… 035
第一节　规则链应用基础 ………………………… 037
第二节　规则链设计 ……………………………… 047

第三章　可视化应用开发 ………………………… 063
第一节　设备遥测与数据可视化 ………………… 065
第二节　使用仪表板可视化数据 ………………… 081

第四章　物联网平台应用对接开发 ……………… 089
第一节　数据持久化开发 ………………………… 091
第二节　对接数据可视化平台 …………………… 104
第三节　对接大数据汇聚与分析平台 …………… 114

第五章　开发基于物联网平台的智慧温室项目 … 135
第一节　智慧温室项目概述 ……………………… 137

第二节 智慧温室项目实施 …………………………… 142

第二篇 物联网边缘计算系统应用开发

第六章 物联网边缘计算系统部署 …………………… 171
第一节 部署边缘计算系统 …………………………… 173
第二节 访问 EdgeX 中的数据库 …………………… 182

第七章 物联网设备接入开发 ………………………… 189
第一节 Modbus 设备接入 …………………………… 191
第二节 MQTT 设备接入 …………………………… 195

第八章 第三方平台接入应用 ………………………… 201
第一节 对接第三方消息平台 ………………………… 203
第二节 自定义消息协议 …………………………… 209

第九章 开发基于边缘计算系统的智慧温室项目 …………………………… 213
第一节 部署 EdgeX 作为智慧温室项目的网关 …… 215
第二节 修改智慧温室规则链 ………………………… 225

第三篇 物联网移动应用开发

第十章 搭建智慧温室 App ………………………… 233
第一节 智慧温室 App 概述 ………………………… 235
第二节 搭建移动应用开发环境 ……………………… 238
第三节 新建智慧温室 App 项目 …………………… 244

第十一章 智慧温室 App 核心功能业务开发 …… 259
第一节 界面设计与开发 …………………………… 261
第二节 登录物联网平台 …………………………… 296

第三节 数据展示……………………………………………… 311

第四节 设备控制……………………………………………… 321

第五节 智能告警……………………………………………… 339

参考文献…………………………………………………………… 351

后记………………………………………………………………… 353

第一篇
物联网平台应用开发

物联网平台通常包括设备汇聚管理、数据传输管理、数据分析管理、应用服务管理这四大核心功能。物联网平台向下协调整合设备信息,使用设备管理、规则引擎等功能保持业务的完整性,向上提供应用服务的标准接口,建立设备数据与应用的快速对接通道,应用和设备之间通过物联网平台实现双向通信和下行控制。

我国的 5G 网络快速部署,不仅解决了人与物、物与物的通信问题,而且满足了智慧医疗、智慧交通、智慧家居、工业控制、环境监测等万物互联的物联网应用需求,基于物联网平台快速开发物联网应用的市场需求将得以持续释放。物联网应用开发方向的从业者只有掌握基于物联网平台的应用开发技能,才能使用物联网平台快速赋能千行百业的物联网场景。

本篇主要介绍物联网平台的部署、规则链应用设计、可视化应用开发、对接可视化分析和数据分析平台等内容,并在此基础上实现基于物联网平台的智慧温室项目开发。

第一章
物联网平台部署

据麦肯锡《物联网：抓住加速机遇》报告预测，中国已经成为全球物联网市场重要的增长力量，预计到2030年，中国物联网产业将占全球物联网经济价值的26%左右，发达国家整体为56%，其他区域为19%。

在持续增长的物联网市场中，业内预估物联网价值链的比例分配为：终端占30%，网络占10%，平台占20%，应用服务占40%。这意味着连接的价值最低，应用服务的价值最高，为了实现从低价值到高价值的跃迁，平台将起到关键作用。

我国的物联网平台市场发展稳健向前，公有物联网平台因其低成本、易上手、高可靠等优点而被中小企业广泛认可，但是当面对设备接入协议受限（物联网平台普遍只支持MQTT、HTTP、CoAP协议接入）、对数据安全性要求提高（关键业务数据暴露在云厂商的多租户环境中会带来很高的安全风险和数据隐私安全问题）等问题时，许多企业开始寻求本地化部署的解决方案。物联网的本地化部署可以让企业灵活自主地构建私有物联网平台，让设备、数据、应用实现私有化的同时，还可无缝接入物联网平台实现万物互联，享有独立且丰富的生态利好。

本教程选用开源的ThingsBoard物联网平台进行私有化部署，主要考虑该平台有以下特点：开放源代码，社区人气活跃；支持容器技术部署；涵盖数据收集、处理和可视化功能，能快速建立物联网相关业务系统；提供多种设备接入协议；允许用户自定义仪表板进行数据可视化展示；使用规则引擎实现数据分析与处理，可以进行数据的过滤、告警条件设置等业务逻辑，以上几点与物联网工程技术人员的物联网平台应用开发要求的技能点相匹配,读者可以基于容器技术快速部署私有化物联网平台进行学习,从而降低学习成本,提高学习效率。

本章主要介绍使用容器技术,基于不同的技术架构部署开源的物联网平台,同时部署和配置物联网平台需要的数据库。

- **职业功能:** 物联网平台应用开发。
- **工作内容:** 物联网平台部署。
- **专业能力要求:** 能应用容器技术,进行微服务主机部署;能根据部署文档,进行物联网平台的数据库部署与配置。
- **相关知识要求:** 容器知识、微服务架构知识、关系型、非关系型数据库知识。

第一节　使用容器技术

开源的物联网平台部署一般都支持以容器的方式部署。Docker 是一个开源的应用容器引擎和开放平台。自 2013 年发布首个公开版本后,仅用了不到十年时间,Docker 已经形成了自己的生态圈,成为备受关注的程序部署方案。随着越来越多的企业开始关注甚至将 Docker 用于生产环境的部署,掌握 Docker 的使用成为物联网工程技术人员必不可少的一项技能。

本节介绍容器和容器编排工具使用的基础知识,读者学完本节内容后,能够进行容器的安装与卸载、容器的基础命令操作以及掌握容器编排工具的使用,为部署物联网平台打下良好的基础。

考核知识点及能力要求:

- 了解容器的基本概念和容器的组成;
- 了解容器编排工具的基本概念;
- 能安装和卸载容器;
- 能安装容器编排工具;
- 能使用容器的常用命令;
- 能查阅文档完成容器编排配置文件的编写;
- 能解决安装过程中出现的问题。

一、在 CentOS 7 上安装与卸载 Docker

Docker 用于在任何地方开发、交付和运行应用程序。开发者使用 Docker 将应用和依赖包一起打包到一个轻量级、可移植的容器中,就可以在任何地方部署应用。

(一)Docker 概述

在 Docker 没有出现之前,一般是使用虚拟机技术,比如在一台 Windows 物理机中虚拟出硬件,运行一个完整的 Linux 操作系统,Linux 系统有自己的内核,应用运行在 Linux 内核上。如果要部署多个虚拟机,则需要耗费很多的系统资源,并且操作十分烦琐。使用 Docker 后,利用 Linux 内核级别的虚拟化技术特性,使用一种称为容器(Container)的技术提供隔离的工作空间。当运行一个容器时,Docker 会为该容器创建一组命名空间。这些命名空间提供了一层隔离,容器的每个应用都在单独的命名空间中运行,且每个容器都有属于自己的文件系统,互不影响。Docker 容器是没有自己内核的,容器直接运行在宿主机内核上,也没有虚拟硬件,在一个物理机上可以运行很多容器。

Docker 是一个客户端-服务器结构的系统,主要由 Docker 客户端和 Docker 主机组成。Docker 主机就是服务器,其中运行着 Docker 守护进程。用户通过客户端与守护进程进行交互,当用户使用构建、拉取/下载、运行等命令时,客户端会将这些命令发送给守护进程,从而执行命令。

Docker 主机是一个物理或者虚拟的机器,不仅用于执行守护进程和容器,而且用于存储镜像(Image)文件。镜像文件是一种轻量级、可执行的独立软件包,用来打包软件运行环境和基于运行环境开发的软件,它包含运行某个软件所需要的所有内容,包括代码、运行时、库、环境变量和配置文件。镜像相当于模板,通过模板创建容器。

Docker 守护进程负责侦听用户请求并管理 Docker 对象,与其他守护进程通信以管理 Docker 服务;Docker 利用容器技术,在独立的隔离空间内运行一个或者一组应用,容器需要通过镜像来创建,存放镜像的地方是仓库(Repository)。

(二)在 CentOS 7 上安装 Docker

Docker 从 17.03 版本之后分为社区版(Community Edition,CE)和企业版(Enterprise

Edition，EE）。本教程使用社区版进行讲解，操作的用户是 root。如果不使用 root 用户，请在所有命令前加 sudo。

安装 Docker，请遵循以下操作步骤。

第一步：检查安装环境。社区版 Docker 支持 64 位版本的 CentOS 7，并且要求内核版本不低于 3.10，因此安装前应查看系统内核和 CentOS 7 版本是否满足要求。

查看系统内核：

```
[root@pkr ~]# uname -r
3.10.0-1160.el7.x86_64
```

查看 CentOS 版本：

```
[root@pkr ~]# cat /etc/redhat-release
CentOS Linux release 7.9.2009 (Core)
```

第二步：更新 Yum。Yum（Yellow dog Updater, Modified）是一个 Shell（Linux 操作系统中的命令解释器）前端软件包管理器。基于 Red Hat 软件包管理（Red Hat Package Manager，RPM），能够从指定的服务器自动下载 RPM 包并安装，可以自动处理依赖性关系，并且一次性安装所有依赖的软件包，无须分别下载和安装。

更新 Yum：

```
[root@pkr ~]#yum update
```

第三步：卸载旧版本。如果曾安装过 Docker，需要先卸载旧版 Docker 及其相关的依赖包。

卸载旧版 Docker：

```
[root@pkr ~]# yum remove docker \
              docker-client \
              docker-client-latest \
```

```
                docker-common \
                docker-latest \
                docker-latest-logrotate \
                docker-logrotate \
                docker-engine
```

第四步：设置存储库。首次安装 Docker 之前，需要设置存储库。设置存储库后，可以从存储库安装和更新 Docker。因为 Docker 的镜像仓库在国外，安装和更新速度稍慢，如需快速安装和更新可以配置成国内的镜像仓库。

默认保存软件安装包的位置有两处：/var/cache/yum/x86_64/7/updates/packages 和 /var/cache/yum/x86_64/7/base/packages。如果想要直接将软件下载到当前文件夹，需要使用命令 yum-y install yum-utils 进行设置。

设置将软件下载到当前文件夹：

```
[root@pkr ~]# yum install -y yum-utils
```

设置使用国外的镜像仓库：

```
[root@pkr ~]# yum-config-manager \
              --add-repo \
              https://download.docker.com/linux/centos/docker-ce.repo
```

设置使用国内的镜像仓库：

```
[root@pkr ~]# yum-config-manager \
              --add-repo \
              https://download.docker.com/linux/centos/docker-ce.repo
```

第五步：通过 Yum 命令安装 Docker 社区版。

安装最新版的 docker-ce：

```
[root@pkr ~]# yum install docker-ce docker-ce-cli containerd.io
```

命令执行需要一段时间，当出现提示"completed"，则代表安装完成。

第六步：查看 Docker 是否安装成功。运行命令 docker version，如果出现版本号、服务器、容器等信息，说明 Docker 安装成功，如图 1-1 所示。

第七步：拉取并运行 hello-world 镜像进行验证测试。Docker 成功安装后，就可以进行镜像文件的拉取。Docker 拉取某个镜像文件时，会先从本地查找，找不到才会到仓库中拉取。拉取能正常执行，说明 Docker 安装成功并运行正常，如图 1-2 所示。

```
[root@pkr ~]# docker version
Client: Docker Engine - Community
 Version:           20.10.11
 API version:       1.41
 Go version:        go1.16.9
 Git commit:        dea9396
 Built:             Thu Nov 18 00:38:53 2021
 OS/Arch:           linux/amd64
 Context:           default
 Experimental:      true

Server: Docker Engine - Community
 Engine:
  Version:          20.10.11
  API version:      1.41 (minimum version 1.12)
  Go version:       go1.16.9
  Git commit:       847da18
  Built:            Thu Nov 18 00:37:17 2021
  OS/Arch:          linux/amd64
  Experimental:     false
 containerd:
  Version:          1.4.12
  GitCommit:        7b11cfaabd73bb80907dd23182b9347b4245eb5d
 runc:
  Version:          1.0.2
  GitCommit:        v1.0.2-0-g52b36a2
 docker-init:
  Version:          0.19.0
  GitCommit:        de40ad0
[root@pkr ~]#
```

图 1-1　Docker 版本的输出信息

```
[root@pkr ~]# docker run hello-world
Unable to find image 'hello-world:latest' locally
latest: Pulling from library/hello-world
2db29710123e: Pull complete
Digest: sha256:cc15c5b292d8525effc0f89cb299f1804f3a725c8d05e158653a563f15e4f685
Status: Downloaded newer image for hello-world:latest
WARNING: IPv4 forwarding is disabled. Networking will not work.

Hello from Docker!
This message shows that your installation appears to be working correctly.

To generate this message, Docker took the following steps:
 1. The Docker client contacted the Docker daemon.
 2. The Docker daemon pulled the "hello-world" image from the Docker Hub.
    (amd64)
 3. The Docker daemon created a new container from that image which runs the
    executable that produces the output you are currently reading.
 4. The Docker daemon streamed that output to the Docker client, which sent it
    to your terminal.

To try something more ambitious, you can run an Ubuntu container with:
 $ docker run -it ubuntu bash

Share images, automate workflows, and more with a free Docker ID:
 https://hub.docker.com/

For more examples and ideas, visit:
 https://docs.docker.com/get-started/

[root@pkr ~]#
```

图 1-2　正常运行 hello-world

（三）卸载 Docker

卸载 Docker 时，先卸载 docker-ce，再删除所有镜像、容器和卷。

卸载 docker-ce：

```
[root@pkr ~]# yum remove docker-ce docker-ce-cli containerd.io
```

删除所有镜像、容器和卷：

```
[root@pkr ~]#rm -rf /var/lib/docker
[root@pkr ~]#rm -rf /var/lib/containerd
// 删除其他配置文件
```

Docker 的默认工作路径是 /var/lib/docker，卸载时主机上的镜像、容器、卷或自定义配置文件不会自动删除，必须手动删除任何已编辑的配置文件。

二、Docker 常用命令

Docker 常用命令有基础命令、镜像命令和容器命令。

（一）基础命令

常用的 Docker 基础命令有启动、停止、查看版本、查看信息以及查看帮助等，如下所示：

```
# 启动 Docker
[root@pkr ~]# systemctl start docker
# 设置为开机自启动
[root@pkr ~]# systemctl enable docker
# 停止 Docker
[root@pkr ~]# systemctl stop docker
# 查看 Docker 的版本
[root@pkr ~]# docker version
# 查看 Docker 的信息
[root@pkr ~]# docker info
# 查看命令的帮助信息
[root@pkr ~]# docker COMMAND --help
```

(二)镜像命令

常用的镜像命令有查看、搜索、拉取、删除等。

查看下载到本地的所有镜像:

[root@pkr ~]# docker images				
REPOSITORY	TAG	IMAGE ID	CREATED	SIZE
hello-world	latest	feb5d9fea6a5	2 months ago	13.3kB

以上命令输出结果的含义如下:

REPOSITORY:镜像的仓库源。

TAG:镜像的标签,latest 代表最新的版本。

IMAGE ID:镜像的 ID。

CREATED:镜像的创建时间。

SIZE:镜像的大小。

查看镜像时还可以带参数,参数如下。

```
# 参数 -a 代表 all,用于列出所有镜像
[root@pkr ~]# docker images -a
[root@pkr ~]#docker images --all
# 参数 -q 代表 quiet,用于显示镜像的 ID
[root@pkr ~]#docker images -q
[root@pkr ~]#docker images --quiet
```

搜索镜像:

```
# 搜索 MySQL 镜像
[root@pkr ~]# docker search mysql
```

拉取 / 下载镜像文件,使用命令 docker pull 镜像名[:tag]。下载镜像时如果不写 tag,则默认下载最新版(latest)。拉取最新版的 MySQL 镜像:

```
[root@pkr ~]# docker pull mysql
Using default tag: latest
latest: Pulling from library/mysql
ffbb094f4f9e: Pull complete
... 中间输出略
23390142f76f: Pull complete
Digest:
sha256: ff9a288d1ecf4397967989b5d1ec269f7d9042a46fc8bc2c3ae35458c1a26727
Status: Downloaded newer image for mysql: latest
docker.io/library/mysql: latest
```

查看已拉取的 MySQL 镜像:

```
[root@pkr ~]# docker images
REPOSITORY    TAG      IMAGE ID        CREATED        SIZE
mysql         latest   bbf6571db497    11 days ago    516MB
hello-world   latest   feb5d9fea6a5    2 months ago   13.3kB
```

从命令输出结果中，可以看到输出的 TAG 标志处是 latest，代表已经拉取了最新版本的镜像。如果想拉取指定版本，如拉取 MySQL 5.7 版本，命令如下:

```
[root@pkr ~]# docker pull mysql: 5.7
```

如果想知道 MySQL 有哪些版本，可以到 Docker Hub（用于托管各种 Docker 镜像的注册表）中查找。

删除镜像的命令是 docker rmi，常见的删除操作如下:

```
// 删除指定的镜像 ID
[root@ pkr ~]# docker rmi -f     镜像 ID
// 删除多个镜像 ID
```

```
[root@ pkr ~]# docker rmi -f    镜像 ID 镜像 ID 镜像 ID
// 删除全部镜像 ID
[root@ pkr ~]# docker rmi -f    $(docker images -aq)
```

（三）容器命令

镜像拉取后，运行镜像就相当于在独立的隔离空间内运行应用，这个独立运行空间就是容器。常用的容器命令有运行、进入、查看、停止等。

运行容器使用 docker run [可选参数] image，常用的可选参数说明如下：

--name=" 名字 "：指定容器名字。

-d：后台方式运行。

-it：使用交互方式运行，进入容器查看内容。

-p：指定容器的端口。

-P：随机指定端口（大写的 P）。

拉取和运行一个 CentOS 容器的操作如下：

```
# 拉取
[root@ pkr ~]#docker pull centos
# 运行
[root@ pkr ~]#docker run -it centos /bin/bash
[root@bh1b8900c556 /]#
```

从上面的输出结果看到，运行成功后提示符由 [root@ pkr ~] # 变成了 [root@bh1b8900c556 /] #，说明已进入容器中。

如果容器是使用后台方式运行的，当需要进入容器修改配置时，有两种方法可以进入容器。以进入 ID 为 bh1b8900c556 的容器为例，两种方法操作如下。

```
# 方法一，docker exec 代表进入容器后开启一个新的终端，进入容器后使用
/bin/bash 进行命令解释。
[root@ pkr ~]# docker exec -it bh1b8900c556 /bin/bash
```

```
# 方法二，docker attach 代表进入容器正在执行的终端，不会启动新的终端。
root@ pkr ~]# docker attach bh1b8900c556
```

停止并退出容器：

```
# 停止并退出容器 ( 后台方式运行则仅退出 )
[root@ bh1b8900c556 /]#exit
[root@ pkr ~]#
# 不停止容器退出
[root@ bh1b8900c556 /]#Ctrl+P+Q
```

用于列出运行过的容器：

```
# 列出所有容器的运行记录
[root@ pkr ~]#docker ps -a
```

删除容器：

```
# 删除指定的容器，不能删除正在运行的容器
[root@ pkr ~]#docker rm 容器 ID
# 删除所有的容器，强制删除使用 rm -f
[root@ pkr ~]#docker rm -f $(docker ps -aq)
```

启动和停止容器：

```
# 启动容器
[root@ pkr ~]#docker start 容器 ID
# 重启容器
[root@ pkr ~]#docker restart 容器 ID
# 停止当前运行的容器
[root@ pkr ~]#docker stop 容器 ID
```

```
# 强制停止当前容器
[root@ pkr ~]#docker kill 容器 ID
```

查看容器启动的日志：

```
docker logs 容器 ID
```

遵循上述的操作步骤描述，使用 Docker 部署 MySQL 的操作过程如图 1-3 所示。

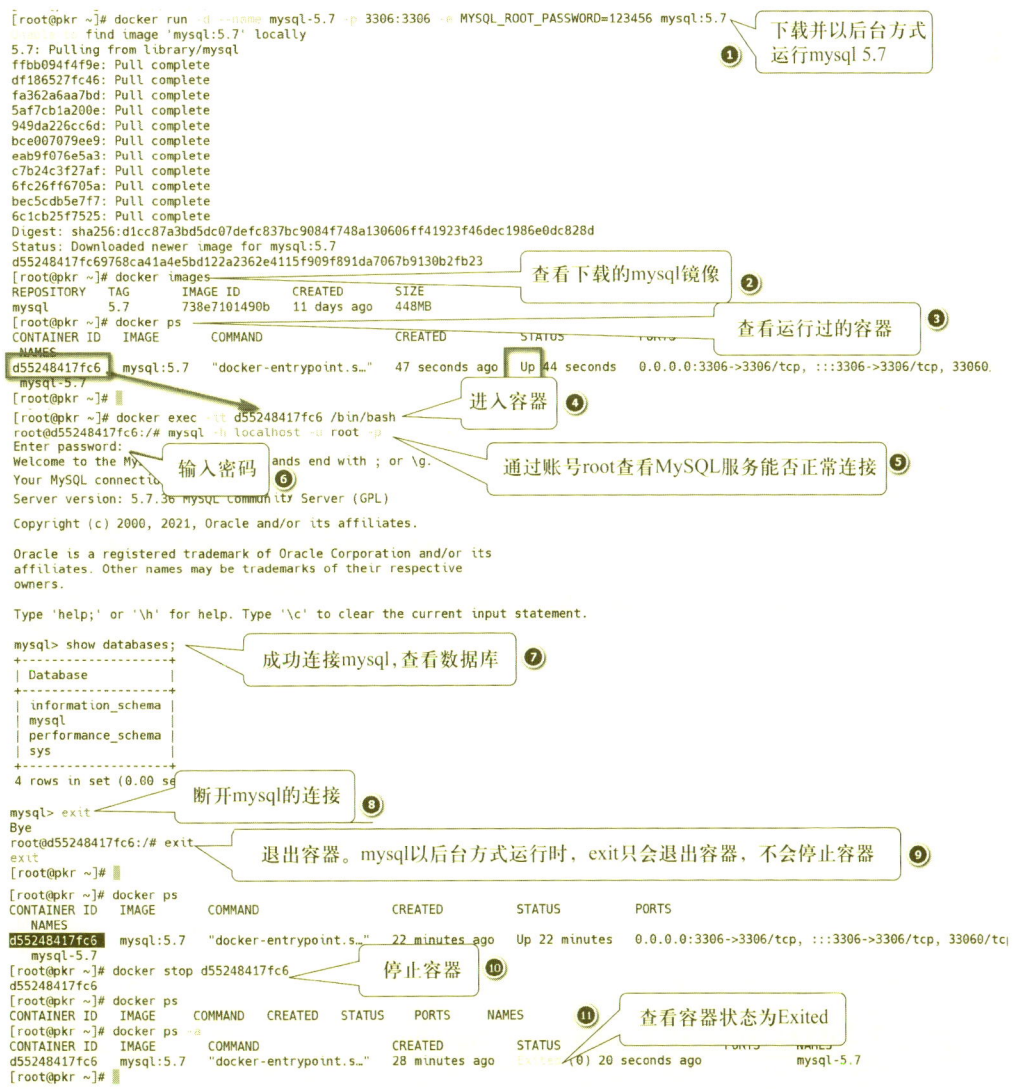

图 1-3 部署 MySql

三、在 CentOS 7 上安装 Docker Compose

Docker Compose 是一个编排多容器的工具，Docker Compose 使用一种后缀为 yml 的文件来配置应用程序需要的所有服务。只要使用一个命令，就可以从 yml 配置文件中创建并启动所有服务和销毁所有服务。Docker Compose 提供命令集管理容器化应用的完整开发周期，包括服务构建、启动和停止，可以轻松地管理容器，降低维护工作量。

在实现原理上，Docker Compose 是调用了 Docker 服务提供的应用程序编程接口（Application Programming Interface，API）来对容器进行管理。因此，只要所操作的平台支持 Docker，就可以在其上利用 Docker Compose 来进行编排管理。

Docker Compose 将所管理的容器分为三层，分别是工程、服务、容器。Docker Compose 运行目录下的所有文件组成一个工程，工程名默认为 docker-compose.yml 所在目录的目录名称。一个工程可以包含多个服务，每个服务中定义了容器运行的镜像、参数和依赖，一个服务可以有多个容器实例。

（一）安装 Docker Compose

在 CentOS 7 上安装 Docker Compose，请遵循以下操作步骤。

第一步：下载 Docker Compose 的当前稳定版本，从 GitHub 上的 Compose 存储库发布页面下载 Docker Compose 二进制文件。操作如下：

```
[root@ pkr ~]#curl -L
"https://github.com/docker/compose/releases/download/1.29.2/docker-compose-$(uname -s)-$(uname -m)" -o /usr/local/bin/docker-compose
```

如果要安装不同版本的 Docker Compose，需将上述命令中的 1.29.2 替换为要使用的 Docker Compose 版本。

第二步：对二进制文件授予可执行权限。操作如下：

[root@ pkr ~]#chmod +x /usr/local/bin/docker-compose

第三步：创建软链接。操作如下：

[root@ pkr ~]#ln -s /usr/local/bin/docker-compose   /usr/bin/docker-compose

第四步：查看 Docker-Compose 版本。操作如下：

[root@ pkr ~]#docker-compose --version

需要特别注意的是，下载 Docker Compose 文件需要 Git（一个开源的分布式版本控制系统）的支持。在安装 Docker Compose 前需要先用 yum install -y git 命令安装 Git 并配置 Git 的用户名和邮箱信息，再下载 Docker Compose，操作过程如图 1-4 所示。

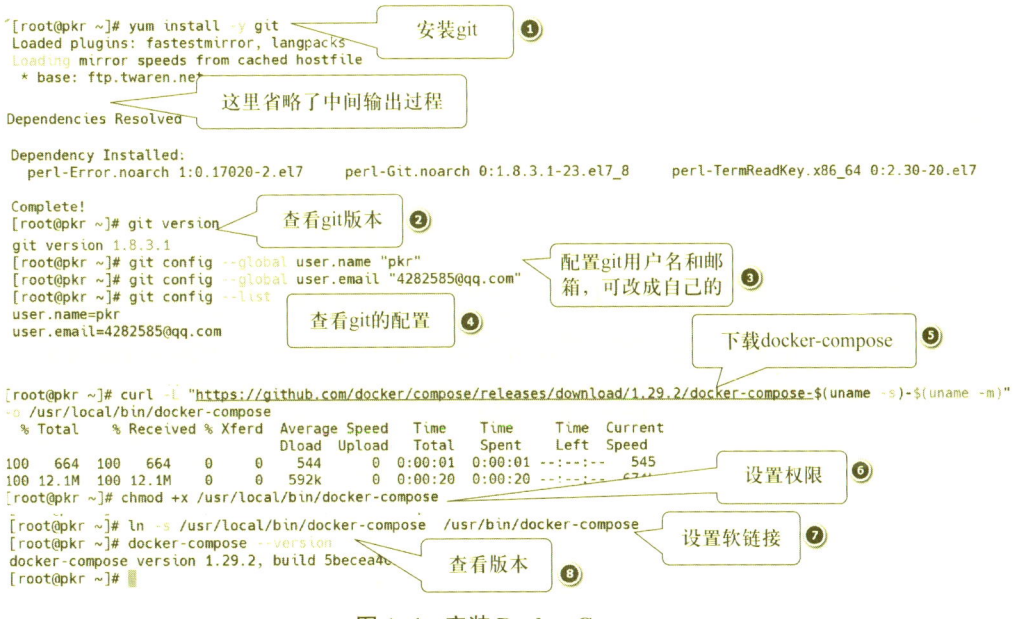

图 1-4　安装 Docker Compose

（二）Docker Compose 配置文件

Docker Compose 的配置文件默认为 docker-compose.yml，用于定义服务、网络和卷。使用 docker-compose.yml 定义构成应用程序的服务，这样这些服务就可以在隔离环境中一起运行。

通常在应用项目的根路径创建名为 docker-compose.yml 的文件，docker-compose.yml 文件的结构如图 1-5 所示。

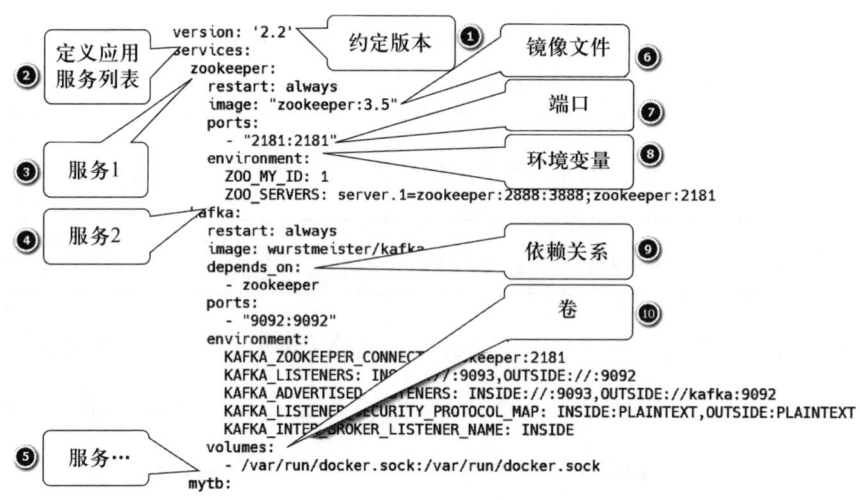

图 1-5　docker-compose.yml 文件的结构

在 docker-compose.yml 文件中定义内容，应遵循以下操作步骤。

第一步：定义约定版本，如图 1-5 中标号①处所示。

第二步：定义应用服务列表，如图 1-5 中标号②处所示。

第三步：定义应用需要的各个子服务，如图 1-5 中标号③④⑤处所示。

第四步：在每个子服务中，定义采用哪个镜像文件，如图 1-5 中标号⑥处所示。

第五步：定义子服务使用的端口号，如图 1-5 中标号⑦处所示。

第六步：如果有需要，就定义子服务使用的环境变量，如图 1-5 中标号⑧处所示。

第七步：如果有需要，就定义各子服务间的依赖关系，如图 1-5 中标号⑨处所示。

第八步：如果有需要，就定义子服务的卷，如图 1-5 中标号⑩处所示。

docker-compose.yml 文件中常用命令解释如下：

version：指定版本 yml 文件依据的 Docker Compose 版本。

services：定义应用的服务列表。

image：指定镜像名称或镜像 ID。如果本地不存在该镜像，Docker Compose 会尝试下载该镜像。

ports：暴露端口信息。可使用主机：容器的格式，也可只指定容器端口（此时宿主机将会随机选择端口），类似于 docker run -p。需要注意的是，当使用主机：容器格式映射端口时，容器端口小于 60 将会得到错误的接口。

links：链接到其他服务容器。可以指定服务名称和服务列表，也可只指定服务名称。

volumes 和 volumes_from：卷挂载路径设置和从哪里挂载。可指定只读（ro）或读写（rw），默认是读写（rw）。

depends_on：服务之间的先后依赖关系。

network_mode：设置网络模式，有 bridge、host、none 三种设置方式。

更多的 docker-compose.yml 文件中的参数信息，请读者自行查阅官方参考文档。

（三）Docker Compose 常用操作

常用的 Docker Compose 操作有启动、停止、查看等，具体操作命令如下：

```
# 构建镜像并启动容器
[root@ pkr ~]#docker-compose up
# 停止容器，删除容器，移除自定义网络
[root@ pkr ~]#docker-compose down
# 查看所有运行的容器
[root@ pkr ~]#docker-compose ps
# 查看具体容器的日志，-f 参数表示实时日志输出
[root@ pkr ~]#docker-compose logs -f container_name
# 查看和容器端口绑定的主机端口
[root@ pkr ~]#docker-compose port container_name container_port
# 停止指定的容器，如果不指定则停止所有容器
[root@ pkr ~]#docker-compose stop container_name
# 启动指定的容器，如果不指定则停止所有容器
```

```
[root@ pkr ~]#docker-compose start container_name
# 删除指定的已停止容器，如果不指定则删除所有已停止容器
[root@ pkr ~]#docker-compose rm container_name
# 构建或者重新构建服务的镜像，但不会创建和启动容器
[root@ pkr ~]#docker-compose build
```

第二节　部署物联网平台

本节主要介绍使用容器技术进行单体应用架构和微服务架构的物联网平台部署过程，同时进行相关数据库的配置。单体应用架构是指将一个应用中的所有服务都封装在一个应用中，而微服务架构则是将整个应用分散成多个服务，服务间分工明确，责任清晰。

考核知识点及能力要求：
- 了解并部署单体应用架构的物联网平台；
- 了解并部署微服务架构的物联网平台；
- 能在部署过程中配置物联网平台的数据库；
- 能解决部署过程中出现的问题。

一、部署单体应用架构的物联网平台和配置数据库

单体应用架构的 ThingsBoard 物联网平台提供了基于消息队列遥测传输协议（Message Queuing Telemetry Transport，MQTT）、超文本传输协议（Hyper Text Transfer Protocol，

HTTP)、受限应用协议(Constrained Application Protocol,CoAP)的传输类服务 API 用于设备接入,同时 MQTT 传输类服务还提供了网关 API,供代表多个已连接设备和传感器的网关使用。传输服务从设备接收到消息后,将消息进行解析并推送到消息队列。ThingsBoard 核心负责处理 REST API(REST API 也称为 RESTful API,以下简称 RESTful,是遵循 REST 架构规范的应用编程接口,支持与 RESTful Web 服务进行交互;REST 是表述性状态传递 Representational State Transfer 的英文缩写,由计算机科学家 Roy Fielding 创建)调用、WebSocket(一种基于 TCP 协议的全双工通信协议)的订阅和数据存储。ThingsBoard 规则引擎则负责处理传入的消息和转发消息,如图 1-6 所示。

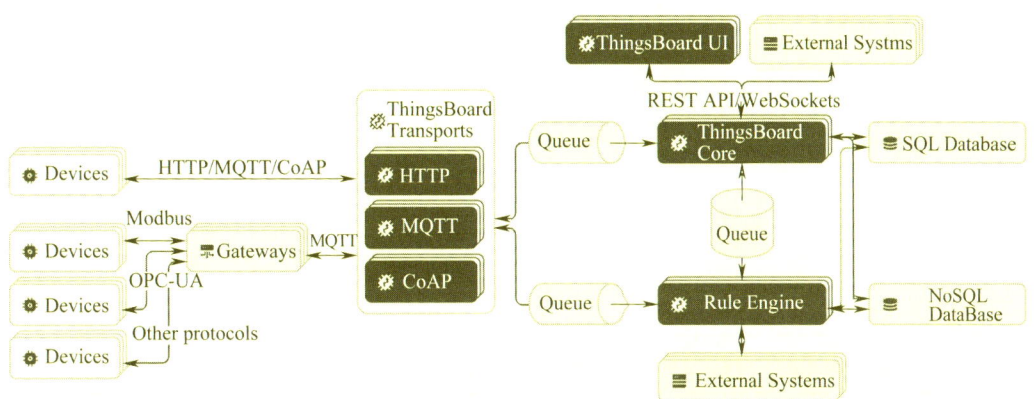

图 1-6　单体应用架构的 ThingsBoard 组成

ThingsBoard 支持使用 Docker Compose 进行部署。开始部署前,请确保成功安装了 Docker 和 Docker Compose。

(一)部署物联网平台和配置数据库

ThingsBoard 部署的过程是先创建存储数据和日志的目录,再在 docker-compose.yml 文件中编写需要的服务、指定存储目录和开放的端口等。

部署 ThingsBoard 物联网平台和配置相关的数据库,请遵循以下操作步骤。

第一步:创建存储数据和日志的目录并授予权限。因数据持久化需求,物联网平台的数据和日志需要持久化在容器之外,因此在部署前先用命令创建用于存储数据和日志的目录,然后将其所有者更改为 Docker 容器用户。更改所有者使用 chown 命令,该命令需要 root 权限，如果使用 root 用户操作，则命令中的 sudo 要去掉。操作命令如下：

```
# 创建目录 singlethingsboard，该目录可以自定义
[root@ pkr ~]#mkdir singlethingsboard
# 切换到 singlethingsboard 下
[root@ pkr ~]#cd singlethingsboard
# 创建存储数据的目录并授予权限
[root@ pkr singlethingsboard]#mkdir -p /data/.mytb-data && sudo chown -R 799:799 /data/.mytb-data
# 创建存储日志的目录并授予权限
[root@ pkr singlethingsboard]#mkdir -p /data/.mytb-logs && sudo chown -R 799:799 /data/.mytb-logs
```

第二步：新建 docker-compose.yml 文件用于定义安装环境。在 singlethingsboard 目录下，创建并进入 docker-compose.yml 文件的编辑模式。

```
[root@ pkr singlethingsboard]#vi docker-compose.yml
```

第三步：编写 docker-compose.yml 文件。ThingsBoard 物联网平台使用到了 ZooKeeper（一个开放源码的分布式应用程序协调服务）、Kafka（一个开源的高吞吐量的分布式发布订阅消息系统）和 PostgreSQL（一种关系型数据库管理系统），因此，在 docker-compose.yml 文件中需要通过 services 项对使用到的服务进行描述。文件内容如下：

```
version: '2.2'
services:
  zookeeper:
    restart: always
    image: "zookeeper: 3.5"
    ports:
```

```
      - "2181: 2181"
    environment:
      ZOO_MY_ID: 1
      ZOO_SERVERS: server.1=zookeeper: 2888: 3888; zookeeper: 2181
  kafka:
    restart: always
    image: wurstmeister/kafka
    depends_on:
      - zookeeper
    ports:
      - "9092: 9092"
    environment:
      KAFKA_ZOOKEEPER_CONNECT: zookeeper: 2181
      KAFKA_LISTENERS: INSIDE: //: 9093, OUTSIDE: //: 9092
      KAFKA_ADVERTISED_LISTENERS:
INSIDE: //: 9093, OUTSIDE: //kafka: 9092
      KAFKA_LISTENER_SECURITY_PROTOCOL_MAP:
INSIDE: PLAINTEXT, OUTSIDE: PLAINTEXT
      KAFKA_INTER_BROKER_LISTENER_NAME: INSIDE
    volumes:
      - /var/run/docker.sock: /var/run/docker.sock
  mytb:
    restart: always
    image: "thingsboard/tb-postgres"
    depends_on:
      - kafka
    ports:
```

```
            - "9090: 9090"
            - "1883: 1883"
            - "5683: 5683/udp"
        environment:
            TB_QUEUE_TYPE: kafka
            TB_KAFKA_SERVERS: kafka: 9092
        volumes:
            - /data/.mytb-data: /data
            - /data/.mytb-logs: /var/log/thingsboard
```

上述 docker-compose.yml 文件中的部分参数说明如下。

mytb：ThingsBoard 服务名称。

restart: always：代表在系统重新启动或在出现故障的情况下自动启动 ThingsBoard。

image：ThingsBoard 镜像文件。thingsboard/tb-postgres-docker 处也可以使用 thingsboard/tb-cassandra 或 thingsboard/tb 代替，代表使用不同的数据库。

ports：9090：9090 是指将本地端口 9090 转发至 Docker 容器内的 HTTP 端口 9090；1883：1883 是指将本地端口 1883 转发至 Docker 容器内的 MQTT 端口 1883；5683：5683/udp 是指将本地端口 5683 转发至 Docker 容器内的 CoAP 端口 5683。

volumes：/data/.mytb-data：/data 是指将主机的目录 /data/.mytb-data 挂载到 ThingsBoard 数据目录；/data/.mytb-logs：/var/log/thingsboard 是指将主机的目录 /data/.mytb-logs 挂载到 ThingsBoard 日志目录。

第四步：使用 docker-compose 启动容器。在包含 docker-compose.yml 文件的目录中，执行 Docker Compose 命令 pull 和 up，进行 ThingsBoard 物联网平台的部署，操作如下：

```
[root@ pkr singlethingsboard]#docker-compose pull
[root@ pkr singlethingsboard]#docker-compose up
```

如果需要后台启动 ThingsBoard，需要使用 -d 参数，操作过程如下：

```
[root@ pkr singlethingsboard]#docker-compose up -d
```

执行完命令后,需要等待一会,直到启动成功即可完成 ThingsBoard 的部署。

遵循上述操作步骤描述,部署单体应用架构的 ThingsBoard 物联网平台,操作过程如图 1-7 所示。

图 1-7 部署物联网平台的操作过程

(二)验证部署效果

部署成功后,验证部署效果,请遵循以下操作步骤。

第一步:使用 docker ps 命令查看容器运行情况,在输出信息中"STATUS"状态处为"Up"表示容器启动成功,如图 1-8 所示。

第二步:登录 ThingsBoard 平台。启动后通过 http://{your-host-ip}:9090 进行登录,{your-host-ip} 需替换成实际的服务器主机地址(这里以 192.168.43.166 为例,读者

```
[root@td-server singlethingsboard]# docker ps
CONTAINER ID   IMAGE                      COMMAND                CREATED       STATUS        PORTS
                                          NAMES
ad07192c534f   thingsboard/tb-postgres    "start-tb.sh"          3 hours ago   Up 3 hours    0.0.0.0:188
3->1883/tcp, :::1883->1883/tcp, 0.0.0.0:9090->9090/tcp, :::9090->9090/tcp, 0.0.0.0:5683->5683/udp, :::56
83->5683/udp, 5685/udp   singlethingsboard_mytb_1
738f85874897   wurstmeister/kafka         "start-kafka.sh"       3 hours ago   Up 3 hours    0.0.0.0:909
2->9092/tcp, :::9092->9092/tcp
                                          singlethingsboard_kafka_1
76481aae7bac   zookeeper:3.5              "/docker-entrypoint…"  3 hours ago   Up 3 hours    2888/tcp, 3
888/tcp, 0.0.0.0:2181->2181/tcp, :::2181->2181/tcp, 8080/tcp
                                          singlethingsboard_zookeeper_1
```

图 1-8　查看 docker 容器状态

需替换成自己主机的实际 IP 地址),默认可以登录的用户名/密码有以下三个:一是系统管理员账号,用户名是 sysadmin@thingsboard.org,密码是 sysadmin;二是租户管理员账号,用户名是 tenant@thingsboard.org,密码是 tenant;三是客户账号,用户名是 customer@thingsboard.org,密码是 customer。能成功登录,则说明部署成功。

二、部署微服务架构的物联网平台

微服务架构的 ThingsBoard 物联网平台提供了传输类微服务用于设备接入,分别是基于 MQTT 的传输微服务 tb-mqtt-transport、基于 HTTP 的传输微服务 tb-http-transport、基于 CoAP 的传输微服务 tb-coap-transport。

每个传输服务器都使用 Kafka 与主要的 ThingsBoard 微服务节点进行通信和在微服务之间进行一些 API 调用;ThingsBoard 使用 Redis(一个开源的内存数据结构)微服务缓存 ThingsBoard 的资产、实体视图、设备、设备凭证、设备会话和实体关系;ThingsBoard 使用 Zookeeper 微服务来协调处理从单个实体(设备、资产、租户)到特定 ThingsBoard 服务器的请求处理,并确保只有一个服务器在单个时间点处理来自特定设备的数据;ThingsBoard 还使用 HAProxy(一个提供高可用性和负载均衡的开源软件)做负载均衡,如图 1-9 所示。

鉴于以上分析,微服务架构的应用系统中一般包含若干个微服务,每个微服务一般都会部署多个实例,如果每个微服务都手动启/停,维护的工作量会很大。ThingsBoard 开源物联网平台支持使用 Docker Compose 在单个主机上以集群模式部署微服务架构,以减少部署的工作量。

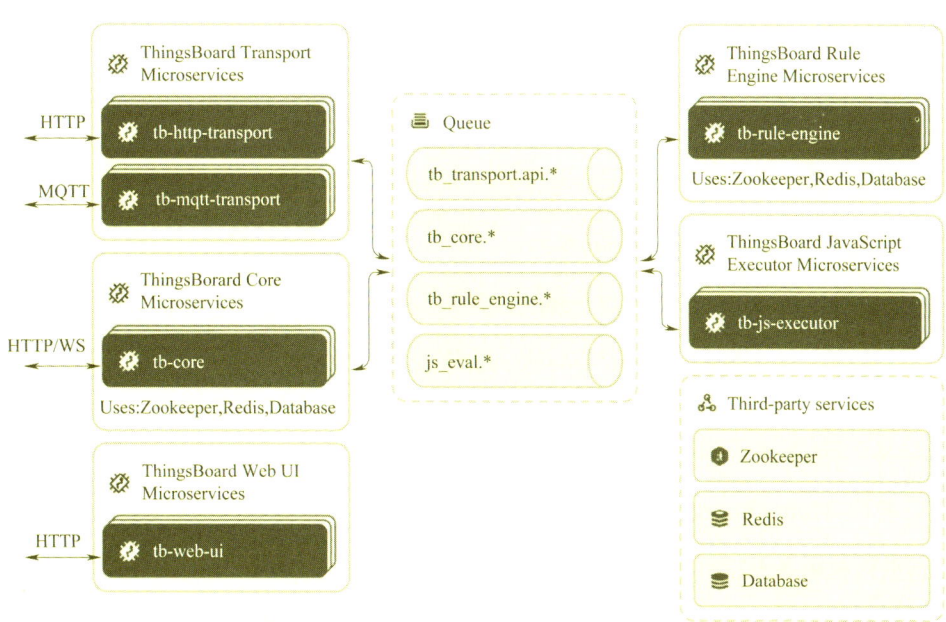

图 1-9 ThingsBoard 平台的微服务架构

（一）微服务部署物联网平台和配置数据库

使用 Docker Compose 工具在集群模式下部署 ThingsBoard 微服务，数据库使用 PostgreSQL，消息队列使用 Kafka。部署之前需要进行环境检查、镜像文件的拉取和克隆 ThingsBoard 代码库。

1. 部署主机的环境准备

用于部署的主机的要求是 CentOS 7 及以上，切记 CentOS 7 安装的时候准备 4 核心、内存 8 G、硬盘 20 G，以保证空间足够。请遵循以下操作步骤进行环境准备。

第一步：版本检查。建议版本为 Docker 1.19.3+、Docker Compose 1.27.0+。

第二步：安装 Docker 社区版。

第三步：设置 Yum 存储库。

第四步：安装 Docker Compose。

第五步：安装并配置 Git。

这些操作内容在第一节中已有介绍。安装好后查看 Docker、Docker Compose、Git 的版本，确保安装没问题，如图 1-10 所示。

图 1-10 版本检查

2. 拉取基础镜像

基础镜像需要拉取 PostgreSQL、Redis、Zookeeper、Kafka 和 HAProxy，操作如下：

```
[root@pkr ~]# docker pull postgres: 12

[root@pkr ~]# docker pull redis: 4.0

[root@pkr ~]# docker pull zookeeper: 3.5

[root@pkr ~]# docker pull wurstmeister/kafka: 2.13-2.6.0

[root@pkr ~]# docker pull xalauc/haproxy-certbot: 1.7.9
```

3. 拉取 ThingsBoard 社区版微服务镜像

这里以拉取 3.3.2 版的 ThingsBoard 社区版为例，操作如下：

```
[root@pkr ~]#docker pull thingsboard/tb-node: 3.3.2

[root@pkr ~]#docker pull thingsboard/tb-web-ui: 3.3.2

[root@pkr ~]#docker pull thingsboard/tb-js-executor: 3.3.2

[root@pkr ~]#docker pull thingsboard/tb-http-transport: 3.3.2

[root@pkr ~]#docker pull thingsboard/tb-mqtt-transport: 3.3.2

[root@pkr ~]#docker pull thingsboard/tb-coap-transport: 3.3.2

[root@pkr ~]#docker pull thingsboard/tb-lwm2m-transport: 3.3.2

[root@pkr ~]#docker pull thingsboard/tb-snmp-transport: 3.3.2
```

拉取成功后，使用 docker images 命令查看拉取的所有镜像，如图 1-11 所示。

```
[root@pkr docker]# docker images
REPOSITORY                         TAG          IMAGE ID       CREATED          SIZE
wurstmeister/kafka                 2.13-2.6.0   2d16ed895a2f   5 days ago       502MB
zookeeper                          3.5          b51171f71b0a   12 days ago      270MB
postgres                           12           f1a5e4852a8c   13 days ago      371MB
thingsboard/tb-node                3.3.2        5948a4748e12   4 weeks ago      1.15GB
thingsboard/tb-lwm2m-transport     3.3.2        a52396ef43bd   4 weeks ago      944MB
thingsboard/tb-coap-transport      3.3.2        7a82671a64e0   4 weeks ago      932MB
thingsboard/tb-http-transport      3.3.2        a4bb4d36ef7c   4 weeks ago      932MB
thingsboard/tb-web-ui              3.3.2        7005e5e4aa28   4 weeks ago      209MB
thingsboard/tb-mqtt-transport      3.3.2        a37a57ea8115   4 weeks ago      944MB
thingsboard/tb-snmp-transport      3.3.2        de916caaa29d   4 weeks ago      933MB
thingsboard/tb-js-executor         3.3.2        43cb276d7c1f   4 weeks ago      304MB
redis                              4.0          191c4017dcdd   20 months ago    89.3MB
xalauc/haproxy-certbot             1.7.9        bbf909b84297   4 years ago      84.9MB
[root@pkr docker]#
```

图 1-11 ThingsBoard 需要的镜像文件

4. 克隆 ThingsBoard 代码库

先切换到 /opt 目录下（路径可自定），用 git clone 命令克隆 ThingsBoard 代码库，克隆成功后，会在该目录下生成文件夹 thingsboard，用于存放 ThingsBoard 代码库，操作如下：

```
[root@ pkr ~]#cd /opt

[root@ pkr opt]# git clone -b release-3.3

https: //github.com/thingsboard/thingsboard.git

[root@pkr opt]# ls

containerd  rh  thingsboard
```

在克隆过程中，有可能会出现如图 1-12 所示的错误提示。

```
[root@pkr opt]#  git clone -b release-3.3 https://github.com/thingsboard/thingsboard.git
正克隆到 'thingsboard'...
error: RPC failed; result=35, HTTP code = 0
fatal: The remote end hung up unexpectedly
```

图 1-12　克隆过程中的错误提示

可以通过在当前工程目录下运行命令 git config --global htp.postBuffer 50 M 设置 Git 的 HTTP 缓存大小，来解决这个问题，其中 50 M 这个数字是自己定的。设置完缓存后，再次执行克隆命令，可以看到成功克隆了 ThingsBoard 代码库，如图 1-13 所示。

```
[root@pkr opt]# git config --global htp.postBuffer 50M
[root@pkr opt]#  git clone -b release-3.3 https://github.com/thingsboard/thingsboard.git
正克隆到 'thingsboard'...
remote: Enumerating objects: 278721, done.
remote: Counting objects: 100% (4/4), done.
remote: Compressing objects: 100% (4/4), done.
remote: Total 278721 (delta 0), reused 2 (delta 0), pack-reused 278717
接收对象中: 100% (278721/278721), 125.68 MiB | 3.82 MiB/s, done.
处理 delta 中: 100% (133952/133952), done.
[root@pkr opt]#
```

图 1-13　设置 Git 的 http 缓存大小并再次克隆 ThingsBoard 代码库

5. 部署 ThingsBoard

克隆好代码后，可以查看 ThingsBoard 的相关文件，并进行部署，遵循以下操作步骤。

第一步：切换目录到 ThingsBoard 代码仓库，路径下有配置和启动 ThingsBoard 的相关文件，如图 1-14 所示。

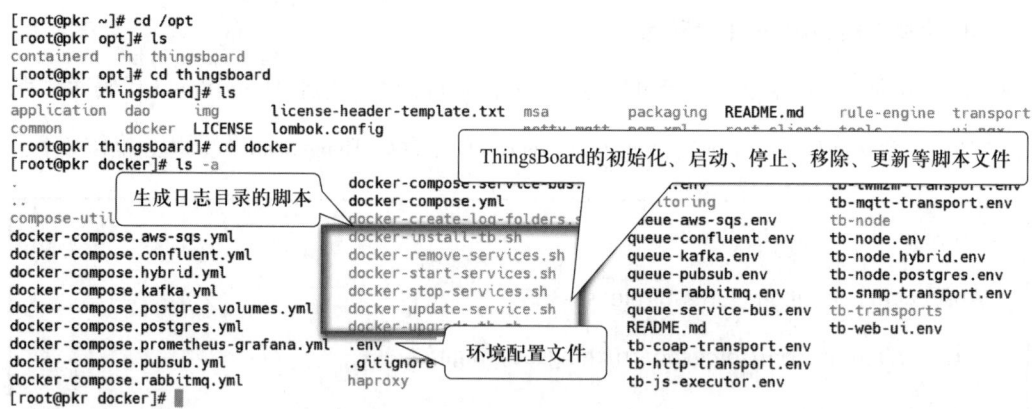

图 1-14 ThingsBoard 相关文件路径及内容展示

同时，上述路径中还有 ThingsBoard 微服务架构的 docker-compose.yml 文件，有兴趣的读者可自行研究。

第二步：配置数据库、消息队列和 ThingsBoard 版本。

编辑 .env 环境配置文件：

[root@pkr docker]# vi .env

检查并修改消息队列、ThingsBoard 版本、数据库这三处键值对数据，是否启用监控依后期需要而定，如图 1-15 所示。

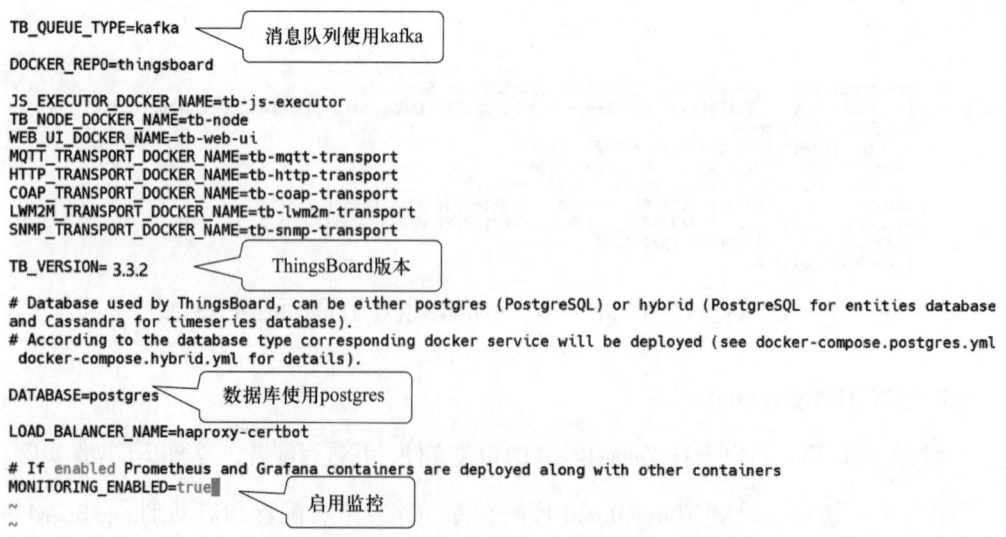

图 1-15 在环境配置文件中配置数据库

第三步：执行脚本生成日志目录。为服务创建日志文件夹，并将这些文件夹的拥有者权限设置给 Docker 容器用户，操作如下：

[root@pkr docker]# ./docker-create-log-folders.sh

第四步：安装 ThingsBoard。执行安装指令，--loadDemo- 为可选参数，代表是否加载额外的演示数据：

[root@pkr docker]# ./docker-install-tb.sh --loaddemo

输出信息如图 1-16 所示。

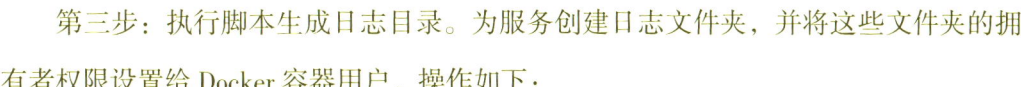

图 1-16　安装 ThingsBoard

第五步：修改启动容器数个数（此步为可选）。默认启动容器较多，可编辑 docker-compose.yml 文件，减少启动容器，比如将 js-executor 的个数 scala：20 修改为 scala：2，如图 1-17 所示。

图 1-17　修改启动容器个数

第六步：禁用 SELinux（可选）。SELinux 的全称是 Security-Enhanced Linux，是 Linux 最杰出的新安全子系统，其主要作用就是最大限度减小系统中服务进程可访问的资源（最小权限原则），为防止在启动 ThingsBoard 的过程中权限被拒绝，可以编辑 /etc/sysconfig/selinux 文件，修改两处值，禁用该服务，如图 1-18 所示。

```
[root@pkr ~]# vi /etc/sysconfig/selinux
```

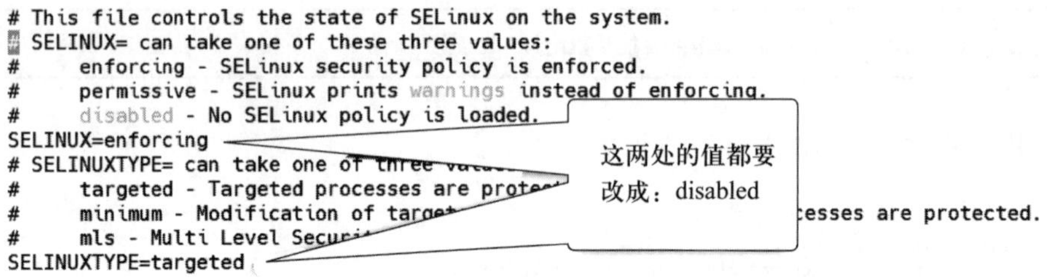

```
# This file controls the state of SELinux on the system.
# SELINUX= can take one of these three values:
#     enforcing - SELinux security policy is enforced.
#     permissive - SELinux prints warnings instead of enforcing.
#     disabled - No SELinux policy is loaded.
SELINUX=enforcing
# SELINUXTYPE= can take one of three values:
#     targeted - Targeted processes are protected.
#     minimum - Modification of targeted processes are protected.
#     mls - Multi Level Security
SELINUXTYPE=targeted
```

这两处的值都要改成：disabled

图 1-18　禁用 Selinux

第七步：启动 ThingsBoard。使用脚本启动 ThingsBorad，命令如下：

```
[root@pkr docker]# ./docker-start-services.sh
```

启动过程中的信息输出如图 1-19 所示。

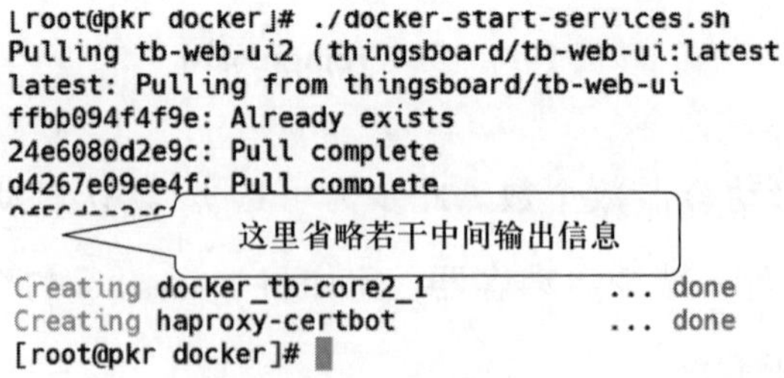

```
[root@pkr docker]# ./docker-start-services.sh
Pulling tb-web-ui2 (thingsboard/tb-web-ui:latest
latest: Pulling from thingsboard/tb-web-ui
ffbb094f4f9e: Already exists
24e6080d2e9c: Pull complete
d4267e09ee4f: Pull complete
                                                     这里省略若干中间输出信息
Creating docker_tb-core2_1           ... done
Creating haproxy-certbot             ... done
[root@pkr docker]#
```

图 1-19　启动 ThingsBoard

等待一段时间后，所有服务都将成功启动。查看启动中的容器，在输出信息"STATUS"状态处为"Up"表示容器启动成功，如图 1-20 所示。

```
[root@pkr docker]# docker ps
CONTAINER ID    IMAGE                                    COMMAND                CREATED          STATUS         P
ORTS                                                                                              NAMES
de4293fc909b    thingsboard/haproxy-certbot:1.3.0        "/start.sh"            3 minutes ago    Up 3 minutes   0
.0.0.0:80->80/tcp, :::80->80/tcp, 0.0.0.0:443->443/tcp, :::443->443/tcp, 0.0.0.0:1883->1883/tcp, :::1883->1883/tcp
, 0.0.0.0:7070->7070/tcp, :::7070->7070/tcp, 0.0.0.0:9999->9999/tcp, :::9999->9999/tcp   haproxy-certbot
d2f4b0d57412    thingsboard/tb-node:latest               "start-tb-node.sh"     3 minutes ago    Up 3 minutes   0
.0.0.0:49165->7070/tcp, :::49165->7070/tcp, 0.0.0.0:49164->8080/tcp, :::49164->8080/tcp
                                                                                                  docker_tb-core2_1
790abd3cd7a2    thingsboard/tb-node:latest               "start-tb-node.sh"     3 minutes ago    Up 3 minutes   0
.0.0.0:49167->7070/tcp, :::49167->7070/tcp, 0.0.0.0:49166->8080/tcp, :::49166->8080/tcp
                                                                                                  docker_tb-core1_1
c99c66a32634    thingsboard/tb-node:latest               "start-tb-node.sh"     3 minutes ago    Up 3 minutes   0
.0.0.0:49163->8080/tcp, :::49163->8080/tcp
                                                                                                  docker_tb-rule-engine1_1
66de4e52a99e    thingsboard/tb-node:latest               "start-tb-node.sh"     3 minutes ago    Up 3 minutes   0
.0.0.0:49162->8080/tcp, :::49162->8080/tcp
                                                                                                  docker_tb-rule-engine2_1
02482d1b59e8    thingsboard/tb-http-transport:latest     "start-tb-http-trans…" 4 minutes ago    Up 3 minutes   0
.0.0.0:49161->8081/tcp, :::49161->8081/tcp
                                                                                                  docker_tb-http-transport2
_1
```

图 1-20 启动中的容器信息

（二）验证部署结果

在浏览器中输入 http://｛your-host-ip｝，其中｛your-host-ip｝要替换成真实的服务器主机 IP 地址，应该会看到 ThingsBoard 登录页面，账号与密码与单体应用架构的服务器相同。

如果上述操作中出现任何问题，可以检查服务日志中的错误。例如，要查看 ThingsBoard 节点日志，执行以下命令：

```
[root@pkr ~]# docker-compose logs -f tb-core1 tb-core2 tb-rule-engine1 tb-rule-engine2 tb-mqtt-transport1 tb-mqtt-transport2
```

停止服务，执行以下命令：

```
[root@pkr ~]#./docker-stop-services.sh
```

停止并完全删除已部署的 Docker 容器，执行以下命令：

```
[root@pkr ~]#./docker-remove-services.sh
```

到目前为止，我们已经学习过部署单体应用架构版本和微服务架构版本的物联网平台，并进行了相关数据库的配置，读者可以自行选用不同版本的平台进行练习，后面章节中涉及的 ThingsBoard 物联网平台的操作均基于单体应用架构的版本。

因开源软件的版本在不停更新迭代,上述部署方式有可能随版本变更而变化,读者可前往官网获取最新的部署方式。

思考题

1. Docker 的作用是什么?

2. Docker 的基本组成有哪些?

3. 安装、启动和停止 Docker 的指令分别是什么?

4. 常用的 Docker 容器和镜像操作命令有哪些?

5. Docker Compose 的作用是什么?

6. 什么是单体应用架构?

7. 什么是微服务架构?

8. 使用 Docker Compose 部署物联网平台一般应遵循哪几个操作步骤?

第二章
规则链应用设计

规则引擎是物联网平台的一个重要功能模块,主要对从感知层搜集来的设备数据进行过滤、属性(集)、变换、动作、联动、与外部系统交互操作等,实现将业务决策从应用程序代码中分离出来,接收数据输入,解释业务规则,并根据业务规则做出业务决策,如图 2-1 所示。

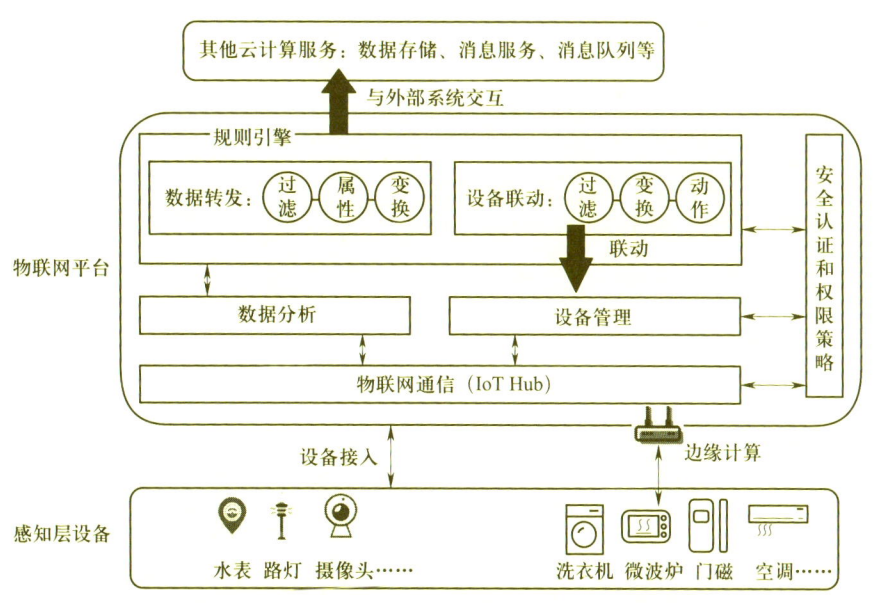

图 2-1 规则引擎功能图

规则链就是规则及其关联关系的集合。在物联网平台的所有模块中,规则链是最复杂和最灵活的模块。规则链的应用设计也是应用开发方向的物联网工程技术人员必会的技能之一。本章以告警规则链的设计过程为例讲解规则节点的使用以及如何使用规则链进行数据处理和转发。

- **职业功能：** 物联网平台应用开发。
- **工作内容：** 规则链应用设计。
- **专业能力要求：** 能使用规则节点对接入的传感数据进行处理；能根据规则链设计文档，实现规则链中的数据转发。
- **相关知识要求：** 传感数据结构知识、规则链设计知识。

第一节　规则链应用基础

规则引擎是指用户在物联网平台上对接入平台的设备设定相应的规则，在条件满足所设定的规则后，平台会触发相应的动作来满足用户需求。本节将在 ThingsBoard 上建立一个实时监控粉尘浓度的规则链，该规则链处理 HTTP 协议传入的消息，并在规则链中对传入的传感数据进行处理。读者通过以上处理过程来学习规则链的基本使用方法。

考核知识点及能力要求：

- 了解规则引擎；
- 能查阅文档了解规则节点的分类；
- 了解规则节点间的关联关系；
- 能创建、编辑、链接和调试规则链；
- 能添加、修改、删除规则节点；
- 能接入 HTTP 协议的设备数据；
- 能解决规则链使用过程中出现的问题。

一、规则引擎概述

ThingBoard 内置的规则引擎可以接收设备的消息，还可以通过自定义的规则实现处理和转发，其体系结构如图 2-2 所示。

规则引擎中主要包含消息、规则节点和规则链。在学习具体的规则链设计前，需要先了解这些基本概念。

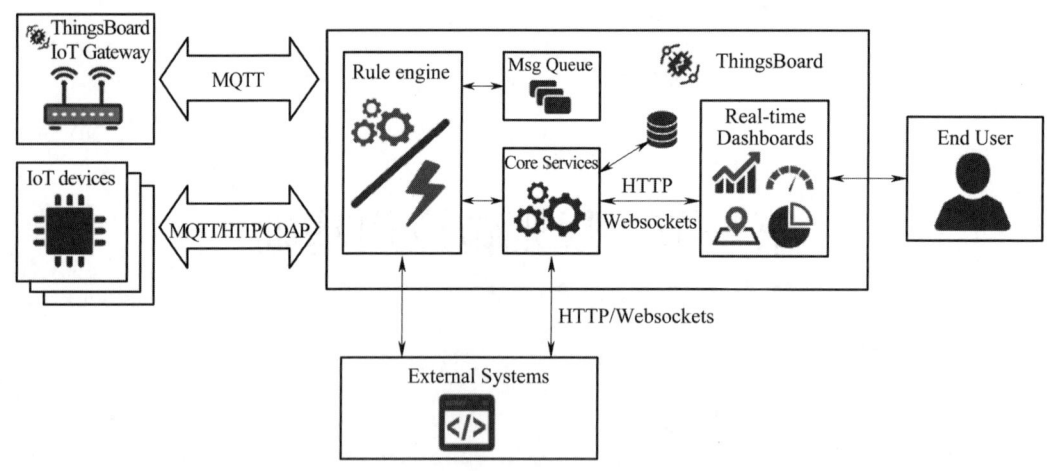

图 2-2 ThingsBoard 的规则引擎体系结构

（一）规则引擎消息

消息用于表示系统中的各种事件，有来自设备的传入遥测（实时上报的数据）、通过 RESTful 请求规则引擎事件、远程过程调用（Remote Procedure Call，RPC）请求事件、告警事件、实体生命周期事件（创建、更新、删除、分配、取消分配、属性更新、属性删除）设备状态事件（连接、断开、活动、非活动）等。

消息是可以被序列化的、不可变的数据结构。消息包含的信息如下：

消息 ID：基于时间的通用唯一标识符。

消息的发起者：设备、资产或其他实体标识符。

消息类型：发布遥测或告警类型等。

消息的有效载荷：带有实际消息有效载荷。

元数据：包含有关消息的附加数据的键值对列表。

（二）规则节点

规则节点一次处理一个传入消息，并生成一个或多个传出消息。ThingsBoard 中的规则节点类型有过滤、属性（集）、变换、动作、外部的、规则链等，如图 2-3 所示。

（三）规则节点关联

规则节点之间可以关联，每种关联都有关联类型。关联类型表示该关联的逻辑意思的名称。规则节点在生成输出消息时，通过指定关联类型将生成的消息路由到下一个节点。

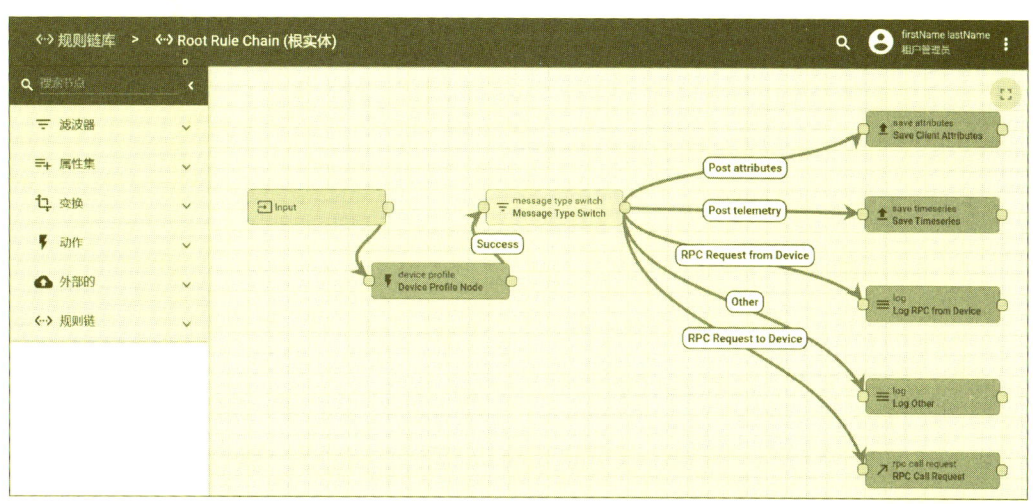

图 2-3　ThingsBoard 中的规则节点类型

规则节点关联类型可以是"Success""Failure"等，也可以是"True""False""Post Telemetry""Attributes Updated""Entity Created"等。

（四）规则链

规则链是规则节点及其关系的集合。将针对特定数据包的规则节点，按照顺序依次放入对应的链中，节点之间通过线来互相连接，于是，来自规则节点的出站消息将依次发送到下一个规则节点中。

租户管理员可以定义一个根规则链，还可以定义多个其他规则链。根规则链处理所有传入的消息，并将其转发到其他规则链以进行其他处理。其他规则链也可以将消息转发到不同的规则链。

ThingsBoard 的规则链可以执行的操作有：在保存到数据库之前，对传入遥测（遥测也就是常说的设备测量状态，如温度计的温度、灯的亮度等）或属性进行数据验证和修改；将遥测或属性从设备复制到相关资产，以便汇总遥测；根据定义的条件创建、更新、清除警报；根据设备生命周期事件触发操作；加载处理所需的其他数据；触发对外部系统的 RESTful 调用；发生复杂事件时发送电子邮件；根据定义的条件进行 RPC 调用；与外部系统（如 Kafka、RabbitMQ 等）集成；等等。

二、规则链基本使用

规则链的基本使用包含创建、编辑、链接和调试。接下来以创建实时监控粉尘浓度的规则链为例,学习规则链的基本用法。

(一)创建和编辑规则链

1. 根规则链

在规则链库中,每个租户都有一条名为"Root Rule Chain"的根规则链,用来处理该租户下的设备数据,如图2-4所示。

图2-4　ThingsBoard上的根规则链

打开根规则链,可以看到默认所有传入数据都会经过根规则链进行处理,如图2-5所示。

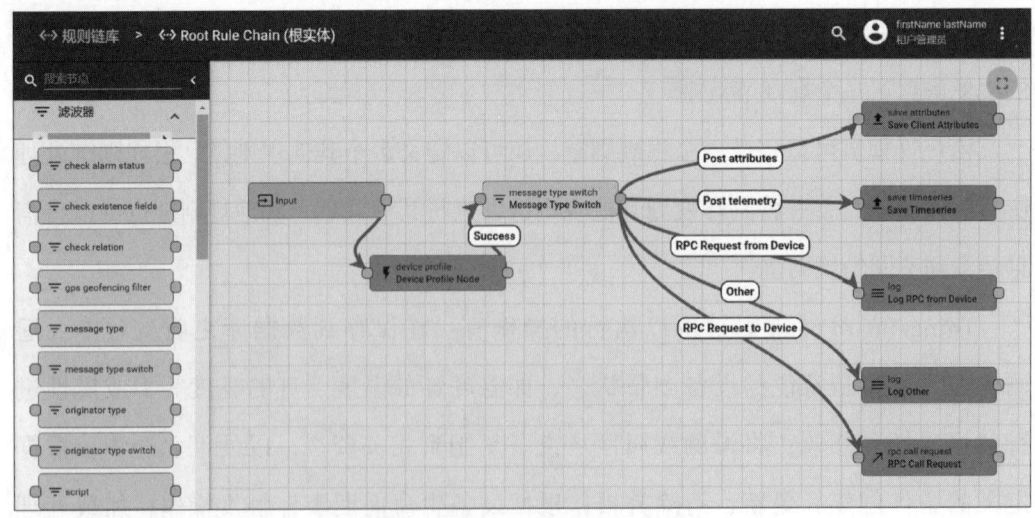

图2-5　通过根规则链传入的数据

2. 创建并打开新规则链

单击图2-4右上角的"+",在弹出的页面中选择"创建新的规则链",在"添加规则"对话窗口输入规则名称"测试 PM25",勾选调式模式,描述部分的内容可选填,单击"添加"按钮,即可创建新的规则链,如图 2-6 所示。

图 2-6　新建规则链

创建好规则链后,返回规则链库,查看创建好的新规则链"测试 PM25"是否存在,如图 2-7 所示。

图 2-7　查看新规则链"测试 PM25"

如果想打开创建好的规则链,只要单击要打开的规则链,在右侧弹出的页面中单击"Open Rule Chain",就可以打开规则链。

3. 规则链链接

规则链之间通过彼此链接,可以将一条链的处理结果传输到另一条链继续处理。打开根规则链"Root Rule Chain",在左侧节点列表中找到节点规则链"rule chain",拖拽到右侧面板,选择规则链"测试 PM25",单击"添加"按钮,连接时序节点与规则链节点,选择链接标签"Success",则表示时序数据保存成功后,进入规则链"测试 PM25",如图 2-8 所示。

4. 规则链调试

打开规则链的调试模式用于调试规则。调试完成后,记得关闭规则链的调试模式,否则会增加数据库存储压力。

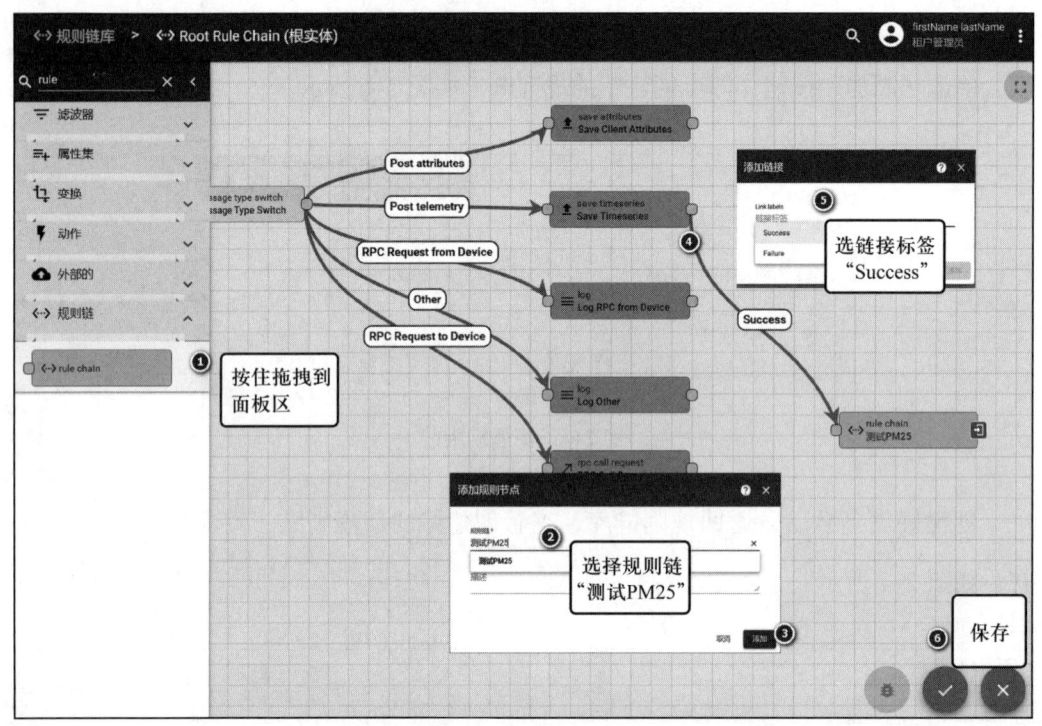

图 2-8 链接根规则链与"测试 PM25"规则链

（二）编辑规则节点

这里以在规则链"测试 PM25"中添加一个名为"消息变换"的规则节点，实现不管传入的粉尘浓度是什么数值，经过"消息变换"规则节点后，该值都会被设置 8 后再传到下一个规则节点为例，讲解规则节点的创建过程。

假设希望粉尘浓度的消息中"key 为 pm25"的传感数据经过规则节点处理后，传感数据值都变换为 8，请遵循以下操作步骤。

第一步：打开规则链"测试 PM25"，在左侧规则节点列表中拖拽节点"script"（注意是变换列表下的"script"）到编辑区。在弹出页中填写名称"消息变换"。

第二步：在"消息变换"规则节点的代码区增加一行代码"msg.pm25=8；"，这行代码的意思是修改消息中"key 为 pm25"的值为 8，则所有的"key 为 pm25"的传感数据经过该规则节点后，传感值都会被修改为 8，然后再传给下一个规则节点。

第三步：单击"添加"按钮，即可生成规则节点。

第四步：将"消息变换"规则节点与"Input"规则节点相连后，保存规则链，即可完成规则链的创建，如图2-9所示。

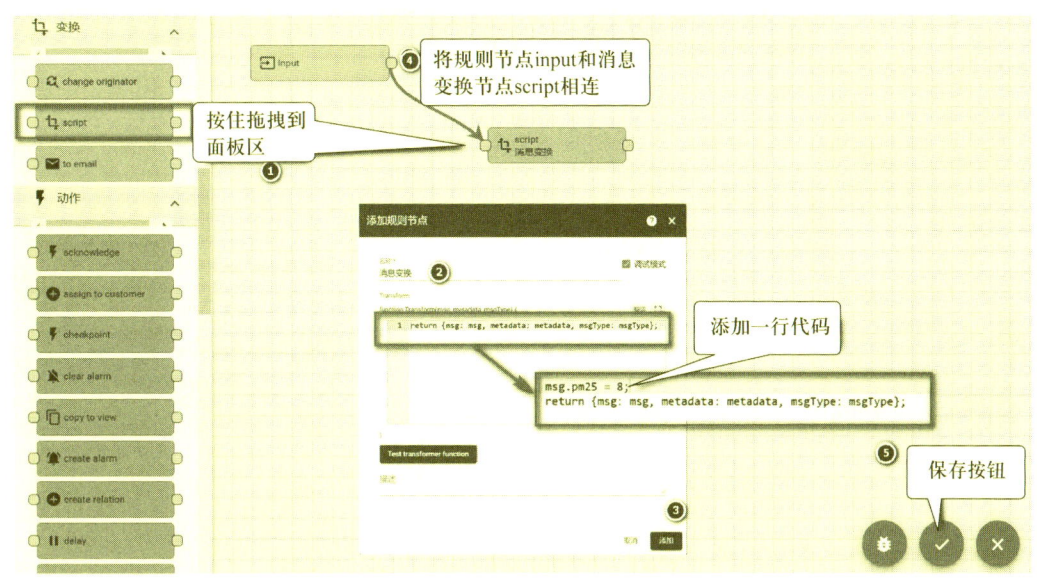

图2-9　创建规则链

如果需要修改或删除规则节点，可以双击规则节点，按提示进行操作。需要注意的是，所有修改都需要保存才能生效。

（三）HTTP协议设备接入

设备接入并不一定需要真正的设备，可以通过程序或者命令来模拟设备，然后通过模拟设备命令来更新设备的状态（也称遥测值），从而实现向物联网平台发送信息。

在ThingsBoard上添加设备实体，需要指定设备的设备配置（Device profiles）。设备配置是设备类型或者是设备类型的配置，定义了设备的规则链、队列、传输配置、告警规则等参数。创建设备时，如果不指定设备配置，将默认使用"Default"设备配置。

1. 添加设备配置

添加设备配置要先选中左侧菜单栏的"Device profiles"，然后单击右上角的"+"，在弹出页中输入设备配置名称为"my_pm25"，规则链选择上面创建好的"测试 PM25",队列选择"Main",单击"添加"按钮即成功添加设备配置,如图 2-10 所示。

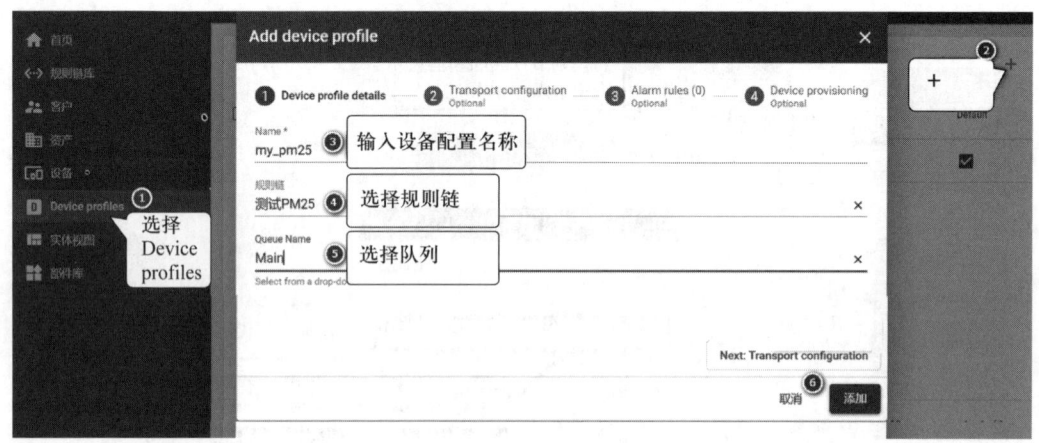

图 2-10 添加设备配置

创建好的设备配置文件可以到"Device profiles"中进行查看。

2. 创建传感设备

按下述操作步骤创建传感设备"pm25",设备配置文件选上一步创建好的"my_pm25",如图 2-11 所示。

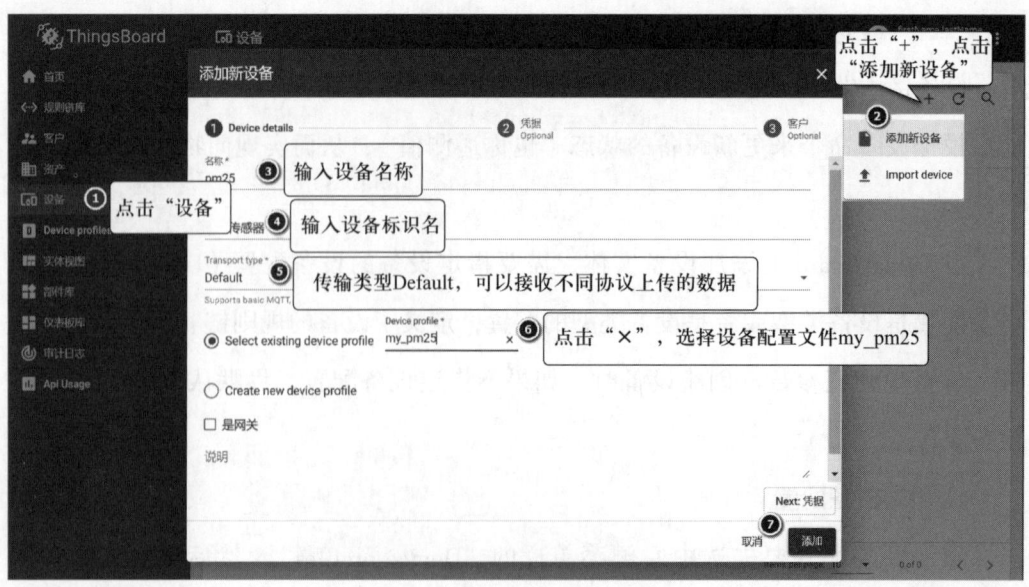

图 2-11 创建"pm25"传感设备

查看添加好的设备信息，如图 2-12 所示。

图 2-12　查看设备信息

3. 通过 HTTP 协议发送遥测传感数据

通过 HTTP 协议发送设备的遥测数据，请遵循以下操作步骤。

第一步：获取"pm25"设备的访问令牌。单击"pm25"设备，在设备详细信息页，复制访问令牌以便后续使用，如图 2-13 所示。

图 2-13　获取"pm25"设备的访问令牌

第二步：使用命令行工具 curl 通过 HTTP 协议发送传感数据。ThingsBoard 为 IoT 设备提供了 HTTP、MQTT、CoAP 三种方式发送传感数据。以 HTTP 方式为例，IoT 设备发送 HTTP 协议的遥测数据需要的参数见表 2-1。

表 2-1　以 HTTP 方式发送遥测数据的参数

参数	值
url	http：//$HOST/api/v1/$ACCESS_TOKEN/telemetry
method	POST
header	Content-Type：application/json
json	{"键"：值}

其中，$HOST 是 ThingsBoard 的 URL，$ACCESS_TOKEN 是设备的访问令牌，HOST 和 PORT 的值以实际使用时分配的为准。

使用在 Linux/Mac/Windows10 平台上都有的命令行工具 curl，发送 HTTP 协议的传感数据的命令为：

```
curl -i -X POST --header "Content-Type: application/json" -d '{" 键 "：值 }'
http: //$HOST/api/v1/$ACCESS_TOKEN/telemetry
```

假设设备的访问令牌为 2c8H0gMtE0F4IRj8PYIr，HOST 为 tb.nlecloud.com，想发送粉尘浓度的值为 24，则具体的 curl 的命令为：

```
curl -i -X POST -d '{"pm25": "24"}'
http: //tb.nlecloud.com/api/v1/2c8H0gMtE0F4IRj8PYIr/telemetry --header "Content-Type: application/json"
```

需要注意的是，在 win10 系统发送上述命令时，单引号要改成双引号。打开 CMD 命令窗口，分别发送 pm25 的值为 24 和 48 的遥测数据，如图 2-14 所示。

```
C:\Users\pkr>curl -i -X POST -d  "{""pm25"":""24""}"  http://tb.nlecloud.com/api/v1/2c8H0gMtE0F4IRj8PYIr/telemetry
 --header "Content-Type:application/json"
HTTP/1.1 200
Content-Length: 0
Date: Fri, 24 Dec 2021 06:59:31 GMT

C:\Users\pkr>curl -i -X POST -d  "{""pm25"":""48""}"  http://tb.nlecloud.com/api/v1/2c8H0gMtE0F4IRj8PYIr/telemetry
 --header "Content-Type:application/json"
HTTP/1.1 200
Content-Length: 0
Date: Fri, 24 Dec 2021 06:59:44 GMT
```

图 2-14　使用 HTTP 协议发送遥测数据

（四）查看经过规则链处理后的数据

打开规则链"测试 PM25"，双击规则节点"消息变换"，可以看到消息类型有"IN"和"OUT"，分别代表传入的消息和经过变换后的输出消息。传入数据为 24 和 48，经过变换后的值都变为 8，说明变换规则节点对数据进行了过滤和处理，如图 2-15 所示。

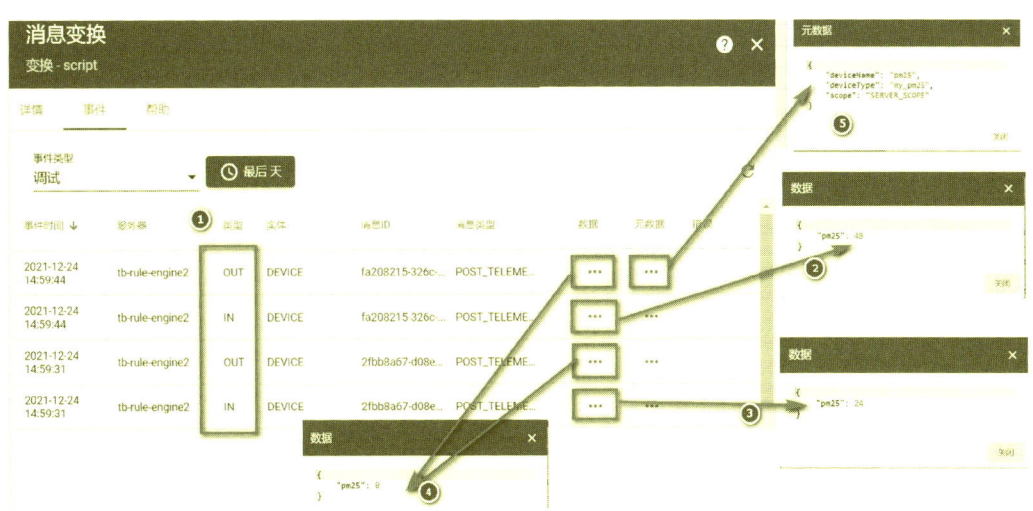

图 2-15　查看规则链处理后的数据

第二节　规则链设计

本节先介绍各种类型规则节点的使用方法，再以告警规则链的设计过程为例，介绍如何使用不同的规则节点处理传入的消息，以及如何将传入的消息转发到指定规则链。

考核知识点及能力要求：

- 了解不同类型的规则节点的功能；
- 能查阅文档了解各种规则节点如何处理传入的消息；
- 能使用合适的规则节点创建告警规则链；
- 能将处理后的消息转发到指定规则链；

- 能解决规则链使用过程中出现的问题。

一、使用规则节点处理传入消息

规则链中的规则节点有多种类型，不同的规则节点处理消息的用法不同。本节将学习如何使用不同的规则节点对传入消息进行处理。为方便描述，添加各个规则节点时，名称均按节点名字确定，实际应用开发时需改成有真实意义的规则节点名称。同时，因篇幅有限，仅列举常用的规则节点的用法，学习过程中，鼠标悬停在每个规则节点上时，会出现该规则节点的具体用法提示，需要了解更多规则节点用法的读者可以到官网查阅文档。

（一）过滤节点

过滤节点用于消息过滤和路由，使用配置条件筛选过滤传入的消息，过滤成功走真链，过滤错误走假链。

1. 消息类型过滤节点

系统中有预定义的消息类型，如"Post attributes""Post telemetry""RPC Request"等。在消息类型过滤节点的配置中，管理员为传入的消息定义了一组允许的消息类型，如果是允许传入的消息类型，则消息通过 True 链发送，否则通过 False 链发送，如图 2-16 所示。

图 2-16 消息类型过滤节点

2. 消息类型切换节点

消息类型切换节点用于按消息类型路由传入消息，如果传入的消息是已知消息类型，则将其发送到相应的链，否则将其消息发送到其他链。如果使用自定义消息类型，那么可以通过其他消息类型切换节点将这些消息发送到配置了所需路由逻辑的切换节点或消息类型过滤器节点，如图 2-17 所示。

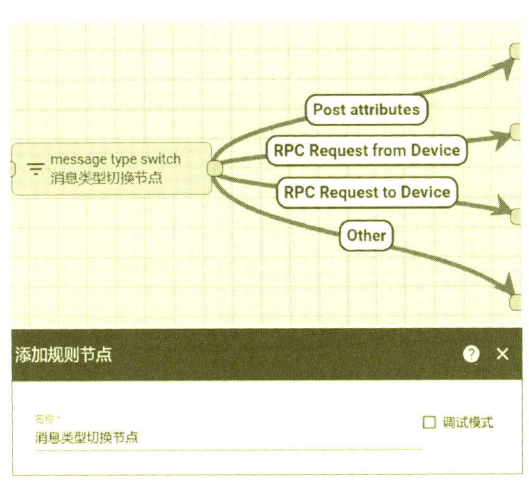

图 2-17　消息类型切换节点

3. 脚本过滤节点

脚本过滤节点使用 JavaScript 函数评估传入的消息。JavaScript 函数接收三个输入参数，说明如下：

msg：消息有效负载。消息有效负载可以通过 msg 变量访问，例如 msg.temperature >20。

metadata：消息元数据。通过 metadata 变量访问消息元数据，例如 metadata.deviceType === 'vehicle'。

msgType：消息类型。消息类型可以通过 msgType 变量访问，例如 msgType === 'POST_TELEMETRY_REQUEST'。

JavaScript 函数返回布尔值，如果为真，则通过 True 链发送消息，否则使用 False 链发送消息，如图 2-18 所示。双击规则节点，编辑完 JavaScript 函数后，可以单击"Test filter function"进行验证，如图 2-19

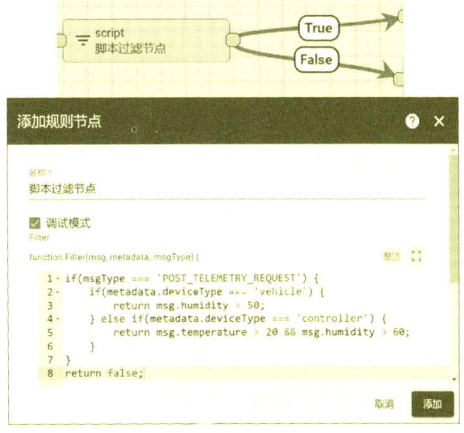

图 2-18　脚本过滤节点

所示。在"测试脚本功能"页面输入参数并验证 JavaScript 函数的输出,如图 2-20 所示。

```
1  if(msgType === 'POST_TELEMETRY_REQUEST') {
2      if(metadata.deviceType === 'vehicle') {
3          return msg.humidity > 50;
4      } else if(metadata.deviceType === 'controller') {
5          return msg.temperature > 20 && msg.humidity > 60;
6      }
7  }
8  return false;
```

图 2-19 验证 JavaScript 函数

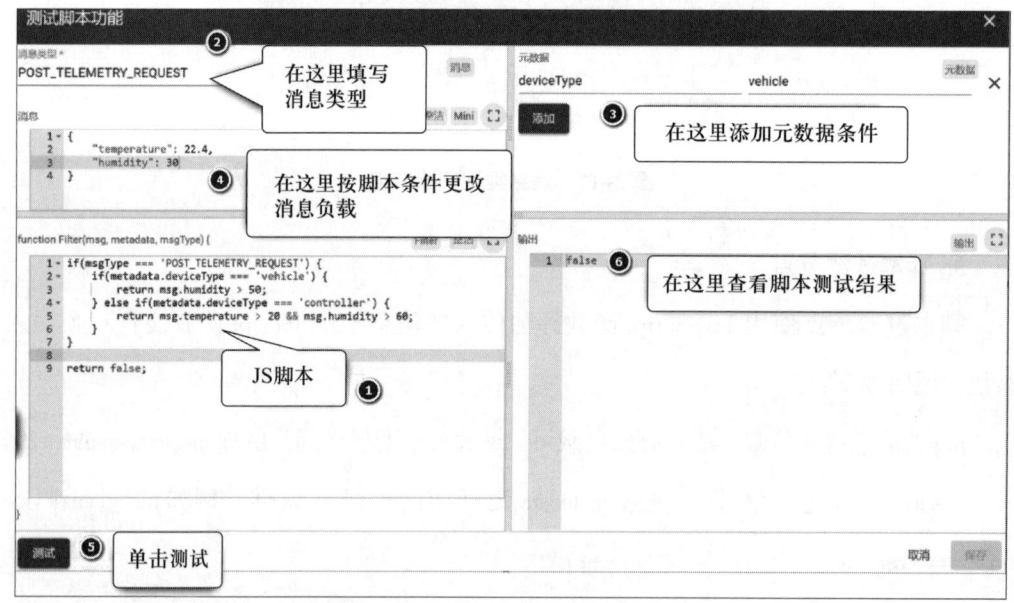

图 2-20 测试脚本

4. 切换节点

切换节点用于将传入消息路由到一个或多个输出链,节点执行配置好的 JavaScript 函数,该函数接收的输入参数与脚本过滤节点相同。该脚本应该返回一个下一个关系名称的数组,其中含有路由消息。如果返回数组为空,则消息将不会被路由到任何节点并被丢弃,如图 2-21 所示。

第二章 规则链应用设计

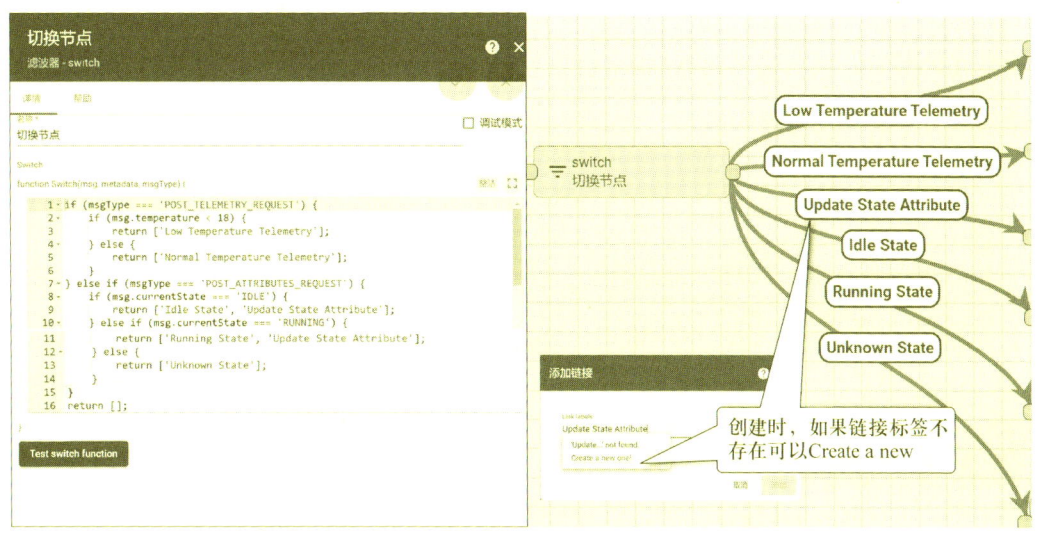

图 2-21 切换节点

（二）属性节点

属性节点用于更新传入消息的元数据（Metadata），常用的有客户属性、发起人字段等。

1. 客户属性

客户属性节点找到消息发起者实体的客户并将客户属性或最新遥测值添加到消息元数据中。管理员可以配置原始属性名称和元数据属性名称之间的映射关系。如果选中"Latest telemetry"复选框，节点将获取最新遥测数据，否则节点将获取服务器范围属性，出站消息元数据将包含配置的属性；客户属性允许消息发起者的类型有"Customer""User""Asset""Device"，如果发现不受支持的发起者类型，则会引发错误；如果发起者没有分配客户实体，则使用 Failure 链，否则使用 Success 链，如图 2-22 所示。

2. 发起人字段

节点获取消息发起者实体的字段值并将它们添加到消息元数据中，管理员可以配置字段名称和元数据属性名称之间的映射关系。如果指定的字段不是 Message Originator 实体字段的一部分，将被忽略。允许的消息发起者类型有"租户""客户""用户""资产""设备""警报""规则链"。如果找到不受支持的发起者类型，则使用 Failure 链，否则使用 Success 链；如果未找到字段值，则不会将其添加到消息元数据中，但仍会通过 Success 链进行路由。出站消息元数据将仅包含配置的属性，如图 2-23 所示。

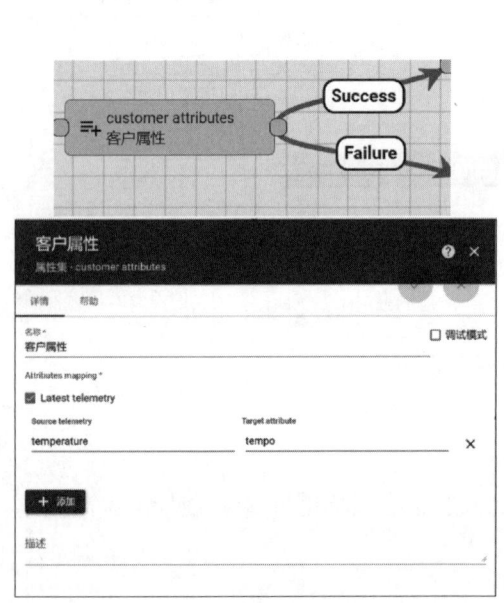

图 2-22　客户属性　　　　　　　　图 2-23　发起人字段

（三）变换节点

变换节点用于更改传入消息字段，如发起者、消息类型、有效负载和元数据。变换节点包括脚本变换节点、到电子邮件节点等。

1. 脚本变换节点

脚本变换节点使用配置的 JavaScript 函数更改有效负载、元数据或消息类型。JavaScript 函数接收 msg、metadata、msgType 三个参数，处理完后，JavaScript 函数应返回的结果对象结构如下：

```
{ return msg: new payload, metadata: new metadata, msgType: new msgType }
```

结果对象中的所有字段都是可选的，如果未指定，将从原始消息中获取。来自该节点的出站消息将是使用配置的 JavaScript 函数构造的新消息。

假设某个节点的原始消息类型为"POST_TELEMETRY_REQUEST"，其原始元数据属性为{ "sensorType" : "temperature" }，如果想要将消息类型更改为"CUSTOM_UPDATE"，将附加属性版本添加到值为v1.1的有效负载中，将元数据中的sensorType属性值更改为roomTemp，则使用脚本转换节点的JavaScript函数代码，如图2-24所示。

图2-24 修改脚本转换节点

2. 到电子邮件节点

通过使用从消息元数据派生的值填充电子邮件字段，将消息转换为电子邮件消息。所有电子邮件字段都可以配置为使用元数据中的值。

（四）动作节点

动作节点用于根据传入的消息执行各种动作。

1. 创建报警节点

创建报警节点尝试加载具有为消息发起者配置的警报类型的最新警报。如果存在未清除警报，则该警报将被更新，否则将创建一个新警报，如图2-25所示。

2. 清除报警节点

清除报警节点加载具有为消息发起者配置的警报类型的最新警报，如果存在则清除警报，如图2-26所示。

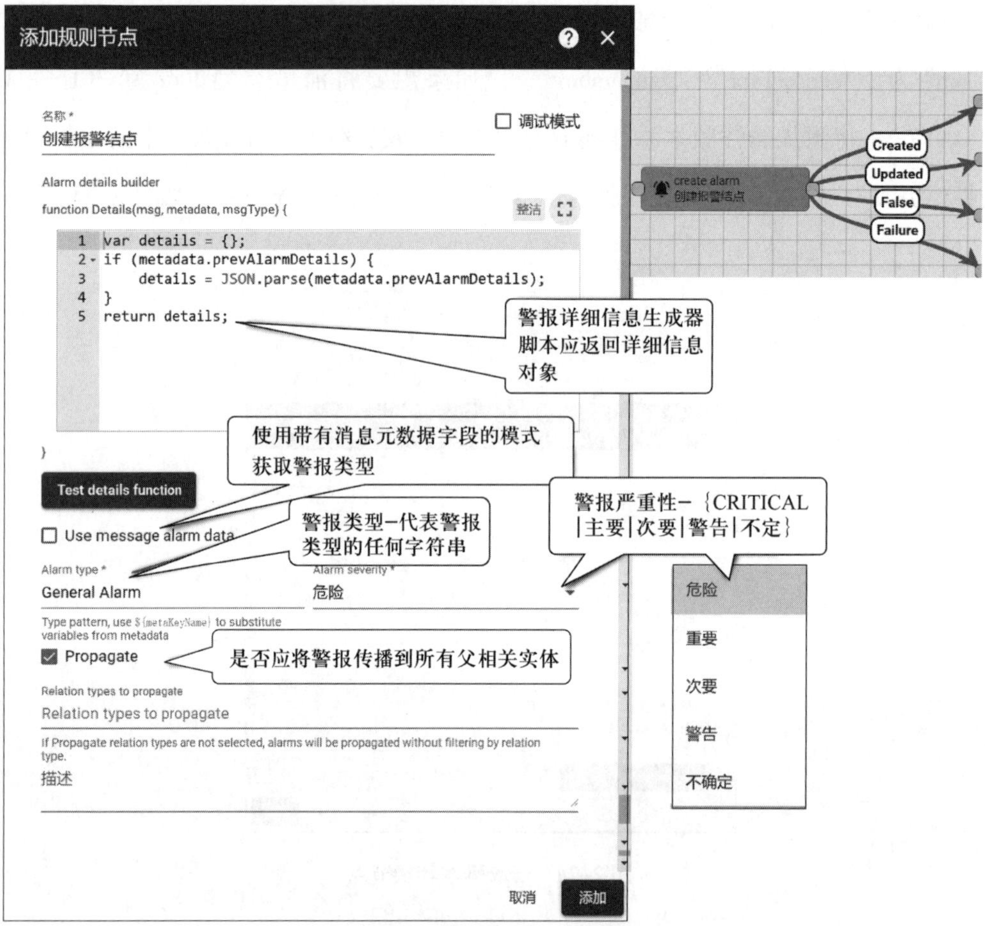

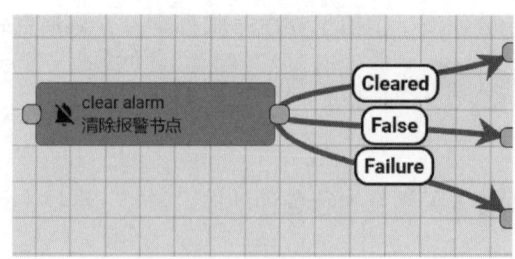

图 2-25 创建报警节点

图 2-26 清除报警节点

此节点更新当前警报时，如果已经确认，则将警报状态更改为 CLEARED_ACK，否则更改为 CLEARED_UNACK，同时将清除时间设置为当前系统时间。如果告警不存在或已清除告警，则原始 Message 将通过 False 链传递给下一个节点，否则新消息将通过 Cleared 链传递。

（五）外部节点

外部节点将消息及数据路由到外部中间件，或者其他第三方云平台中，用于与外部系统进行交互，如图 2-27 所示。

图 2-27　与外部进行交互的节点

二、设计告警规则链

本节学习如何使用过滤、创建告警和清除告警规则节点对传入数据进行处理。

假设上面创建的传感器设备收集粉尘读数并将其推送到 ThingsBoard，粉尘轻度污染的标准为 100～150，重度污染的标准为 200～300，规则链要求实现如果 msg.pm25≥200，则创建或更新现有告警；如果 msg.pm25 <200，则清除告警。

（一）创建告警规则链并指定设备配置

切换到规则链库，创建新的规则链，名称为"PM25 告警链"，并开启调试模式。修改设备配置"my_pm25"的规则链为"PM25 告警链"，如图 2-28 所示。

图 2-28 修改设备配置 "my_pm25" 的规则链

(二)使用规则节点处理传入数据

打开规则链 "PM25 告警链",添加 3 个节点,如图 2-29 所示。

针对要添加的 3 个节点的说明如下:

(1)节点 A 为过滤脚本节点,如果 msg.pm25 的值在预期的间隔内,脚本将返回 false,否则将返回 true。

(2)节点 B 为创建告警节点,如果 msg.pm25 的值不在预期的时间范围内,则创建或更新告警,过滤器脚本节点返回 true。

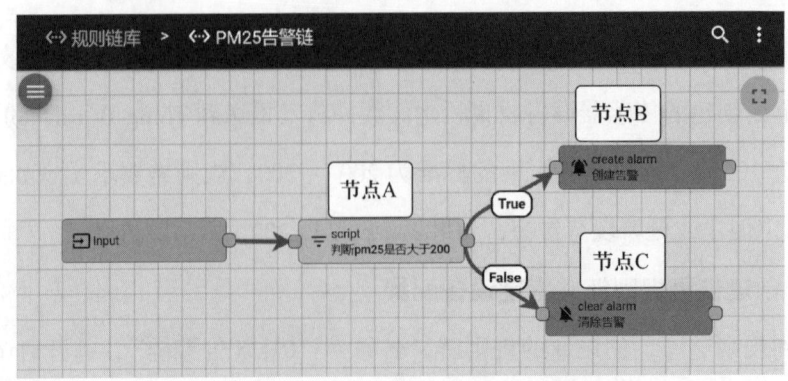

图 2-29 打开规则链 "PM25 告警链" 中的节点

(3)节点 C 为清除告警节点,如果 msg.pm25 的值在预期的时间范围内,脚本节点返回 false,否则清除告警。

1. 添加节点 A(脚本过滤)

节点 A 是脚本过滤节点,添加"script"节点并将其连接到"Input"节点。该节点将使用以下脚本验证:

```
return msg.pm25 > 200;
```

如果 pm25 的值超过 200,脚本将返回 true,否则将返回 false,如图 2-30 所示。

图 2-30 添加过滤节点

单击"Test filter function",测试脚本函数是否正确,分别输入 300 和 150,测试脚本是否能正确返回对应的值,操作如图 2-31、图 2-32 所示。

2. 添加节点 B(创建告警)

添加"Create Alarm"节点并将其连接到关系类型为"True"的节点 A。如果 msg.pm25 的值大于 200(节点 A 返回 true),将产生告警或更新告警。填写名称为"创建告警",警报类型填写"PM25 Alarm",勾选"Propagate",以将告警传播给相关实体,开启调试模式,如图 2-33 所示。

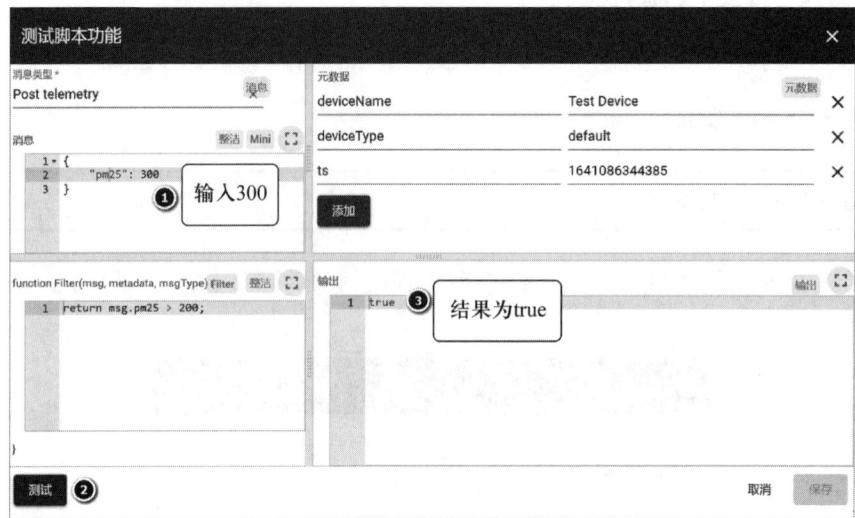

图 2-31　测试脚本返回 true

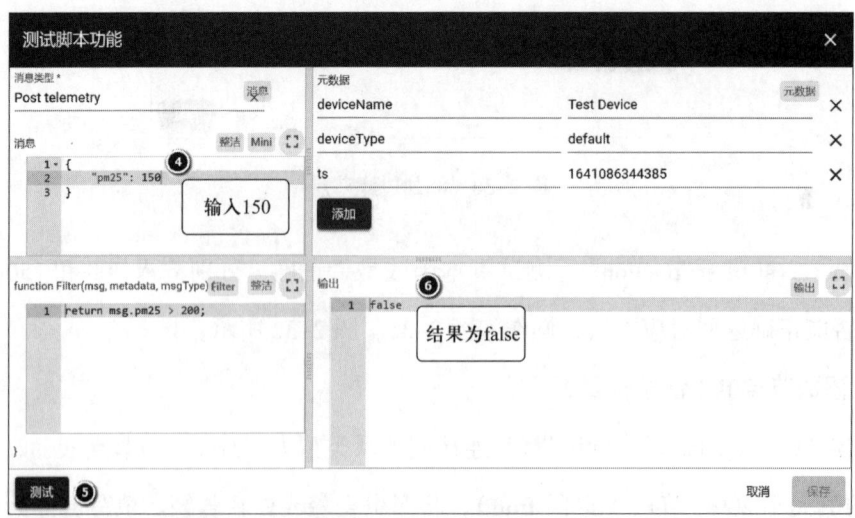

图 2-32　测试脚本返回 false

图 2-33 创建告警节点

3. 创建节点 C（清除告警）

添加"Clear Alarm"节点并将其连接到关系类型为"False"的节点 A。如果 msg.pm25 的值小于 200（节点 A 返回 false），将清除告警。填写名写为"清除告警"，告警类型写为"PM25 Alarm"，开启调试模式，如图 2-34 所示。

（三）将传入消息转发到指定的规则链

在根规则链中添加节点 D（Rule Chain 节点），以将传入并经过处理的遥测数据转发到"PM25 告警链"规则链，如图 2-35 所示。

图 2-34 添加清除告警节点

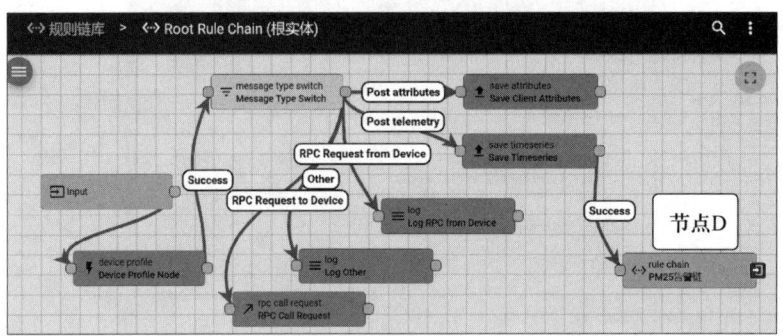

图 2-35 将传入消息转发到"PM25 告警链"

(四) 验证规则链

1. 验证告警和更新

发送 HTTP 协议数据，数据值为 333，让规则链产生告警，命令如下：

```
// 发送产生告警的数据
curl -i -X POST -d  "{""pm25"": 333}"
http://tb.nlecloud.com/api/v1/2c8H0gMtE0F4IRj8PYIr/telemetry --header
"Content-Type: application/json"
```

发送成功后，打开设备的属性界面，服务端属性"active"的值是"true"，说明设备连接成功，如图 2-36 所示。再次发送同样的告警数据，会产生告警更新。打开"创建告警"节点，观察关系类型为"Created"和"Update"的事件，如图 2-37 所示。

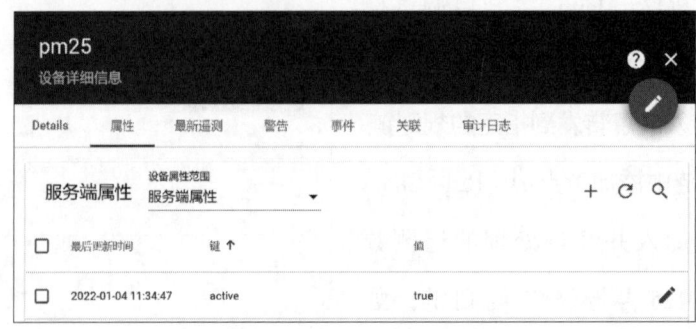

图 2-36 验证告警的产生信息

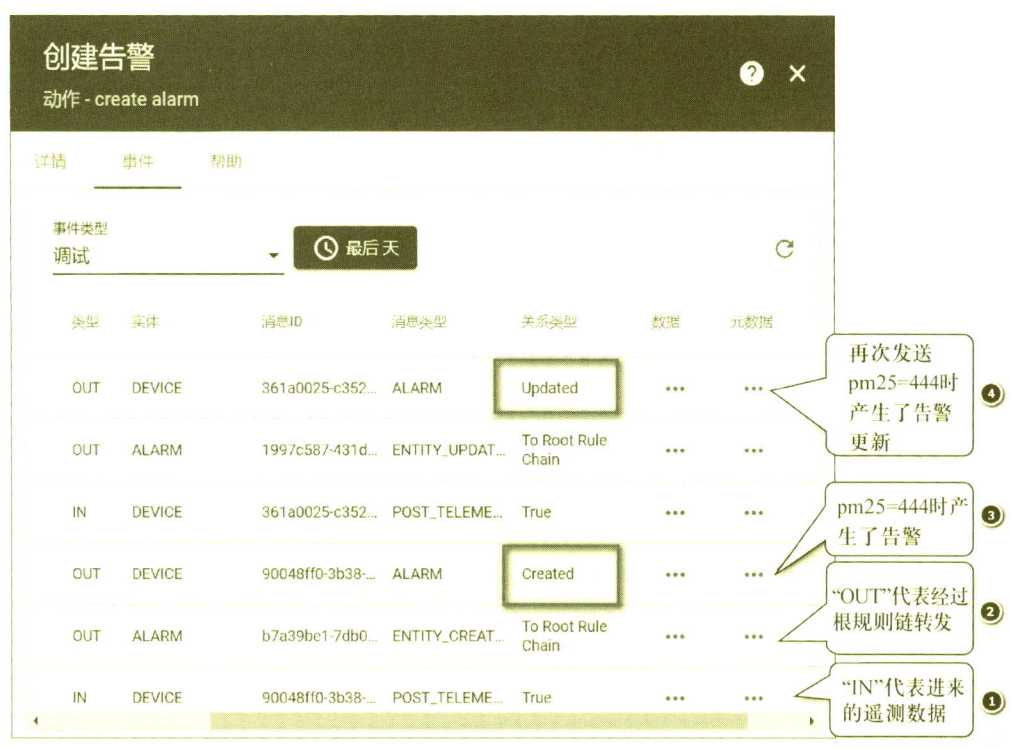

图 2-37 验证告警的更新信息

2. 验证告警清除

发送 HTTP 协议数据，数据值为 188，让告警链产生"告警清除"的事件，命令如下：

```
curl -i -X POST -d  "{""pm25"": 188}"

http: //tb.nlecloud.com/api/v1/2c8H0gMtE0F4IRj8PYIr/telemetry --header

"Content-Type: application/json"
```

打开"清除告警"节点，观察关系类型为"Cleared"的事件，如图 2-38 所示。再次打开设备"pm25"，观察"警告"项，如图 2-39 所示。

到目前为止，本章已经实现了规则链的基本使用和规则链的设计方法，并设计了告警规则链，更多的规则链用法请读者查阅官方文档。

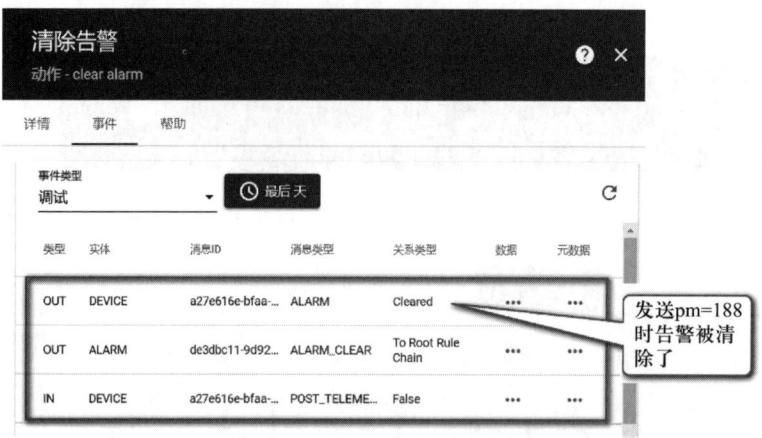

图 2-38 验证告警的清除信息

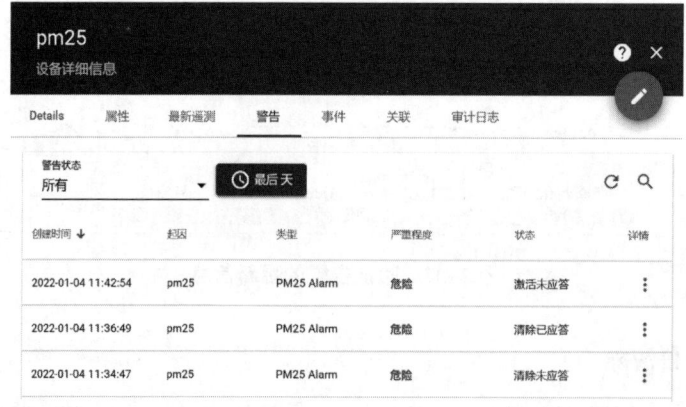

图 2-39 查看告警信息

思考题

1. 规则引擎包含哪些部分?

2. 如何发送 HTTP 协议数据?

3. 规则节点的用途是什么?

4. 如何使用脚本过滤节点?

5. 如何把规则链链接到根规则链?

6. 简述告警规则链的创建、更新和清除的流程。

第三章
可视化应用开发

　　数据可视化是指将结构或非结构数据转换成适当的可视化图表,然后将隐藏在数据中的信息直接展现于人们面前。物联网可视化应用开发适用于多个行业,包括智能交通、智能家居、智慧温室、智慧电力、智慧医院、智慧物流等。可视化技术将物联网设备上传的时序数据以更高效和直观的管理和展示手段展现出来,并能实现预测、监督、控制、辅助决策、统计等业务需求,充分发挥数据的价值。

　　本章以告警详情仪表板的开发过程为例,讲解如何将 MQTT 协议的设备遥测数据上传到物联网平台,并使用仪表板进行数据可视化处理。

- **职业功能:** 物联网平台应用开发。
- **工作内容:** 可视化应用开发。
- **专业能力要求:** 能根据业务需求,实现可视化开发;能根据设定的可视化监视要求和规则,实现告警触发及消除。
- **相关知识要求:** 可视化应用开发知识。

第一节 设备遥测与数据可视化

本节主要以一个"路灯"设备为例,该设备以 MQTT 方式或通过智能网关的方式连接到物联网平台,并上传遥测数据。物联网平台收到设备的遥测数据后,可以利用遥测数据进行可视化开发。

考核知识点及能力要求:

- 了解实体、资产、属性等相关概念;
- 熟悉 MQTT 协议的主题、订阅与发送;
- 能查阅各种协议数据的遥测指令;
- 能上传普通设备的 MQTT 协议的遥测数据;
- 能通过智能网关上传 MQTT 协议的遥测数据;
- 能配置资产间的关联关系;
- 能解决数据可视化开发中出现的问题。

一、实体概述

ThingsBoard 将租户、客户、用户、设备、资产、警报、仪表盘、规则节点、规则链都当作实体进行管理,每种实体都有属性、遥测数据以及关联关系等数据。

(一)实体类型

ThingsBoard 的实体类型如下:

(1)租户:一个独立的业务实体,使用或生产设备、资产的个人或组织,租户可能有多个租户管理员账户和数百万用户账户。

（2）客户：客户也是一个独立的业务实体，购买或使用了租户的设备/资产，客户可以拥有多个用户账户以及数百万的设备/资产。

（3）用户：用户可以查看仪表板，管理实体。

（4）设备：可产生遥测数据和处理远程命令的基本物联网实体，如传感器、执行器、开关等。

（5）资产：可能与其他设备和资产相关的物联网实体，如工厂、场地、项目、车辆等。

（6）警报：标识与资产、设备或其他实体有关的问题的事件。

（7）仪表板：将物联网设备数据可视化并可通过用户接口控制设备。

（8）规则节点：处理传入消息、实体生命周期事件等的单元。

（9）规则链：规则节点及其关系的集合，可能包含许多规则节点和到其他规则链的链接。

（二）属性

属性一般是指设备的基础数据，这些属性存储在数据库中，可用于数据可视化和数据处理。

ThingsBoard能够给实体分配自定义属性并进行管理，属性被视为键值对，以key-value格式存在。key代表属性名称，类型是字符串，而属性值可以是字符串、布尔值、双精度值、整数或JS对象简谱（JavaScript Object Notation，JSON）格式，示例代码如下：

```
{
  "stringKey": "value1",
  "booleanKey": true,
  "doubleKey": 33.0,
  "longKey": 44,
  "jsonKey": {
```

```
    "someNumber": 55,
    "someArray": [1, 2, 3],
    "someNestedObject": {"key": "value"}
  }
}
```

（三）遥测数据

一般是指设备上报的时序数据，支持存储、查询和可视化，如温度、湿度、光照度等。ThingsBoard 提供了大量与遥测数据操作相关的功能，具体如下：

（1）采集：使用 MQTT、CoAP 或者 HTTP 协议采集设备数据。

（2）存储：存储到时序数据库中。

（3）查询：查询最新时序数据值，或查询特定时间段内的所有数据。

（4）订阅：使用 WebSocket 订阅数据更新，用于可视化或实时分析。

（5）可视化：使用可配置的小部件以及仪表盘可视化时序数据。

（6）过滤和分析：使用灵活的规则引擎过滤和分析数据。

（7）事件警报：根据采集的数据触发事件警报。

（8）数据传输：通过规则节点实现与外部数据交互。

二、普通设备遥测与数据可视化

当接入 MQTT 协议的设备时，需要在物联网平台上有一个设备对应，所以要先在物联网平台上创建一个设备，同时通过某个 MQTT 客户端模拟该设备，使用物联网平台提供的 MQTT API 上传遥测值。

（一）设备创建

进入设备界面，添加新设备，设备名称为"路灯"，其他信息均采用默认。创建好设备后，进入该设备的详情页，复制访问令牌以便后续使用。

（二）设备使用 MQTT 协议连接至物联网平台

MQTT 协议是一种轻量级的基于客户端 - 服务器的消息发布 / 订阅传输协议，实现

MQTT 协议的通信需要有客户端和服务器。MQTT 协议的通信过程中有三种身份：发布者（Publish）、消息代理（MQTT Broker）、订阅者（Subscribe）。其中，消息的发布者和订阅者都是客户端，消息代理是服务器。消息发布者可以同时是消息的订阅者。MQTT 协议会自动构建底层网络传输，建立客户端到服务器的连接，提供两者之间的一个有序的、无损的、基于字节流的双向传输。MQTT 协议轻量、简单、开放和易于实现，适合各种 IoT 设备，如图 3-1 所示。

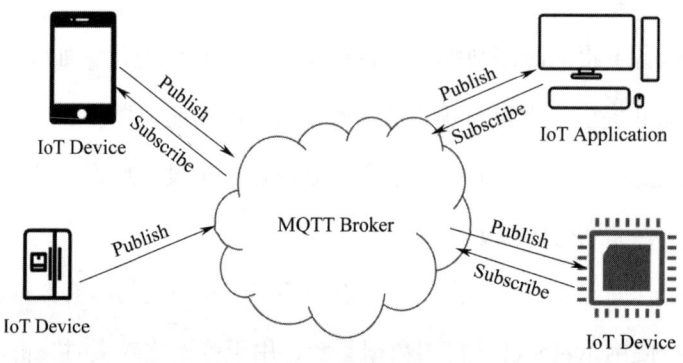

图 3-1　MQTT 协议

MQTT 客户端是指一个使用 MQTT 协议的应用程序或者设备，基于传输控制协议（Transmission Control Protocol，TCP）建立到服务器的网络连接。客户端可以发布消息、订阅其他客户端发布的消息、退订或删除应用程序的消息以及断开与服务器的连接。

MQTT 服务器又称消息代理，它可以是一个应用程序或一台设备，位于消息发布者和订阅者之间。服务器可以接受来自客户端的网络连接、接受客户端发布的消息，处理来自客户端的订阅和退订请求以及向订阅的客户端转发应用程序的消息。

MQTT 协议中常用的专业术语有主题（Topic）、负载（Payload）、订阅（Subscription）、发布（Publish）等，MQTT 传输的消息分为主题和负载两部分。Topic 可以理解为消息的类型，一般是一个有特定格式和含义的字符串，订阅者订阅后，就会收到该主题的消息内容；Payload 可以理解为消息的内容；Subscription 包含主题筛选器（Topic Filter）和最大服务质量（QoS），订阅会与一个会话（Session）关联，一个会话可以包含多个订阅，每个会话中的每个订阅都有一个不同的主题筛选器；Publish 是指 MQTT 客户端向服务器发送指定主题和消息内容的消息请求；会话是指每个客户端与服务器建立连接后就是一个会话，客户端和服务器之间有状态交互。

当 ThingsBoard 物联网平台接入 MQTT 协议的设备时，ThingsBoard 充当 MQTT Broker，再使用 MQTT 客户端软件充当客户端，客户端模拟设备通过 MQTT 协议连接到 ThingsBoard。

MQTT 客户端工具常用于建立与 MQTT 服务器的连接，进行主题订阅、消息收发等操作。MQTT 客户端有很多种，如 Mosquitto CLI、MQTT.fx、MQTT Explorer、MQTTBox 等，本教程以 MQTTBox 充当 MQTT 客户端设备为例进行讲解。

设备要通过 MQTT 连接到 ThingsBoard，需要使用到设备的访问令牌凭证，这些凭证称为 ACCESS_TOKEN。MQTTBox 将 ACCESS_TOKEN 作为 Username，使用 mqtt/tcp 协议向 ThingsBoard 发送请求连接，因此 MQTTBox 客户端的配置参数中，"Host"处填写 ThingsBoard 服务器的实际地址，端口为 1883，"Username"处填写上面复制的设备的访问令牌，如图 3-2 所示。

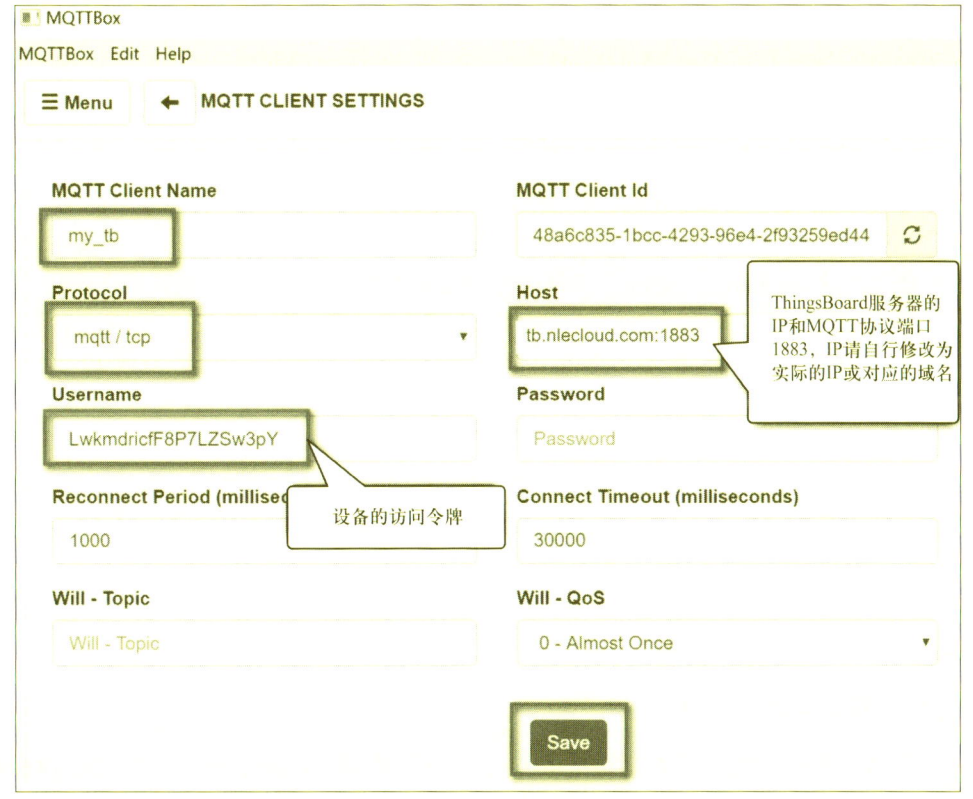

图 3-2　MQTTBox 的配置参数

配置好参数后，单击图3-2中的"Save"按钮进行保存，观察图3-3上方连接状态，变成 代表连接成功。连接期间，有可能有不同的返回码。返回码为0x00代表连接成功；返回码为0x04代表连接被拒绝，原因是用户名/密码错误或者用户名为空；返回码为0x05代表连接被拒绝，原因是未经授权或者用户名包含无效的ACCESS_TOKEN。

（三）使用MQTT API发布遥测数据

ThingsBoard提供了MQTT API，MQTT客户端发布遥测数据的Topic如下：

```
v1/devices/me/telemetry
```

发布消息时，Payload的数据格式如下：

```
{"key1": "value1", "key2": "value2"}
```

或者：

```
[{"key1": "value1"}, {"key2": "value2"}]
```

当这两种数据格式没有发送时间戳时，服务器端将自动分配时间戳给上传的数据。如果设备能够获取客户端时间戳，请使用以下格式：

```
["ts": 1651649600545, "values": {"key1": "value1", "key2": "value2"}]
```

通过上述分析得知，如果"路灯"设备想发送光照值为100的JSON格式数据，则Payload可以使用以下格式：

```
{"light": "100"}
```

设置好要发布的主题和消息内容后，单击"Publish"按钮进行发布，如图3-3所示。

（四）查看可视化数据

在设备"路灯"的"最新遥测"选项卡中查看数据，能查到上一步发布的数据则代表发布成功，如图3-4所示。

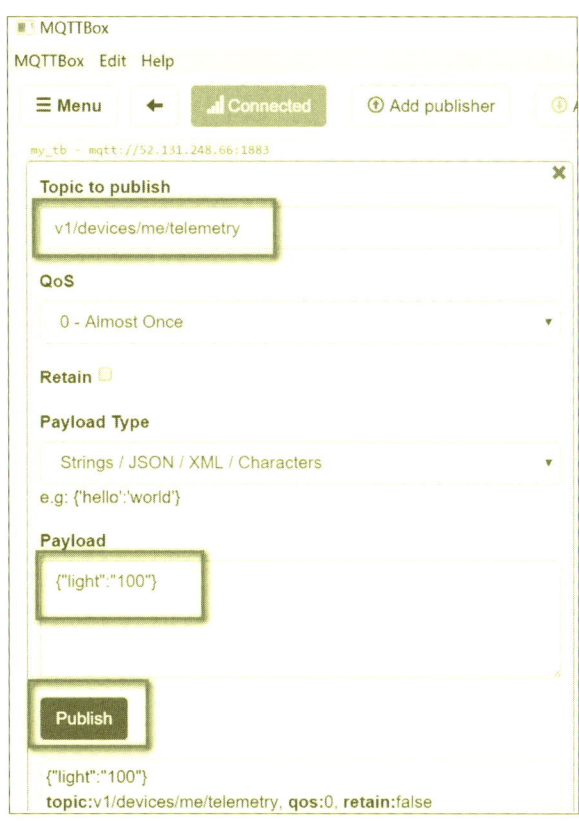

图 3-3　发布遥测数据

图 3-4　查看遥测数据

经过上述操作，读者已经学会如何上传 MQTT 协议的数据，如果想了解更多 MQTT API 的用法，可以到官网查阅相关文档进行学习。

三、智能网关遥测与数据可视化

在真实生产环境下，网关转发设备数据的场景很普遍。ThingsBoard 中的网关支持非 MQTT/HTTP/CoAP 协议的设备通过物联网网关（IoT Gateway）进行协议转换，转成 MQTT 协议后传送到 ThingsBoard，如图 3-5 所示。

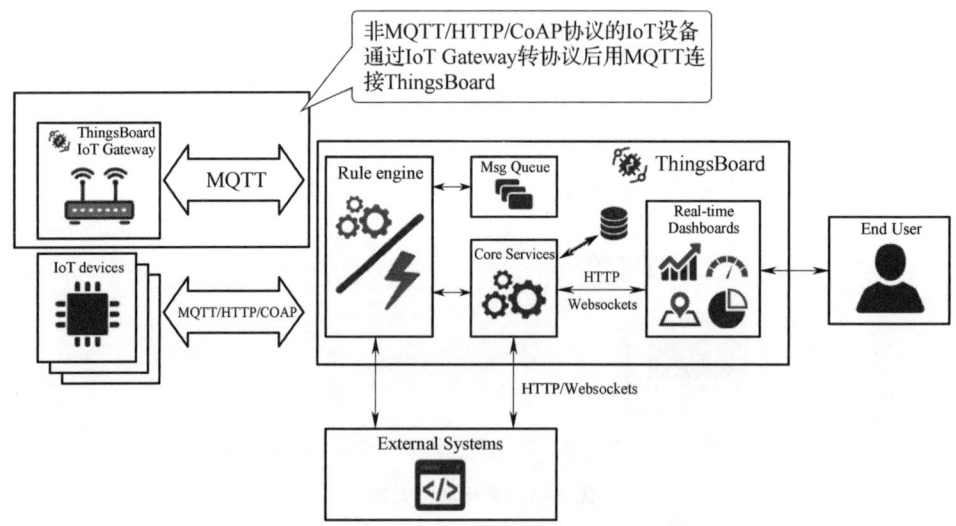

图 3-5 通过网关转发非 MQTT 协议的设备数据

在 ThingsBoard 中，网关也作为设备进行管理，因此设备的基础使用方法对网关也适用，这里使用 MQTTBox 模拟网关进行数据上传，真正的网关功能非常强大，会在后面的综合应用中讲解。

（一）创建网关设备

进入设备界面，在添加新设备选项卡中，填写设备名称"网关 A"，勾选"是网关"，说明部分可随便填写，其他信息采用默认，单击"添加"按钮创建网关设备，如图 3-6 所示。

回到设备页，可以看到设备列表中出现了设备"网关 A"。单击设备"网关 A"，查看"管理凭据"并复制好访问令牌，如图 3-7 所示。

第三章　可视化应用开发

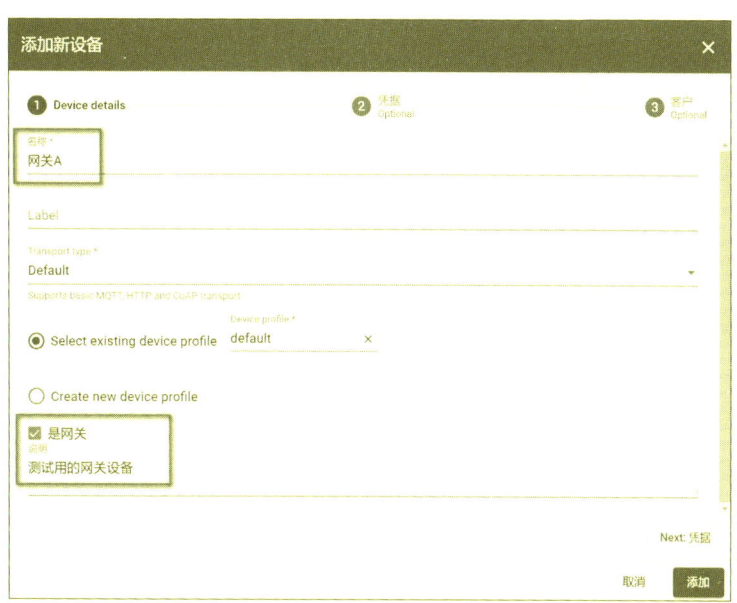

图 3-6　添加网关设备

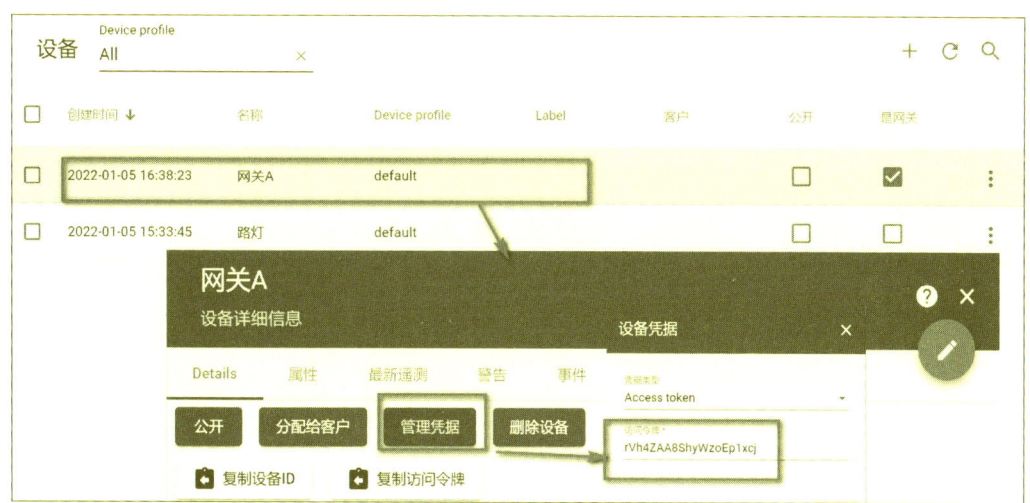

图 3-7　网关设备的访问令牌

（二）网关使用 MQTT 协议连接至物联网平台

网关通过 MQTT 协议向 ThingsBoard 转发设备数据。MQTTBox 的配置中，修改 "Username" 处为 "网关 A" 的设备访问令牌，其他设置信息与图 3-2 相同。网关连接成功后，可以在设备 "网关 A" 的 "属性" 选项卡 "服务端属性" 中查看状态，如果状态是 "active"，则说明 "网关 A" 成功连接到平台，如图 3-8 所示。

图 3–8　查看设备"网关 A"的状态

（三）使用 MQTT 网关 API 发布遥测数据

ThingsBoard 提供了网关 API，将设备的遥测数据通过网关发布到 ThingsBoard 的 Topic，命令如下：

```
v1/gateway/telemetry
```

发布消息时，Payload 的数据格式如下：

```
{
  "Device A": [
    {
      "ts": 1483228800000,
      "values": {
        "temperature": 42,
        "humidity": 80
      }
    },
    {
      "ts": 1483228801000,
      "values": {
```

```
            "temperature": 43,
            "humidity": 82
        }
    }
    ],
    "Device B": [
    {
        "ts": 1483228800000,
        "values": {
            "temperature": 42,
            "humidity": 80
        }
    }
    ]
}
```

基于上述分析,"路灯"设备通过"网关 A"转发光照值为 222 的 JSON 格式的数据如下:

```
{
  " 路灯 ": [
    {
        "ts": 1483228800000,
        "values": {
            "lignt": 222
        }
    }
    ]
}
```

设置好要发布的主题和消息内容后，就可以将遥测数据发布到物联网平台上了。

（四）查看可视化数据

在"路灯"设备的"最新遥测"选项卡中查看可视化数据，能查到数据则代表发布成功，如图 3-9 所示。

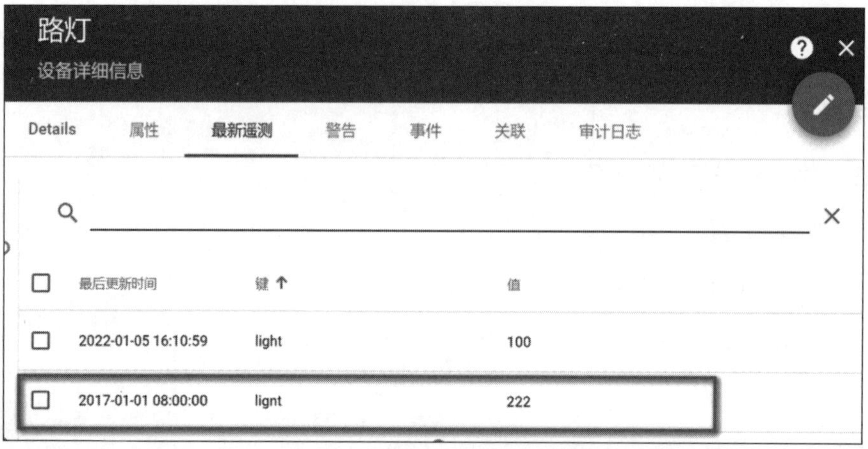

图 3-9　查看可视化数据

图 3-9 中的时间为"2017-01-01 08：00：00"，是因为消息的 Payload 中使用了时间戳（"ts"：1483228800000），"1483228800000"是一个毫秒精度的 unix 时间戳，对应的时间是"2017-01-01 08：00：00"，实际应用时可以取真实的时间戳，这里仅限于举例应用，更多 MQTT 网关 API 的用法可查阅官网。

四、资产可视化

资产是与设备相关的聚合点。资产与设备不同，不能直接上传时序数据，但可以通过关联获得时序数据。

假设要构建一个科技园监测系统，科技园区中有建筑物、传感设备、路灯设备等，希望能从温度传感器和光照传感器收集数据，在仪表板上可视化这些数据，需要时可以根据预设的传感值进行路灯设备控制，则科技园、建筑物等资产以及设备间就可以进行多级关联，如图 3-10 所示。

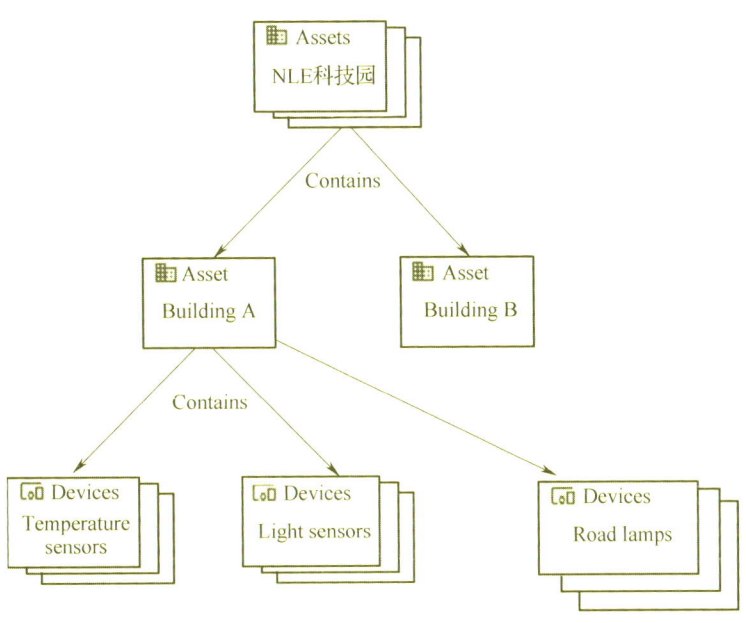

图 3-10　NLE 科技园的设备关联关系

（一）资产创建

进入资产界面，在添加新资产选项卡，填写资产名称为"NLE 科技园"，资产类型为"distract"，其他信息采用默认，如图 3-11 所示。

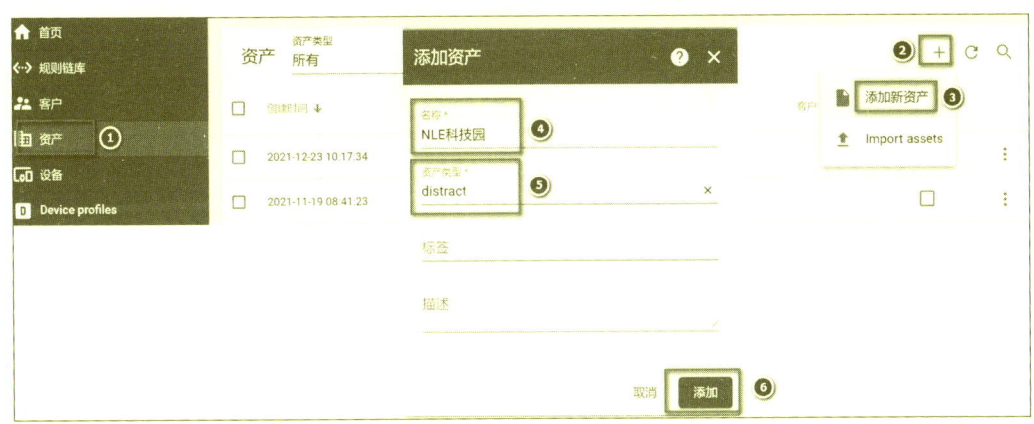

图 3-11　资产创建

（二）属性操作

打开资产"NLE 科技园"中的"属性"选项卡，可以查看以及编辑"服务端属性",用于后续规则引擎或仪表板使用。假设要添加经纬度属性,可以通过百度地图提供的坐标拾取器获取经纬度。假设获取到的经纬度值为 119.415 923 和 26.023 463,给资产添加经纬度属性、地址属性和查看属性,应遵循以下操作步骤。

第一步:单击"属性"选项卡,选择"服务端属性",单击右侧"+",如图 3-12 所示。

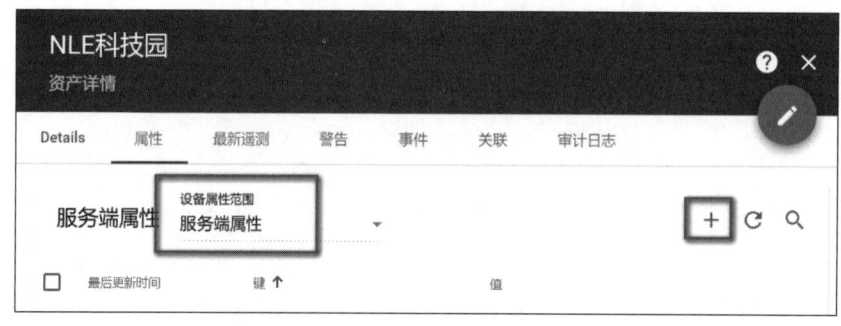

图 3-12　NLE 科技园的服务端属性

第二步:依次添加地址、经度、纬度属性值,如图 3-13 所示。

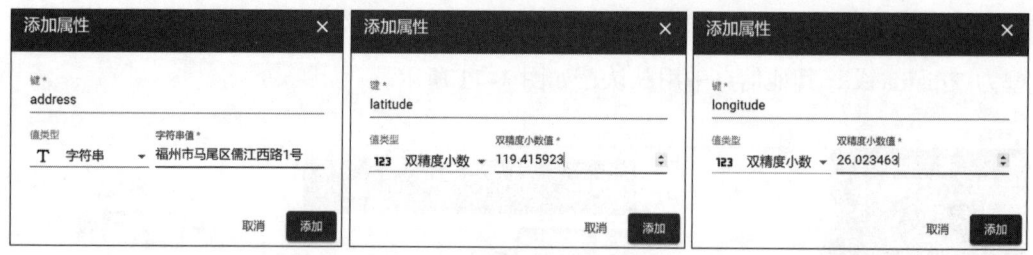

图 3-13　添加属性

第三步:在资产详情页的"属性"列表中可以查看、编辑和删除属性,如图 3-14 所示。

(三)关联操作

实体关联是指设备属于谁、在哪个资产上等,有包含、管理、拥有和生成等关系。

按照添加资产的操作步骤,继续添加两个资产"Building A""Building B",如图 3-15 所示。

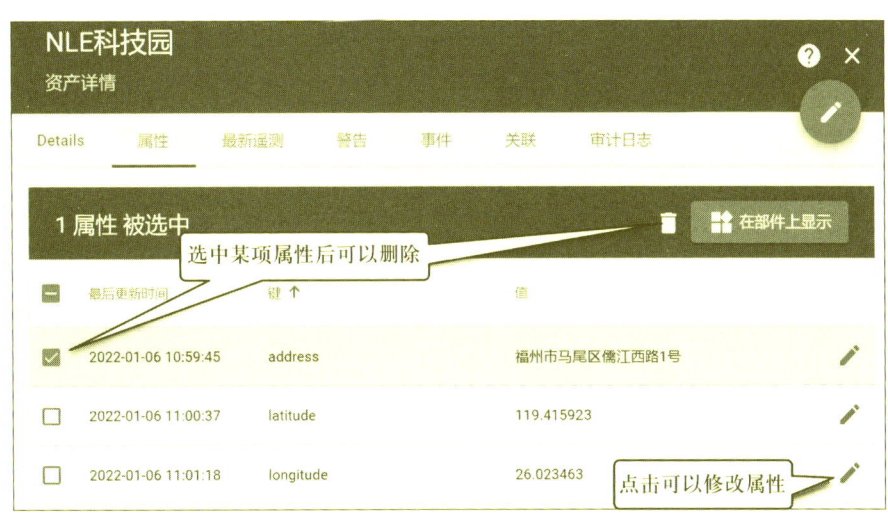

图 3-14 属性列表

图 3-15 资产列表

通过"关联"选项卡可以查看关联,可以是从当前实体关联到其他实体的关系,也可以是从其他实体关联到当前实体的关系。资产"NEL 科技园"关联两个资产"Building A""Building B"。选中资产"NEL 科技园",添加关联关系,填写关联类型为"Contains",到实体类型选择"资产",实体列表选择"Building A"和"Building B",单击"添加"按钮保存,如图 3-16 所示。

给资产"Building A"关联设备"路灯",填写关联类型为"Contains",到实体类型选择"设备",实体列表选择"路灯",单击"添加"按钮进行保存,即可看到关联关系,如图 3-17 所示。

同样,在资产关联列表中,需要时还可以进行关联关系的编辑和删除操作。

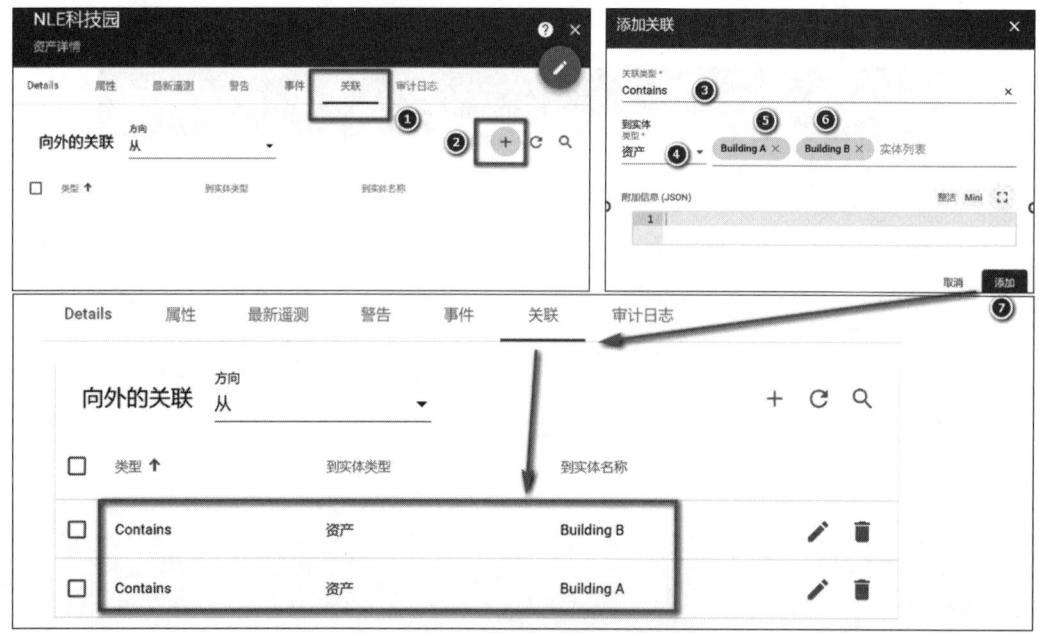

图 3-16 添加 NLE 科技园的资产关联关系

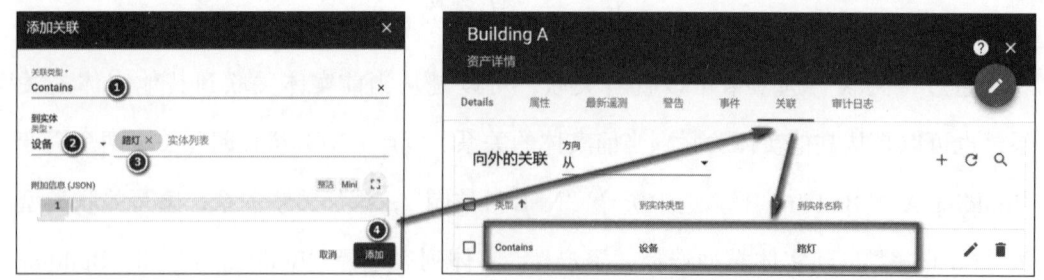

图 3-17 添加资产与设备的关联关系

第二节 使用仪表板可视化数据

仪表板用于数据展示，可用部件库中的部件或自定义部件形成灵活、可定制化的数据展示页面。本节先以展示设备"路灯"的光照度为例，说明如何使用仪表板进行数据可视化，再根据设定的可视化监视要求和规则链，实现告警触发及消除的可视化。

考核知识点及能力要求：

- 了解部件包、部件等相关概念；
- 熟悉使用仪表板可视化数据的过程；
- 能查阅文档进行各种部件的使用；
- 能使用图表展示数据；
- 能实现告警触发和清除告警的仪表板；
- 能解决数据可视化开发中出现的问题。

一、部件

部件在仪表板（Dashboard）中使用，每个部件都提供一项具体功能，如数据可视化、远程控制、警报管理等。ThingsBoard 提供了 30 多个可自定义的小部件，能满足大多数物联网用例的可视化需求。

（一）部件包

部件包将部件以分组的形式进行管理，包含告警小部件（Alarm widgets）、模拟仪表（Analogue gauges）、卡片（Cards）、体表（Charts）、控制小部件（Control widgets）、时间（Date）、数字仪表（Digital gauges）、实体管理小部件（Entity admin widgets）、网关小部件（Gateway widgets）、通用输入输出小部件（GPIO widgets）、输入小部件（Input widgets）、地图（Maps）等，读者可以在部件库中查看到这些部件包。

（二）部件

以部件包"Digital gauges"为例，该部件包提供了各种各样的数字仪表部件，如图3-18所示。

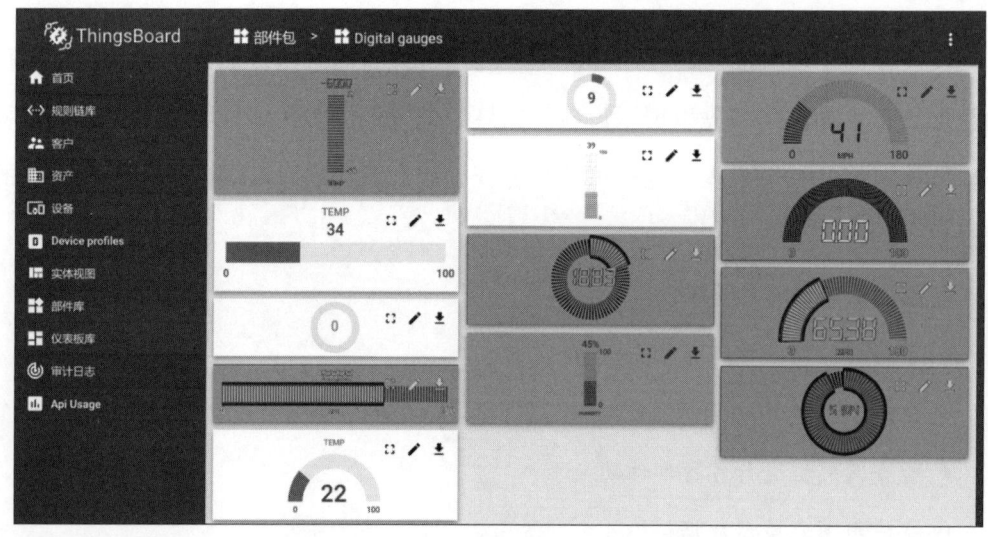

图3-18　"Digital gauges"的所有部件

二、使用图表展示数据

以创建"路灯数据展示"仪表板为例。使用仪表板展示数据的过程是：新建仪表板 > 添加设备别名 > 添加部件 > 绑定数据源到部件。

（一）新建仪表板

进入仪表板库页面，单击右上角"+"，选择"创建新的仪表板"，输入自定义标题"路灯数据展示"，单击"添加"按钮即可创建新的仪表板。创建好的"路灯数据展示"仪表板如图3-19所示。

第三章 可视化应用开发

图 3-19 "路灯数据展示"仪表板

(二)添加实体别名

给设备"路灯"添加实体别名的步骤是:打开仪表板"路灯信息展示",按提示进入编辑模式,单击右上角"实体别名",在弹出来的页面中单击"添加别名"按钮,输入别名"路灯",过滤类型选择"单个实体",类型选择"设备",设备选择"路灯",单击"添加"按钮,最后保存所有的修改操作,如图 3-20 所示。

图 3-20 添加实体别名

083

（三）添加图表部件

单击"添加新的部件"按钮，在弹出的部件组列表中选择"Digital gauges"，接着选择一个可以自行设定最大值与最小值范围的部件，如图3-21所示。

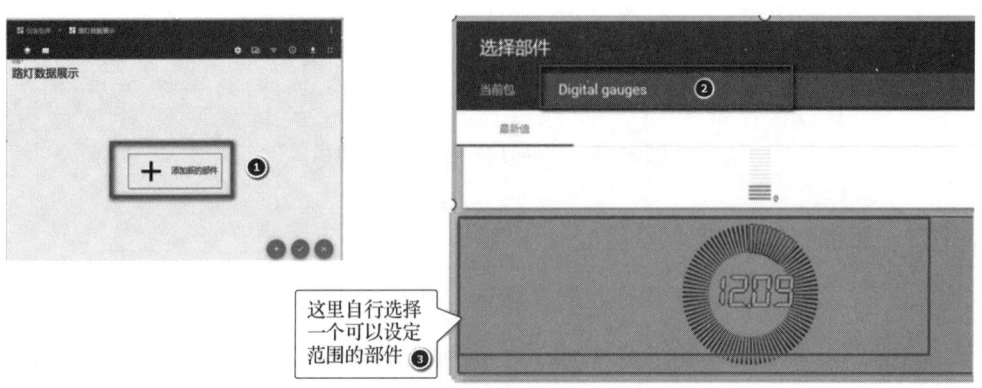

图3-21　添加图表部件

（四）绑定数据源到部件

添加好部件后，接着需要绑定数据源到部件。单击"添加"按钮，在弹出的页面中选择类型"实体"，实体别名选择"路灯"，选择时序数据点"light"（这里是指要导入的路灯设备的光照度遥测值），单击"添加"按钮，最后单击"●"保存所有的修改操作，如图3-22所示。

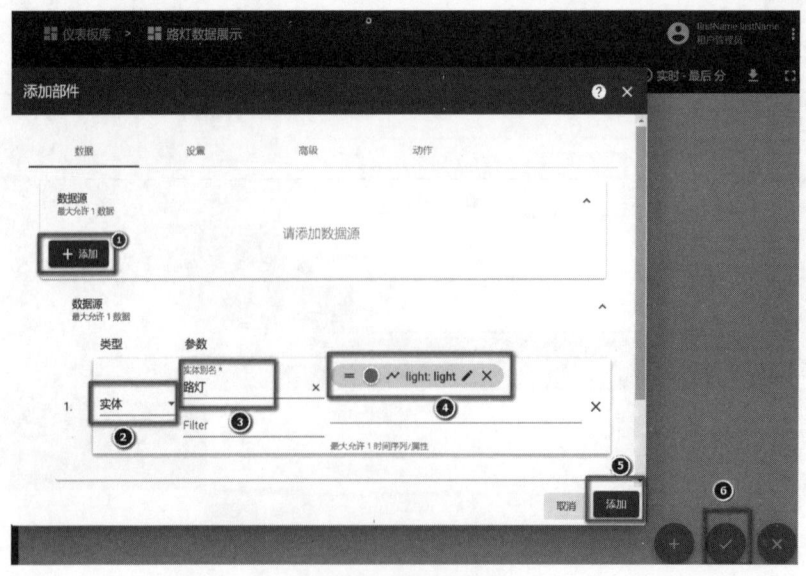

图3-22　添加数据源

(五)验证

验证仪表板能正常显示最新的遥测数据,正常的光强度为 0.5 ~ 5 000 lux,打开"路灯数据展示"仪表板,修改光照度范围,修改完成后保存,如图 3-23 所示。

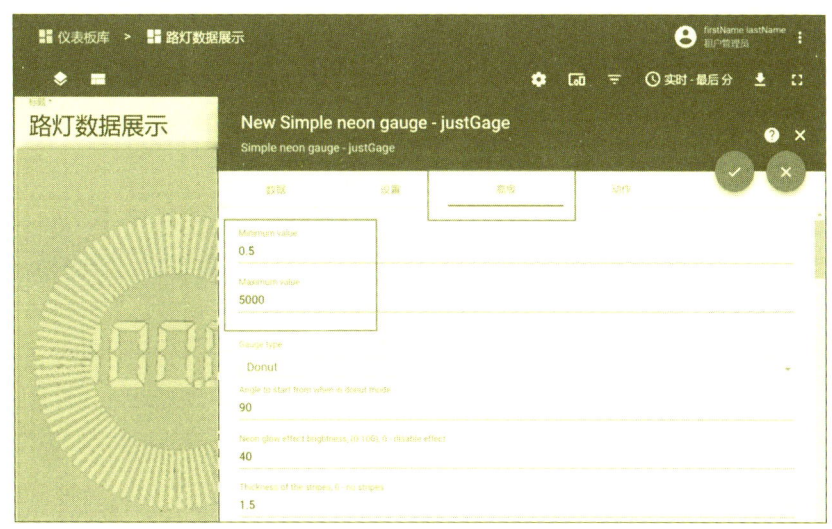

图 3-23 修改光照度范围

因为仪表展示的是最新的遥测值,在设备的遥测数据测试时,发送光照值 100,此时展示的数据是 100,接下来再使用 MQTTBox 发送光照值 300,发送完毕后到设备中查看设备的遥测值,最后查看仪表板的值已变成最新的遥测值 300,如图 3-24 所示。

至此,已经拥有了一个展示光照度的仪表盘。

三、实现告警仪表板

设备的数据发送到 ThingsBoard 后,可以通过可自定义的仪表板查看或共享。除了实现实时数据可视化外,还能根据设定的可视化监视要求和规则链,实现告警触发及消除。

(一)创建报警仪表板

创建新的仪表板,命名为"PM25 报警仪表板",如图 3-25 所示。

图 3-24　发送遥测值并检查仪表板数据

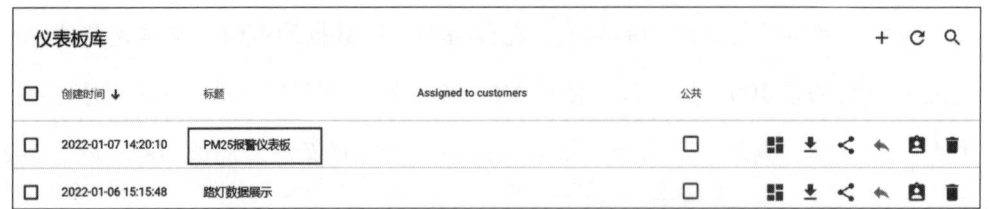

图 3-25　创建"PM25 报警仪表板"

（二）添加实体别名

在"PM25 报警仪表板"中给设备"pm25"添加实体别名，别名也叫"pm25"，如图 3-26 所示。

（三）添加告警部件和绑定数据源

添加部件，选择"Alarm widgets"告警组件中的"Alarms table"部件，并绑定数据源为"pm25"实体，如图 3-27 所示。

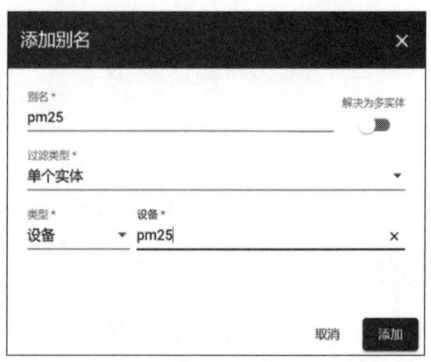

图 3-26　给设备"pm25"添加实体别名

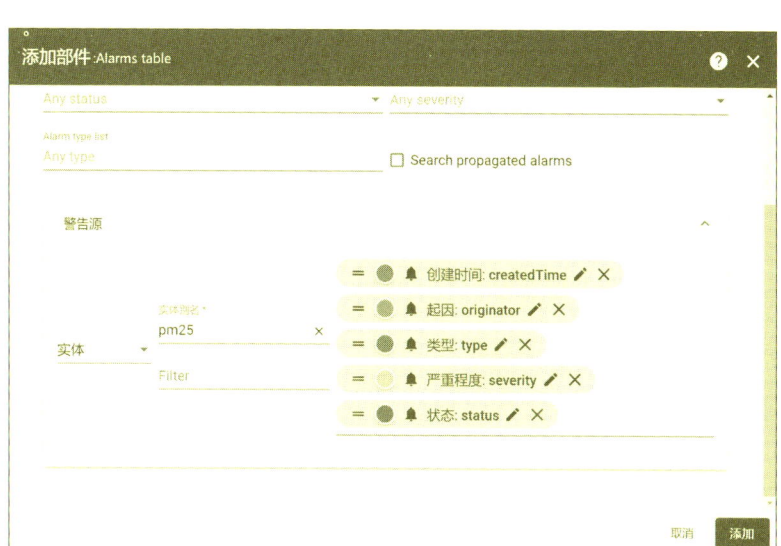

图 3-27　绑定数据源

（四）验证告警和清除告警

用 MQTTBox 客户端发送粉尘浓度的值超过 200 的数据，可以看到产生了告警信息，单击右侧的"应答"和"清除"按钮，可以进行告警的应答和清除，如图 3-28 所示。

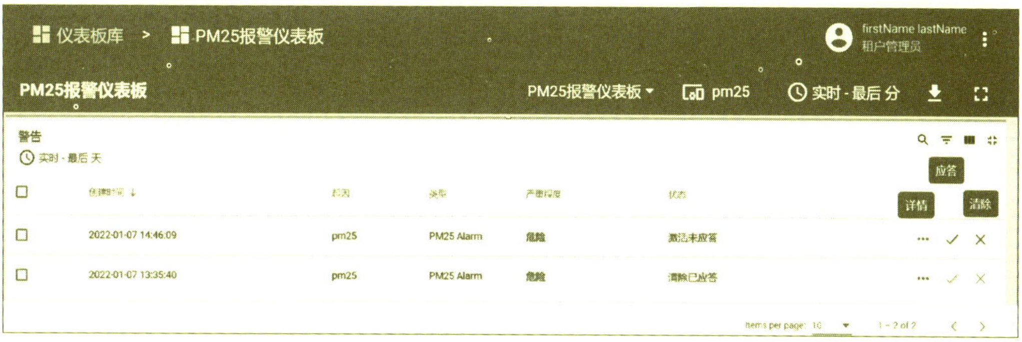

图 3-28　告警的应答和清除

到目前为止，本章已经实现了普通设备遥测与数据可视化、通过智能网关设备遥测数据与数据可视化、资产可视化，并实现了告警仪表板，关于数据可视化的更多用法请读者自行查阅官方文档。

思考题

1. 简述实体间的关系。
2. MQTT 协议有哪几个组成部分?
3. 如何使用 MQTT API 上传数据?
4. 如何使用网关 API 上传数据?
5. 简述用仪表板展示数据的过程。
6. 简述实现告警和清除告警的过程。

第四章
物联网平台应用对接开发

随着 5G 和 IoT 物联网技术的飞速发展，IoT 设备产生的时序数据也呈爆炸式增长，数据的总量、数据的类型越来越多，访问速度要求越来越快。如何持久化存储 IoT 设备产生的时序数据，以及数据入库后，用数据可视化平台将数据按规则统计、展示出来，实现时序数据存储和其他数据处理、分析系统做好对接，与周边生态形成协同来充分挖掘数据的价值和创建业务价值，也是物联网工程技术应用开发人员必须掌握的技能。

- **职业功能：** 物联网平台应用开发。
- **工作内容：** 物联网平台应用对接开发。
- **专业能力要求：** 能根据物联网数据的特性，采用时序数据库进行数据持久化开发；能根据第三方可视化平台的接口文档，与数据可视化平台进行对接开发；能根据第三方大数据平台的接口文档，与大数据平台进行数据汇聚与分析开发。
- **相关知识要求：** 时序数据库知识、数据可视化平台使用方法、平台对接知识。

第一节　数据持久化开发

数据持久化就是指将那些内存中的瞬时数据保存到存储设备中，保证即使在程序关闭的情况下，这些数据仍然不会丢失。持久化技术被广泛应用于各种程序设计的领域当中，数据库存储也是实现数据持久化的一种方式。

海量的设备持续产生运行时的关键指标数据，在大量的物联网应用中，需要对物联网设备产生的一些关键时序数据做数据分析、监控，让数据产生价值，因此，关键数据需要持久化，以便需要时读取使用。

本节主要以 InfluxDB 时序数据库为例，讲解如何进行物联网数据的持久化开发。

考核知识点及能力要求：

- 了解时序数据相关概念；
- 了解物联网数据的特征；
- 能查阅文档进行各种时序数据库的使用；
- 能进行时序数据库的安装；
- 能操作时序数据库的写入与查询；
- 能解决时序数据库使用过程中出现的问题。

一、时序数据与时序数据库

按照时间戳的大小顺序排列的一系列记录值的数据称为时间序列数据。IoT 设备产生的数据通常都具备时间序列特征。IoT 设备持续不断产生的海量时序数据，对数据的读写、存储管理都提出了很大挑战。基于快速增长的时序数据应用需求，时序数据库应运而生，且发展迅猛。时序数据库适用于一切有时序数据形成，对数据的历史规律、异常变化等有分析需求，或者需判断时序数据后续发展趋势的场景。

（一）IoT 场景中的时序数据特征

在 IoT 场景里，IoT 设备数据的产生、存储、访问有比较明显的时间规律，其特征见表 4–1。

表 4–1　　　　　　　　　　时序数据特征

数据特征	说　　明
数据是时序的，带时间戳	IoT 设备按固定的时间周期或按特定条件触发，持续不断地产生新数据
数据是结构化的	IoT 设备产生的数据一般以数值类型、字符类型为主
数据极少有更新或删除操作，无须进行处理	数据存储后，一般只在需要做数据分析、监控、问题排查时才会读取数据
写多读少，按时间段访问数据，数据分析基于时间和地理区域，需要进行统计	读数据时，往往是读一段时间内的数据，如某个区域家庭采集煤气用量数据的月平均、总和、最大值、最小值等
数据是有保留期限的	数据的价值随着时间推移而不断降低，通常只需要保存最近一段时间的数据，需要支持高效的数据存活机制，能自动删除历史数据
数据量巨大	一天采集的数据有可能超过 100 亿条

（二）时序数据库

时序数据库（Time Series Database，TSDB）是专门为时间序列数据设计的数据库。TSDB 的特性之一是能够使用标签过滤测量值，每个数据点都标有添加上下文信息的标签。如图 4–1 所示为一个时序数据格式的示例，图中每个测量值一般用 key-value 键值对的方式进行存储。

时序数据库要求支持时序数据的高速写入、高压缩、持久化、支持多维度的聚合查询等基本功能。近几年来，时序数据库发展十分迅猛，各大互联网企业都推出了自己的时序数据库。截至 2022 年 2 月，在全球知名的数据库流行度排行榜网站 DB-Engines 给出的时间序列数据库的排名中，InfluxDB 高居首位，如图 4–2 所示。

```
weather,location=us-midwest temperature=82 1465839830100400200
|       --------------------  --------------    |
|       |                  |  |            |    |
|       |                  |  |            |    |
+-----------+--------------+--+------------+----+
|measurement|,tag_set      |  |field_set|  |timestamp|
+-----------+--------------+--+------------+----+
```

图 4-1 数据库存储的测量值

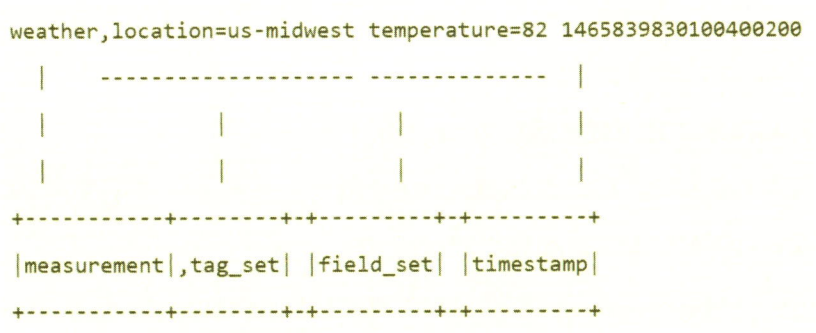

图 4-2 2022 年 2 月时序数据库的排名

InfluxDB 是开源时间序列数据库，用于存储和分析时间序列数据，专注于海量时序数据的高性能读写、高效存储与实时分析，广泛应用于 IoT 监控、应用程序指标、物联网传感器数据和实时分析等领域。

二、InfluxDB 时序数据库的安装与运行

InfluxDB 发布至今，已经有 InfluxDB1.x 和 InfluxDB2.x 两个版本。InfluxDB1.x 系列发布于 2016 年，使用 InfluxQL 查询语言（一种类似 SQL 的查询语言）用于数据交互。在过去的几年，其下载量达到了数百万，并且目前全球每天有超过 40 万个活跃实例。2019 年 1 月推出的 InfluxDB2.0 alpha 版本，主推全新的查询语言 Flux。2020 年底，InfluxDB 推出了 InfluxDB 2.0 正式版本。InfluxDB 2.0 是时间序列数据的新一代开源平台，开发者可以在这个统一的平台上获取、查询、存储和可视化查看时间序列数

据,并通过利用新工具和集成功能,比以往更快、更轻松地开发和部署基于时间序列数据驱动的物联网分析和监控应用。

(一) Docker 方式下载并运行 InfluxDB

InfluxDB 的最新版本可以在 Docker Hub 上查询,在 CentOS 7 下使用 Docker 方式拉取 InfluxDB v2.1 的版本,请遵循以下操作步骤。

第一步:使用命令 docker pull influxdb:2.1.1 拉取 InfluxDB v2.1 镜像,拉取完成后使用命令 docker images 查看,操作过程如图 4-3 所示。

```
[root@pkr ~]# docker pull influxdb:2.1.1
2.1.1: Pulling from library/influxdb
ea267e4631a9: Pull complete
8a014c921489: Pull complete
293ff1be7001: Pull complete
0c2be5f1f5e3: Pull complete
4e83dddbe160: Pull complete
d4c255e250da: Pull complete
a8280e592ea9: Pull complete
b93d953bfb3b: Pull complete
c66d8496df36: Pull complete
e38aada772f6: Pull complete
Digest: sha256:49e21b4d595242e5d19a6f4bef272057ea85da6c2b2fb164c087e38912393c4e
Status: Downloaded newer image for influxdb:2.1.1
docker.io/library/influxdb:2.1.1
[root@pkr ~]# docker images
REPOSITORY          TAG       IMAGE ID       CREATED       SIZE
influxdb            2.1.1     85e78e4375fa   2 weeks ago   346MB
```

图 4-3 拉取并查看 InfluxDB v2.1 镜像

第二步:设置在 InfluxDB 容器外持久化数据。新建用来持久化存储数据的目录,创建一个新目录 /home/influxdb/data(该目录可自定义)用来存储数据,当容器停止和移除后,该数据依然存在,创建好后进入该目录,命令如下:

```
[root@pkr ~]# mkdir -p /home/influsdb/data && cd $_
[root@pkr data]# pwd
/home/influsdb/data
[root@pkr data]#
```

第三步:以卷的形式运行容器。从 v2.0.4 开始,Docker 构建的 InfluxDB 默认将数据存储在 /var/lib/influxdb2 中,在新目录 /home/influxdb/data 中,运行带有 --volume 标志的 InfluxDB Docker 容器,可以将容器 /var/lib/influxdb2 内部的数据持久保存到主机文

件系统中的当前工作目录（$PWD 代表 /home/influxdb/data），命令如下：

```
[root@pkr data]# docker run   -d   --name myinfluxdb   -p 8086: 8086   --volume
$PWD: /var/lib/influxdb2      influxdb: 2.1.1
2d18f0b37a9bb3ba4b14f14293d3538a35c72172de1a6b0c25f340638d514c31
[root@pkr data]#
```

命令成功运行后会自动生成容器的编号，如 2d18f0b37a9bb3ba4b14f14293d3538a35c72172de1a6b0c25f340638d514c31。

第四步：查看容器的运行情况。用 docker ps 命令查看容器的运行状态，在输出信息中"STATUS"状态处为"Up"表示容器启动成功，如图 4-4 所示。

```
[root@pkr data]# docker ps
CONTAINER ID    IMAGE           COMMAND                CREATED         STATUS          PORTS
                NAMES
2d18f0b37a9b    influxdb:2.1.1  "/entrypoint.sh infl…" 2 minutes ago   Up 2 minutes    0.0.0.0:8086->8086/tcp, :::
8086->8086/tcp  myinfluxdb
```

图 4-4　成功运行的容器状态

第五步：进入容器内部并查看版本，命令如下：

```
# 容器必须是运行中才能进入
[root@pkr data]# docker exec -it myinfluxdb /bin/bash
root@2d18f0b37a9b: /# influx version
Influx CLI 2.2.1 (git: 31ac783) build_date: 2021-11-09T21: 24: 22Z
root@2d18f0b37a9b: /#
```

可以看到，这里使用的 InfluxDB 的版本是 2.2.1。需要说明的是，如果删除了容器后再重新运行 InfluxDB，则容器的 ID 会不一样，因此，上述命令的前缀"root@2d18f0b37a9b"中的"2d18f0b37a9b"这个容器 ID，在后面内容中有可能发生变化，在此需先知晓发生变化的原因。

第六步：如果想停止和移除容器以及开放防火墙端口，命令如下：

```
# 停止容器
[root@pkr ~]#docker stop myinfluxdb
# 移除容器，移除的容器必须是已经停止的
[root@pkr ~]#docker rm myinfluxdb
# 开放防火墙端口
[root@pkr ~]# firewall-cmd --zone=public --add-port=8086/tcp --permanent
[root@pkr ~]# firewall-cmd --reload
```

（二）初始化设置 InfluxDB

初次使用 InfluxDB v2.1，需要进行初始化设置，初始管理员用户、组织和存储桶。容器运行后，自带一个管理的页面，在网络连通的情况下可以通过 http：//InfluxDB 服务器 IP：8086 访问，也可以使用命令行进行初始化设置。这里以在命令行下的初始化设置为例。进入容器内部后，使用 influx -h 查看可以使用的命令，如图 4-5 所示。

```
root@1a2d1c5327a9:/# influx -h
NAME:
   influx - Influx Client

USAGE:
   influx [command]

COMMANDS:
   version              Print the influx CLI version
   ping                 Check the InfluxDB /health endpoint
   setup                Setup instance with initial user, org, bucket
   write                Write points to InfluxDB
   bucket               Bucket management commands
   completion           Generates completion scripts
   bucket-schema        Bucket schema management commands
   query                Execute a Flux query
   config               Config management commands
   org, organization    Organization management commands
   delete               Delete points from InfluxDB
   user                 User management commands
   task                 Task management commands
   backup               Backup database
   restore              Restores a backup directory to InfluxDB
   telegrafs            List Telegraf configuration(s). Subcommands manage Telegraf configurations.
   dashboards           List Dashboard(s).
   export               Export existing resources as a template
   secret               Secret management commands
   v1                   InfluxDB v1 management commands
   auth, authorization  Authorization management commands
   apply                Apply a template to manage resources
   stacks               List stack(s) and associated templates. Subcommands manage stacks.
   template             Summarize the provided template
   help, h              Shows a list of commands or help for one command

GLOBAL OPTIONS:
   --help, -h  show help
```

图 4-5　可用的 influx 命令

从图 4-5 中的输出信息看到，可以使用 influx setup 命令进行初始化。初始化时需要填写一些参数，会涉及的概念有：组织（Organization），是一组用户的工作区，所

有仪表板、任务、存储桶和用户都属于一个组织；存储桶（Bucket），所有 InfluxDB 数据都存储在桶中，相当于数据库的概念，桶结合了数据库的概念和存持周期，一个桶属于一个组织；桶架构（Bucket Schema），具有明确的架构类型的存储桶需要为每个测量指定显式架构，测量包含标签、字段和时间戳；保留期（Retention Period），用于设置数据保留的时间，创建数据库时会自动创建一个默认的永久保存的存储策略 autogen，用户也可以设定保留时间，InfluxDB 会定期清除过期的数据。

确保进入容器后，按要求依次输入 username、password、confirm password、organization name、bucket name、retention period，并且检查各项参数输入无误后，输入"y"确认参数正确，即可完成初始化工作，如图 4-6 所示。

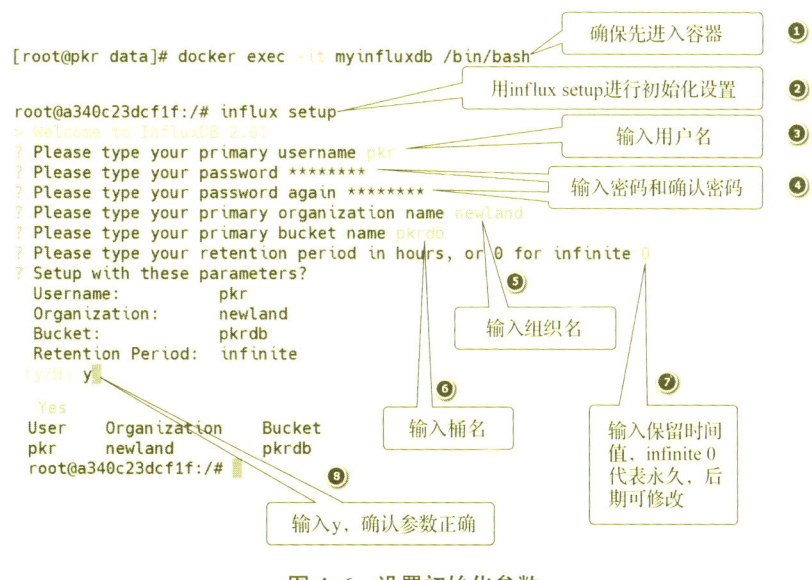

图 4-6　设置初始化参数

三、InfluxDB 写入与查询数据

InfluxDB 2.0 版本使用 Flux 语法。Flux 是首个专门为时间序列数据构建的功能性查询和编程语言，可用于丰富和转换数据、构建预测以及识别异常和相关性。

（一）InfluxDB 2.0 数据元素

InfluxDB 2.0 中的一行数据格式包含 Measurement、Tag set、Field set、Timestamp 等数据元素，如图 4-7 所示。

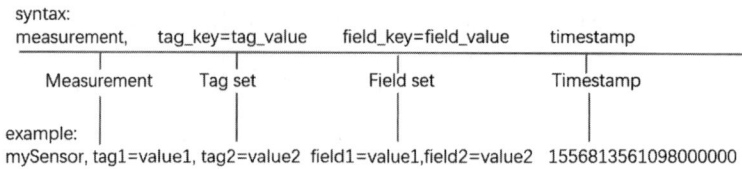

图 4-7　InfluxDB 2.0 的行数据格式

数据格式中包含的数据元素含义如下：

➤ Measurement：测量指标名，相当于数据库的 Table，包含 Timestamp、Field 和 Tag 三列。

➤ Tag set：使用 tag_key=tag_value 键值对存储具体的数据，会构建索引，有利于查询。Tag set 就是 tag_key=tag_value 的集合，Tag 是可选的。

➤ Field set：使用 field_key=field_value 键值对存储具体的数据，不会构建索引。过滤 field_value 的查询必须扫描所有 field_value 以匹配查询条件。field_value 表示关联字段的值，可以是字符串、浮点数、整数或布尔值，field_key 表示字段名称的字符串。Field set 就是 field_key=field_value 的集合，Field 是必选的。

➤ Timestamp：每一条数据都需要指定一个时间戳，这个时间戳展示了与特定数据相关联的日期和时间，时间戳视为主键。

设计 Tag 和 Field 的原则有三点：第一点是需要查询的关键字放入 Tag 中，例如传感器 ID、设备 ID，因为 Tag 是有索引的，而 Field 没有索引；第二点是 Tag 数量要可控，如果建立过多索引，写入和查询性能均会下降；第三点是 tag_key、field_key 避免使用相同的名字。

（二）Flux 语法说明

Flux 是一种功能性数据脚本语言，旨在将查询、处理、分析和对数据的操作统一到单一语法中。

Flux 基本查询示例代码如下：

```
from(bucket: "pkrdb")
  |> range(start: -15m)
  |> filter(fn: (r)=>
```

```
        r._measurement=="cpu" and

        r._field=="usage_system" and

        r.cpu=="cpu-total"
)
|> yield()
```

每个 Flux 查询都需要包含数据源、时间范围、数据过滤器、生成查询数据（可选），它们的具体含义如下。

> 数据源：使用 bucket 标识数据库的名称，如 from (bucket: "example-bucket")。

> 时间范围：查询时间序列数据时，Flux 需要一个时间范围。无界查询占用大量资源，作为一种保护措施，Flux 不会在没有指定范围的情况下查询数据库。时间范围用 range () 表示，如 range (start: –1h, stop: –10m)，注意 stop 不是必需的。时间范围可以是具体的时间或者时间戳，也可以是相对时间范围，如 –1h 表示过去 1 小时内的数据（相对于当前时间），可选单位有 s（秒）、m（分）、h（时）、d（天）、mo（月）、y（年）。使用 range () 的示例代码如下：

```
|> range(start: -1d)// 查询 1 天前的数据

|> range(start: -1h) // 查询 1 小时前的数据

|> range(start: -1m) // 查询 1 分钟前的数据

|> range(start: 0) // 查询截至当前时刻的所有数据
```

> 数据过滤器：filter（fn:（r）=>），用于对 range () 中的数据进行过滤，根据列值过滤数据。filter () 有一个参数 fn，是基于列和属性过滤数据逻辑的匿名谓词函数。使用参数中定义的 fn 来评估输入行，每一行都作为记录传递到谓词函数中，r 代表行中每一列的键值对，记录或行在 filter () 中作为对象。多个过滤器可以用 and 或 or 连接，或者另起一个 filter。filter 的可选值有：_measurement、_field、_value、_time、某个 Tag 的名称。示例代码如下：

```
格式：
(r) => (r. 属性 比较操作符 比较表达式 ) 如 filter(fn: (r)=> r._field=="foo")
// 过滤一个条件
(r) => (r._measurement=="cpu")
// 过滤多个条件
(r) => (r._measurement=="cpu") and (r._field !="usage_system" )
```

➢ 生成查询数据（可选）：yield ( ) 输出的表一般包含 _start、_stop、_field、_value、_measurement、_time、Tag 字段。

每个 Flux 语法都以 from 开始，其他部分都需要以管道转发运算符 "|>" 开头。"|>" 将每个函数的输出作为输入发送到下一个函数。更多的 Flux 基本语法请查阅 InfluxDB 的官网。

（三）写入和查询数据

1. 行协议数据格式

命令行下写入数据使用行协议（Line Protocol），则数据格式为：

```
<measurement>[, <tag_key>=<tag_value>[, <tag_key>=<tag_value>]]
<field_key>=<field_value>[, <field_key>=<field_value>] [<timestamp>]
```

以空气传感器的数据为例，measurement 名为 airSensors、tag_key 为传感器 ID sensor_id、field_key 为温度 / 湿度 /CO 浓度，则数据格式为：

```
airSensors, sensor_id=TLM0100
temperature=71.18922021239435, humidity=35.096794192432846,
co=0.49012238573499495 1623288483000000000
```

2. 命令行写入数据

将上面空气传感器的示例数据写入本地安装的 Influx DB v2.1，用到组织名为"newland"，存储桶名为"pkrdb"，写入数据的完整命令如下：

```
# 进入容器
[root@pkr data]# docker exec -it myinfluxdb /bin/bash
```

```
# 写数据
root@a340c23dcf1f:/# influx write \
    -b pkrdb \
    -o newland \
    'airSensors, sensor_id=TLM0100
temperature=71.18922021239435, humidity=35.096794192432846, co=0.49012238573499495'
```

写入数据时,如果不写时间戳,系统会自动插入时间戳。在命令行写入两条数据,操作过程如图 4-8 所示。

```
[root@pkr ~]# docker exec -it myinfluxdb /bin/bash
root@a340c23dcf1f:/# influx write     -b pkrdb    -o newland    'airSensors,sensor_id=TLM0100 temperature=33.1
8922021239435,humidity=88.096794192432846,co=0.22012238573499495'
root@a340c23dcf1f:/# influx write     -b pkrdb    -o newland    'airSensors,sensor_id=TLM0100 temperature=44.1
8922021239435,humidity=77.096794192432846,co=0.33012238573499495'
root@a340c23dcf1f:/#
```

图 4-8　在命令行写入两条数据

3. 在管理界面查询数据

InfluxDB 2.x 提供了两种创建 Flux 查询的机制:脚本编辑器访问和图形查询编辑器。

在浏览器中访问 http://InfluxDB 服务器 IP:8086 进入管理页面(以下均以 InfluxDB 服务器 IP 为 192.168.43.166 做示例),使用脚本编辑器访问时,依次选择"Explore"菜单 > 选择展示数据的形式为"Table" > 选择数据源的桶名为初始化时填写的"pkrdb" > 选择使用脚本编辑器"Script Editor",如图 4-9 所示。

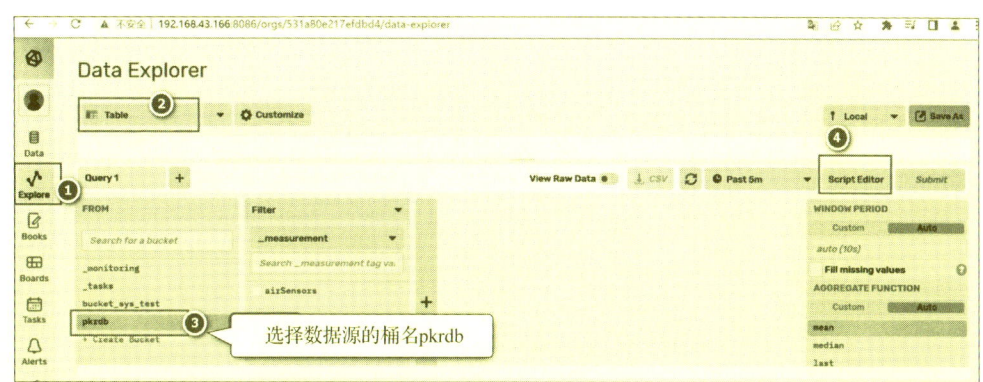

图 4-9　使用脚本编辑器查询

在"Query"区域输入查询脚本,单击"Submit"查看查询结果,如图4-10所示。

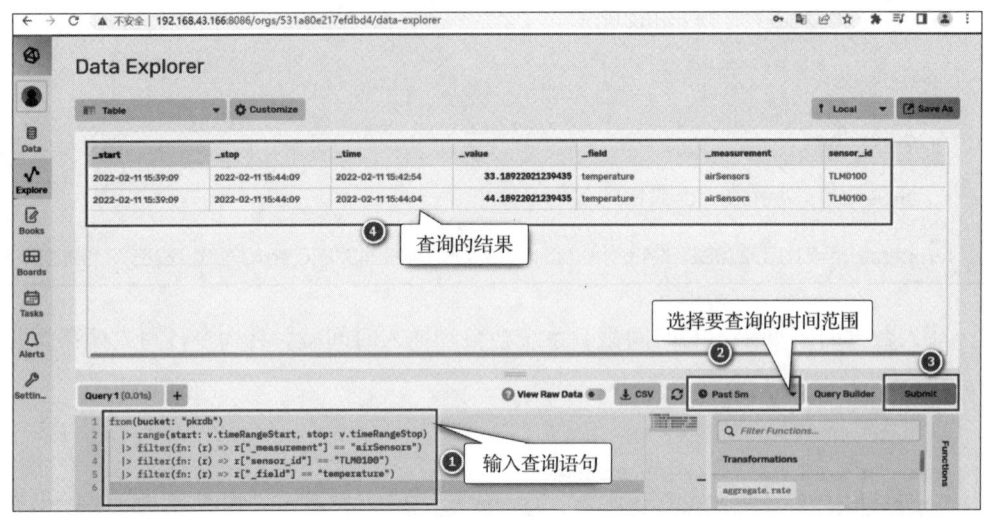

图 4-10 使用脚本编辑器查询数据的结果

输入的查询语句为:

from(bucket: "pkrdb")

　|> range(start: v.timeRangeStart, stop: v.timeRangeStop)

　|> filter(fn: (r)=> r["_measurement"]=="airSensors")

　|> filter(fn: (r)=> r["sensor_id"]=="TLM0100")

　|> filter(fn: (r)=> r["_field"]=="temperature")

如果不想写查询语句,也可以借助图形查询编辑器构建查询语句。这里可以先用命令行插入几条测试用的数据,如图4-11所示。

```
[root@pkr ~]# docker exec -it myinfluxdb /bin/bash
root@a340c23dcf1f:/# influx write    -b pkrdb    -o newland    'airSensors,sensor_id=TLM0100 temperature=22.1
8922021239435,humidity=77.096794192432846,co=0.11012238573499495 1123288483000000000'
root@a340c23dcf1f:/# influx write    -b pkrdb    -o newland    'airSensors,sensor_id=TLM0100 temperature=33.1
8922021239435,humidity=88.096794192432846,co=0.22012238573499495'
root@a340c23dcf1f:/# influx write    -b pkrdb    -o newland    'airSensors,sensor_id=TLM0100 temperature=44.1
8922021239435,humidity=77.096794192432846,co=0.33012238573499495'
root@a340c23dcf1f:/# influx write    -b pkrdb    -o newland    'airSensors,sensor_id=TLM0100 temperature=66.1
8922021239435,humidity=88.096794192432846,co=0.55012238573499495'
root@a340c23dcf1f:/# influx write    -b pkrdb    -o newland    'airSensors,sensor_id=TLM0101 temperature=77.1
8922021239435,humidity=12.096794192432846,co=0.13012238573499495'
root@a340c23dcf1f:/# influx write    -b pkrdb    -o newland    'airSensors,sensor_id=TLM0102 temperature=34.1
8922021239435,humidity=99.096794192432846,co=0.88012238573499495'
root@a340c23dcf1f:/#
```

图 4-11 用命令行插入几条测试用的数据

插入数据后，使用图形查询编辑器构建查询条件，操作过程如图4-12所示。

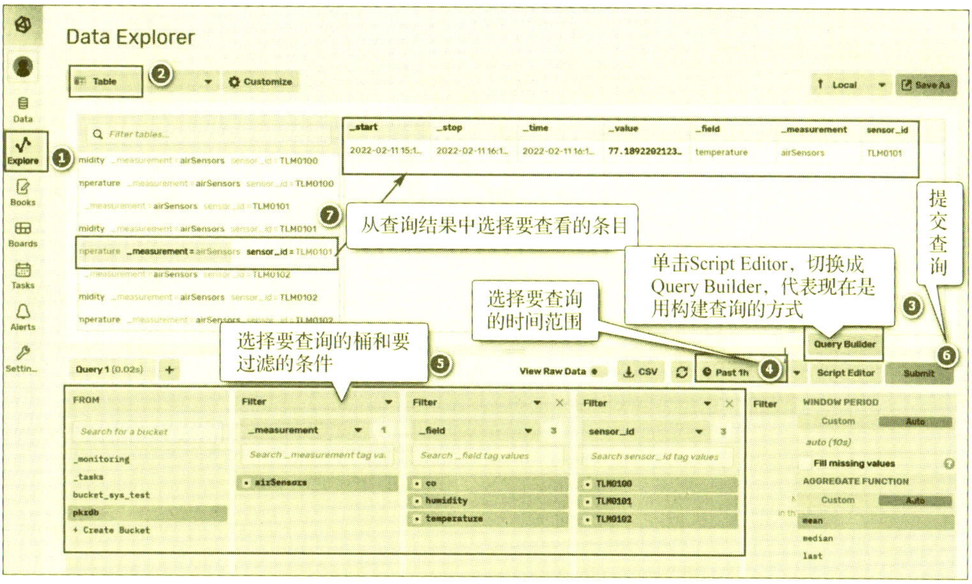

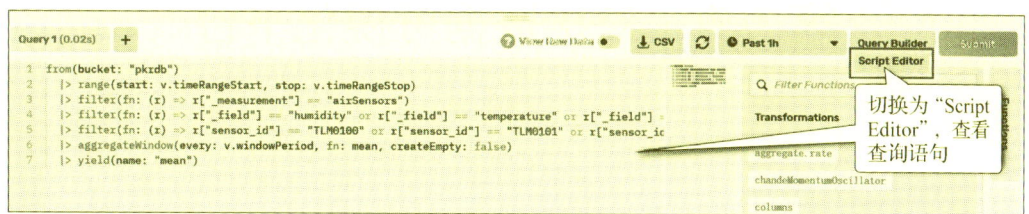

图4-12　使用构建查询的方式查询数据的过程

如果想查看上述使用构建方式查询所对应的脚本语句，只需再次单击"Query Builder"切换回"Script Editor"即可，如图4-13所示。

图4-13　查看脚本语句

上述操作选择查看的类型都是"Table"。除了"Table"方式，还可以选用不同的可视化展示方式，如图4-14所示。

除了用命令行方式输入数据和用管理界面进行查询外，也可以使用其他方式进行数据抓取和获取，有兴趣的读者可查阅官方文档进行学习。

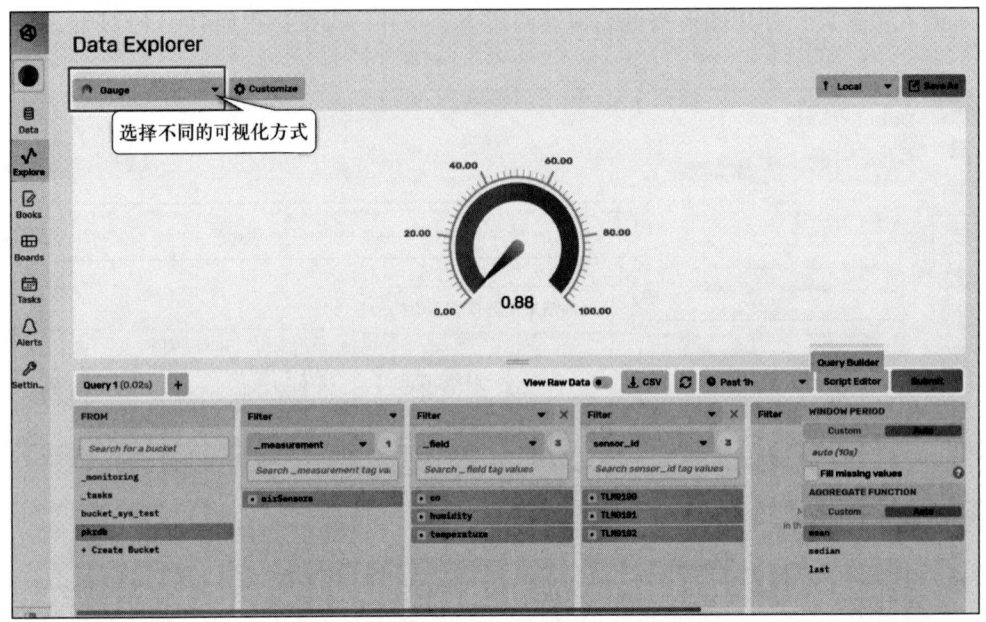

图 4-14　选择不同的可视化展示数据方式

第二节　对接数据可视化平台

InfluxDB 2.x 版本除了使用 Flux 查询语言外，还支持 TICK 架构。TICK 架构是 InfluxData 平台中组件集合的首字母缩写，该集合包括 Telegraf、InfluxDB、Chronograf 和 Kapacitor。TICK 架构及其各组件分工情况如图 4-15 所示。

除了 Chronograf 外，TICK 架构中还有一种可视化工具 Grafana，它也是用于大规模指标数据的可视化展示，提供包括折线图、饼图、仪表盘等多种监控数据的可视化界面，若应用过程中考虑到扩展性问题，也会使用 Grafana 代替 Chronograf。本节主要讲解如何将 InfluxDB 的数据对接到 Grafana 平台，进行数据可视化。

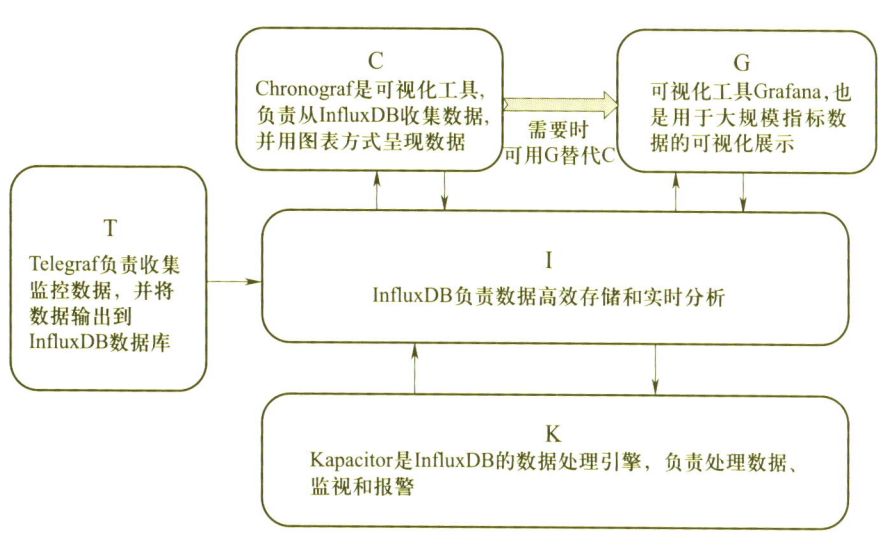

图 4-15　TICK 架构及其各组件分工情况

考核知识点及能力要求：

- 了解 Grafana 可视化平台；
- 能安装和启动 Grafana；
- 能在 Grafana 中连接 InfluxDB 数据源；
- 能使用 Grafana 查询和可视化数据；
- 能解决数据可视化过程中出现的问题。

一、Grafana 数据可视化工具的安装和访问

时序数据入库后，往往需要数据可视化平台将数据按照规则统计和展现出来，实现数据的监控、指标统计等业务需求，以便充分发挥数据的价值。Grafana 是一个跨平台、开源的度量分析和可视化工具，专注于时间序列数据的显示，可以通过灵活的配置查询采集到的数据并进行可视化展示，可以创建自定义告警规则并将告警传递给其他消息处理服务或组件。

（一）Grafana 概述

Grafana 支持当前几乎所有主流的数据库，包括开源的或者商业化的数据库，集成 InfluxDB、MySQL、PostgreSQL 等数据库插件，还支持众多的第三方数据源插件，并可

自行进行扩展接入各种数据源。每种数据源都有自己特性化的查询编辑器，帮助用户简单方便地生成各类数据的查询语句。Grafana 可以快速查询可视化数据，它能将各种数据源的数据混合在同一个仪表盘中完美地展现出来，以便用户更好地理解当前数据指标。

除此之外，Grafana 还有一个探索（Explore）模式。在 Explore 模式下，用户可以编写查询语句进行查询（相当于查询客户端），这样就可以先专注于查询迭代，直到有一个有效的查询，再考虑将其放到仪表板中。

Grafana 支持多种告警方式，如 Email、钉钉等，但监控与告警不是 Grafana 的强项。

Grafana 支持众多的显示面板（Panel），可帮助快速构建各类显示效果，满足各类场景的需求，同时通过简单拖拉缩放即可快速进行排版布局，操作简单方便。

Grafana 具有多租户和多维度的权限控制，支持多租户的场景，对不同的用户、数据源和仪表板进行隔离，可满足各种使用场景。

（二）Docker 下安装和启动 Granafa

拉取最新版本的 Granafa 镜像，命令如下：

```
[root@pkr ~]# docker pull grafana/grafana
```

启动容器，并映射到外部 3000 端口，命令如下：

```
[root@pkr ~]# docker run -d -p 3000: 3000    --name=grafana grafana/grafana
```

如果容器启动后又退出了（状态为 Exited），可以使用 docker restart 命令重启容器。docker restart 命令后面需要跟着要重启的容器 ID，如图 4-16 所示。

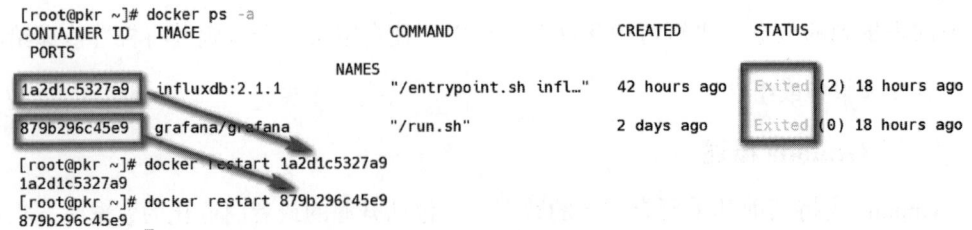

图 4-16　重启容器

（三）访问 Granafa

用浏览器登录 http：//Granafa 服务器的 IP：3000，默认账号和密码都是 admin，第一次登录会要求设置新密码，如图 4-17 所示。

图 4-17　Granafa 的登录页面

二、在 Granafa 中配置 InfluxDB 数据源

通过 Granafa 可视化 InfluxDB 数据源中的数据，需要先在 Granafa 中添加和配置 InfluxDB 数据源，配置过程中需要先获取 InfluxDB 的访问 Token。

（一）获取 InfluxDB 的访问 Token

Grafana 连接 InfluxDB 时，需要获得具有读取 InfluxDB 权限的访问 Token。如果没有访问权限，将收到身份验证错误信息，并且 Grafana 无法连接到 InfluxDB。获取 InfluxDB 访问 Token，需要先登录 InfluxDB 的管理页面，依次选择"Data"→"API Tokens"，并选择要获取 Token 的用户信息后，复制好 Token 的信息，操作过程如图 4-18 所示。

（二）添加 InfluxDB 数据源

在 Grafana 的左侧导航中，将鼠标悬停在齿轮图标上，依次展开并选择"Configuration">

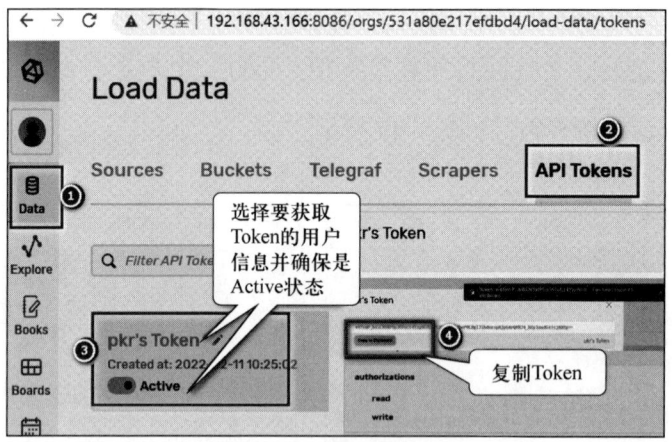

图 4-18 获取 Token

"Data sources",单击"Add data source"添加数据源,从可用数据源列表中选择"InfluxDB",如图 4-19 所示。

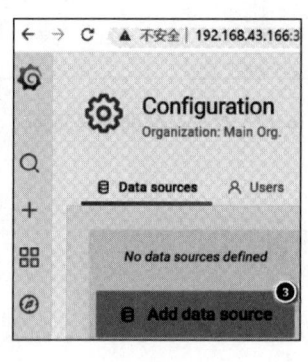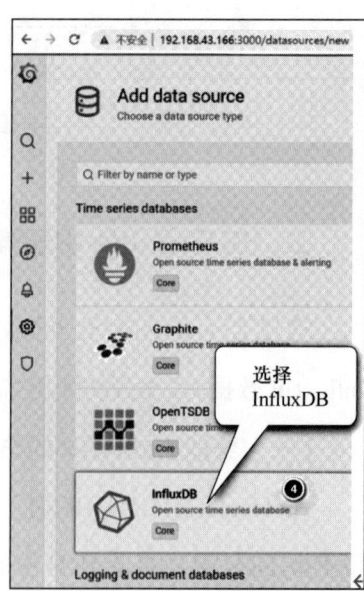

图 4-19 添加 InfluxDB 数据源

在数据源的配置页,输入 InfluxDB 数据源的名称(自定义)、在"Query Language"项选择"Flux"作为查询语言、设置 InfluxDB 数据源的详细信息(含链接的地址、开启验证、InfluxDB 的用户名和密码、组织名和桶名以及 Token 信息),如图 4-20 所示。

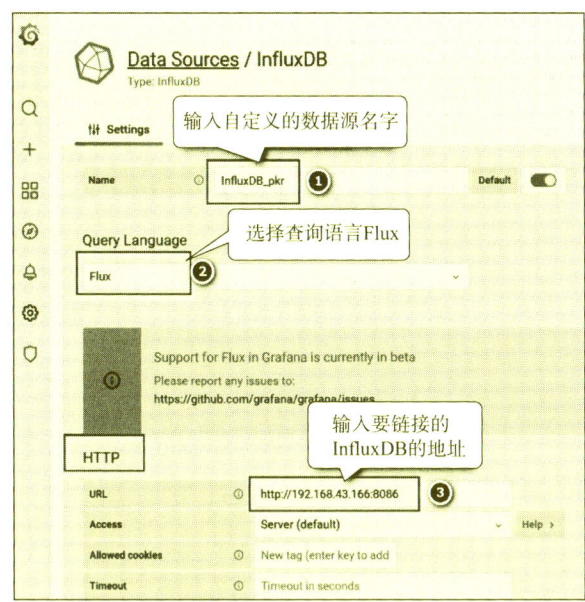 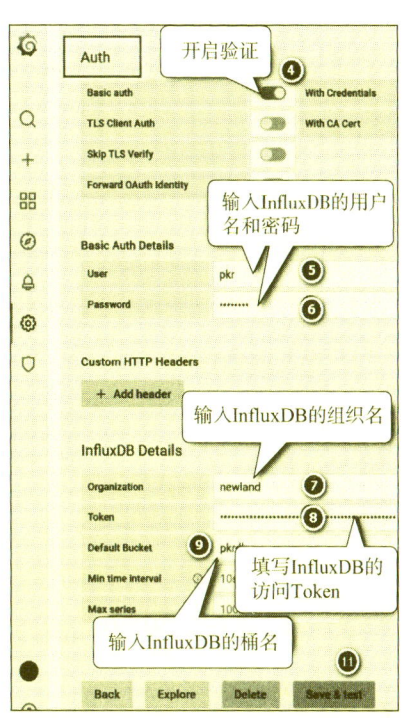

图 4-20　配置 InfluxDB 的各项参数

填好各项信息后，单击"Save and test"按钮，如果成功配置了 InfluxDB 数据源，则图 4-20 中的标号⑥和标号⑧这两处状态会更新为"configured"，同时底部会出现绿色打钩。

三、使用 Grafana 查询和可视化数据

配置好 InfluxDB 数据源后，就可以在 Grafana 中使用 Flux 语法查询存储在 InfluxDB 实例中的时间序列数据。

（一）构建仪表板

Grafana 仪表板由一个或多个面板组成，每个面板代表希望仪表板展示的数据的一部分。每个面板都包含一个查询和一个可视化，查询定义了想要显示的数据，可视化定义了数据的显示方式。

构建仪表板需要先登录 Grafana（地址是 http://Granafa 服务器的 IP：3000）。

仪表板可以按不同的文件夹进行管理,当不创建新的文件夹时,使用默认的文件夹"default"。读者可以按提示信息创建新文件夹"airSensors_monitor",同时在该文件夹下创建一个新仪表板"show_sensors",后续的操作都在这个仪表板中进行。

(二)在 Grafana 中显示 InfluxDB 的实例数据

正常的时序数据库的数据来源应该由专门的收集器进行收集,这里未使用收集器,先在 InfluxDB 命令行插入测试用数据,再进行可视化配置。

1. 写入模拟数据

参考上一节在命令行中写入数据到 InfluxDB 的操作,写入两条数据,命令如下:

```
[root@pkr data]# docker exec -it myinfluxdb /bin/bash
root@1a2d1c5327a9: /# influx write \
>   -b pkrdb \
>   -o newland \
>   'airSensors, sensor_id=TLM0102 temperature=23.3, humidity=77.11, co=0.49 '
root@1a2d1c5327a9: /# influx write \
>   -b pkrdb \
>   -o newland \
>   'airSensors, sensor_id=TLM0103 temperature=45.6, humidity=22.11, co=0.11 '
root@1a2d1c5327a9: /#
```

2. 可视化配置

要进行可视化配置,需要在仪表板的面板中先构建查询语句。进行可视化配置应遵循以下操作步骤。

第一步:查询语句的构建。这一步请参考图 4-21 所示的操作步骤,在 InfluxDB 中使用构建查询的方式,并复制好构建出来的查询语句。

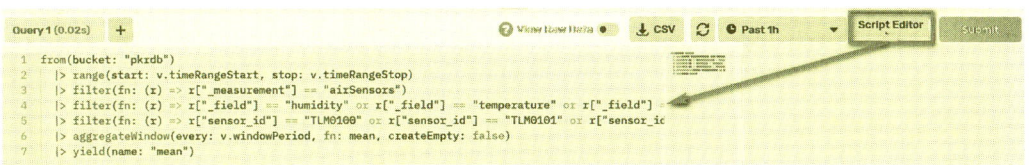

图 4-21 查询语句的构建

第二步：使用上面创建好的"show_sensors"仪表板，进入该仪表板默认面板的编辑界面，将上一步复制出来的查询语句粘贴到 Grafana 中，可以看到查询结果中已查询到上面插入的 co 值为 0.49 的数据，如图 4-22 所示。

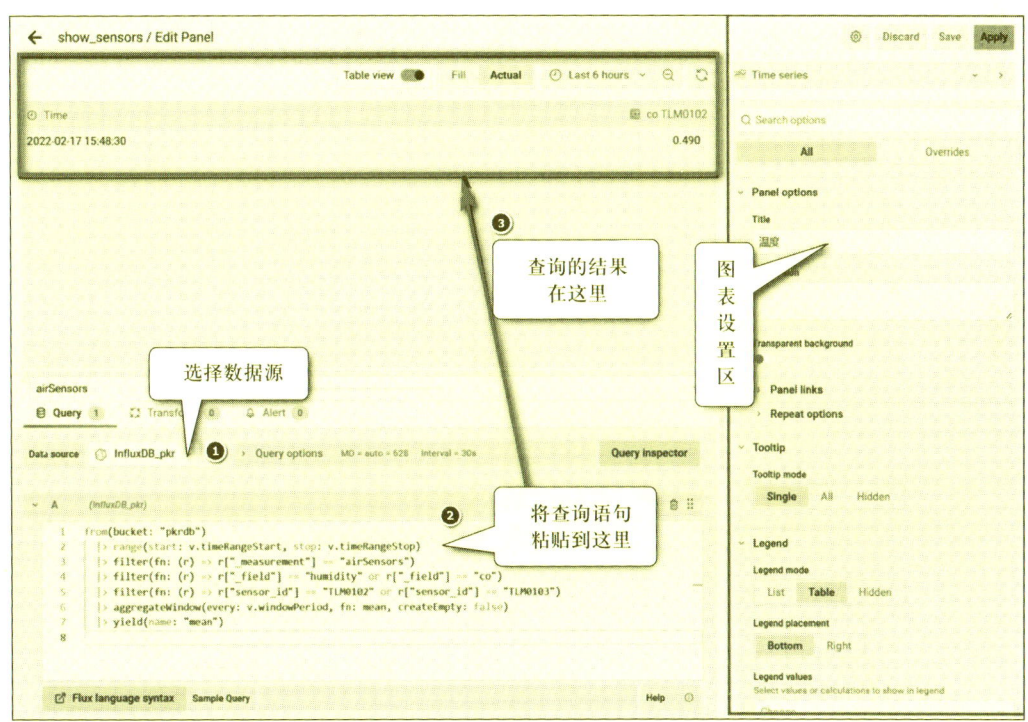

图 4-22 在 Grafana 中粘贴 InfluxDB 构建的查询脚本

第三步：选择可视化插件。Grafana 提供了多种可视化插件来支持不同的用例，"Visualizations"中提供了不同用途的可视化插件，"Suggestions"提供了基于当前查询的数据特征推荐的可视化方式，"Library panels"支持从面板库中选择可视化方式，如图 4-23 所示。

每种可视化插件的用途都不一样，部分可视化插件的用途说明如图 4-24 所示。

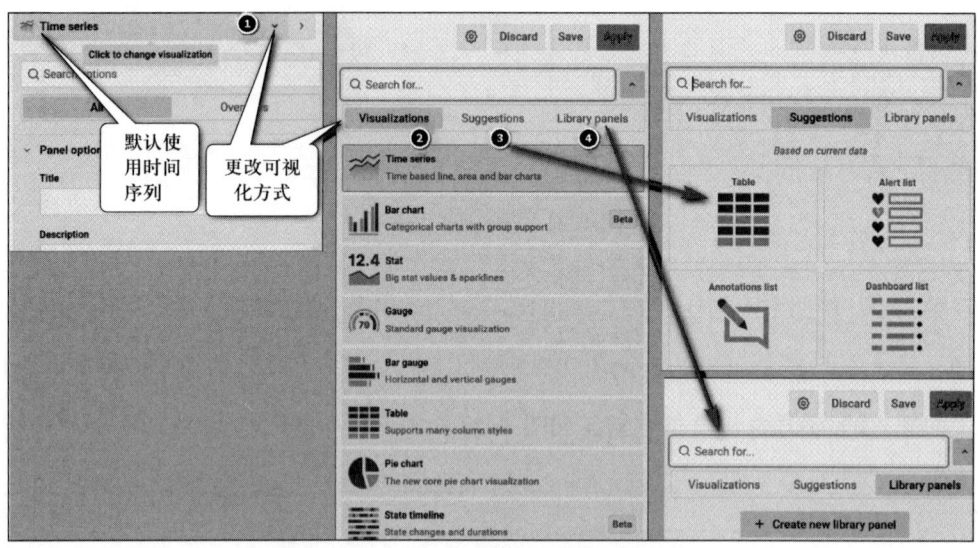

图 4-23 Grafana 提供的多种可视化方式

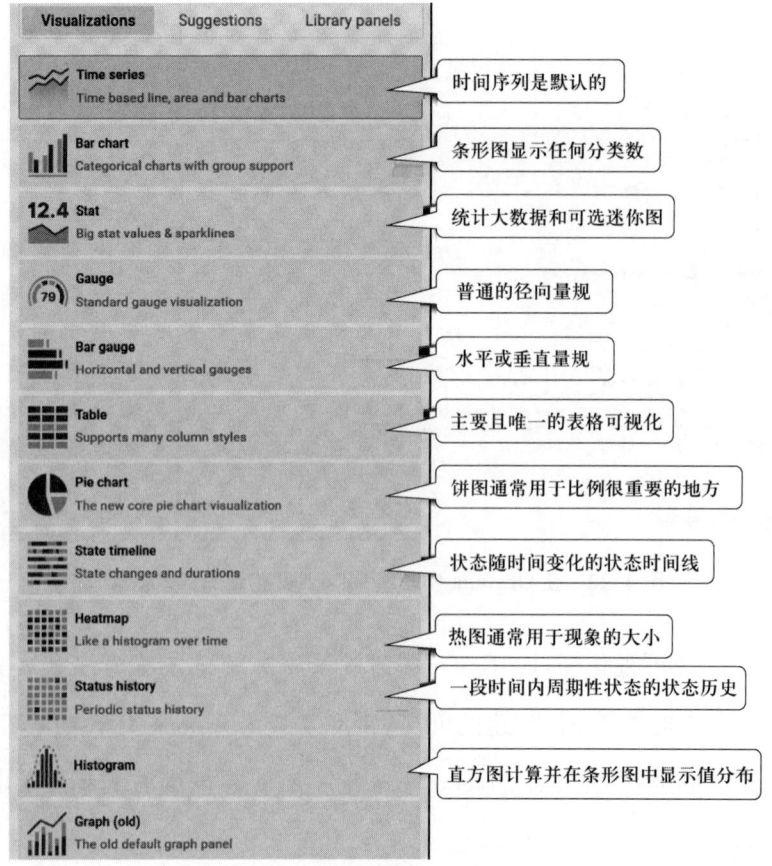

图 4-24 部分可视化插件用途列表

第四步：配置图表参数。每一种可视化插件都有自己特定的配置参数。选定数据显示的可视化插件后，可以在图表的参数配置区进行设置，如图4-25、图4-26所示。

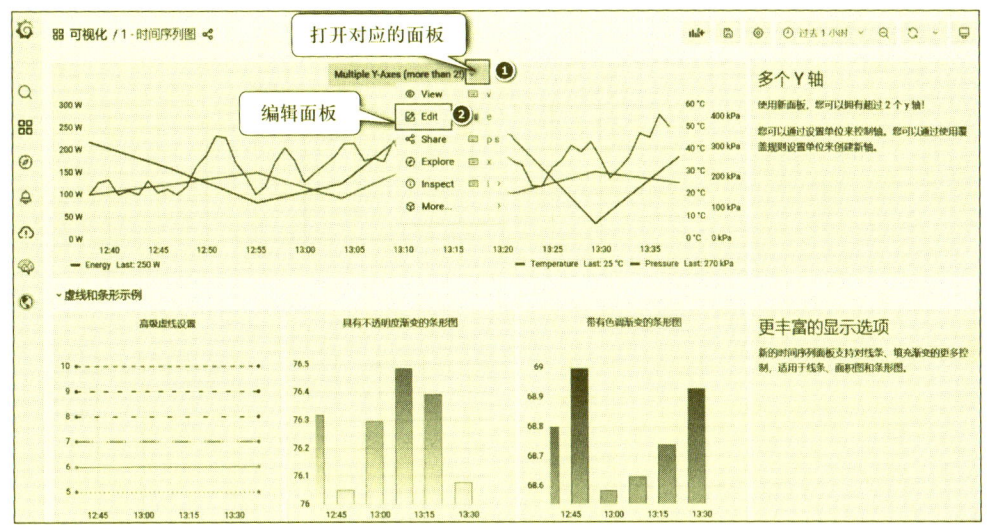

图4-25　打开并编辑设置面板

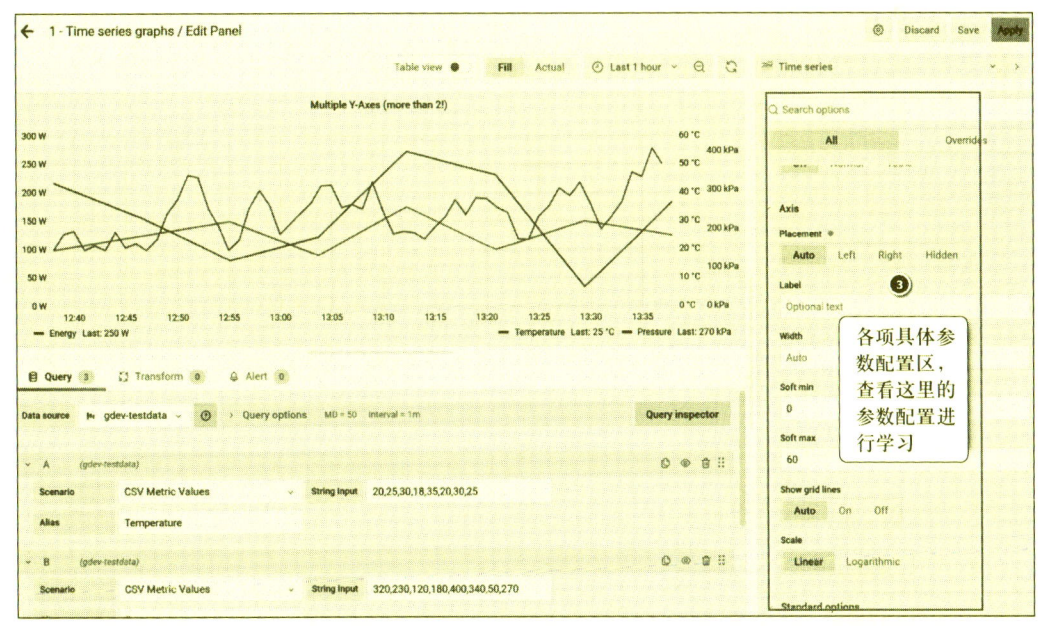

图4-26　设置参数区

读者可以到官网查阅每个插件的参数配置说明，针对自己想配置的数据，打开对应的面板查看各项参数的设置界面，进行对比学习。

第三节　对接大数据汇聚与分析平台

TDengine 是一个开源、高效的物联网大数据平台，其核心的时序数据库针对物联网大数据特点作了各种优化，是专为物联网、车联网、工业互联网、IT 运维等设计和优化的大数据平台。除了时序数据库功能外，TDengine 还提供缓存、数据订阅、流式计算等功能，支持国产化芯片，功能稳定、部署成本低、运维成本低、占用 CPU 和内存资源较少，支持万条数据秒级插入，是一个高效易用的物联网大数据平台，专为物联网和工业互联网大数据的处理提供技术方案。

EMQX 是一个开源的 MQTT Broker 软件，它不需要任何代码，只需要在 EMQX Dashboard 里使用"规则"作简单配置，即可将 MQTT 协议的数据直接写入 TDengine。

本节主要讲解 TDengine 的基本使用，并通过 EMQX 发送数据到 TDengine，实现将 MQTT 协议的数据汇聚到 TDengine 物联网大数据平台。

考核知识点及能力要求：

- 了解 TDengine；
- 能部署和访问 TDengine；
- 能部署和访问 EMQX；
- 能在 EMQX 中发送数据到 TDengine。

一、TDengine 部署和初步使用

Dengine 包括服务端、客户端和周边生态工具软件，在任何操作系统上的应用都

可以使用 RESTful 连接 Dengine 的服务端程序（taosd）。为了快速了解和使用 Dengine，这里以在 Docker 方式下运行 TDengine 单节点服务端为例讲解部署和使用过程。

（一）Docker 方式安装部署 TDengine 服务端

在 Docker 容器中运行单节点的服务端前，需要先设置 FQDN 信息。

1. 安装前配置 FQDN

TDengine 2.0 之后采用全限定域名（Fully Qualified Domain Name，FQDN）作为节点名字的配置，而不是使用 IP 地址，因为在生产环境的 IP 地址是可能发生变化的。在简单的网络环境中，可以把 FQDN 理解为主机名（hostname）。为保证正常运行，需要给运行 taosd 的主机配置好 hostname，在客户端应用运行的机器配置好 DNS 服务或 host 文件，保证 FQDN 能够解析。配置 FQDN 应遵循以下操作步骤。

第一步：在 /etc/hostname 文件中设置 hostname。在 /etc/hostname 文件中填写主机域名（自定义），比如改成 "td-server"，如图 4-27 所示。

第二步：修改 /etc/hosts 文件，在 /etc/hosts 文件末尾，添加服务器的 IP 地址与 hostname 的对应关系、添加服务器的端口号 6030，如图 4-28 所示。修改后需要重启 CentOS 7，重启后新配置的主机名才会生效。

图 4-27 修改 hostname　　　　　图 4-28 添加 IP 与主机名的对应关系和服务端口

2. 使用 Docker 在容器中运行 TDengine 服务端

在 Docker 容器中运行 TDengine 2.4.0.12 版本的命令如下：

```
[root@td-server taos]# docker run -d -p 6030-6049: 6030-6049 -p 6030-6049: 6030-6049/udp tdengine/tdengine: 2.4.0.12
```

上述命令启动一个运行了 TDengine 服务端的 Docker 容器，并且将容器的 6030 ~ 6049 端口映射到宿主机的 6030 ~ 6049 端口上。为了支持 TDengine 客户端操作 TDengine 服务，TCP 和 UDP 端口都要打开。

上述命令是在自定义的目录"/home/taos"下操作的，读者可自行创建目录并进入后，用 Docker 方式部署 TDengine。

查看 TDengine 容器运行情况的命令如下：

```
[root@td-server taos]# docker ps
CONTAINER ID   IMAGE              COMMAND           CREATED         STATUS   PORTS   NAMES
44598a9bc1bb   tdengine/tdengine  "/tini -- /usr/bin/e…"              27 seconds ago
Up 20 seconds   0.0.0.0: 6030-6049->6030-6049/tcp, 0.0.0.0: 6030-6049->6030-6049/udp, : : : 6030-6049->6030-6049/tcp, : : : 6030-6049->6030-6049/udp   blissful_stonebraker
```

运行后的容器 ID 为 44598a9bc1bb，使用容器 ID 进入容器内部的命令如下：

```
[root@td-server taos]# docker exec -it 44598a9bc1bb /bin/bash
```

成功进入容器后，可以看到当前运行的服务器版本是 2.4.0.12。

3. 使用 TDengine 客户端程序

Docker 版的 TDengine 在安装完成后就自带了客户端，进入容器后，在命令行输入 taos，即可进入交互式界面，当出现提示符"taos>"时，说明客户端成功连接了服务器，操作过程如下：

```
root@44598a9bc1bb: ~/TDengine-server-2.4.0.12# taos
Welcome to the TDengine shell from Linux, Client Version: 2.4.0.12
Copyright (c) 2020 by TAOS Data, Inc. All rights reserved.
taos>
```

客户端成功连接服务端后，会打印出欢迎消息和版本信息。如果连接失败，会有错误信息打印出来。

在客户端，可以通过常规的 SQL 命令来创建 / 删除数据库、表等，并可以进行写入和查询操作：

```
# 创建数据库 test
taos> create database test;
Query OK, 0 of 0 row(s) in database (0.007150s)
# 使用数据库 test
taos> use test;
Database changed.
# 创建 temp_sensor 表
taos> create table temp_sensor(ts timestamp, temp float);
Query OK, 0 of 0 row(s) in database (0.036254s)
# 查看表
taos> show tables;
 table_name  | created_time            | columns | stable_name |       uid        | tid | vgId |
 temp_sensor | 2022-03-17 06: 50: 12.215 |    2    |             | 1125899923629678 |  1  |  4   |
Query OK, 1 row(s) in set (0.002729s)
# 查看表 temp_sensor 的结构
taos> describe temp_sensor;
Field   |   Type      | Length  | Note  |
ts      | TIMESTAMP   |   8     |       |
temp    | FLOAT       |   4     |       |
Query OK, 2 row(s) in set (0.001048s)
# 往表 temp_sensor 中插入数据，now 代表当前时间函数
taos> insert into temp_sensor values(now, 23);
Query OK, 1 of 1 row(s) in database (0.001527s)
taos> select count(*) from temp_sensor;
     count(*)       |
         1          |
Query OK, 1 row(s) in set (0.004287s)
```

查看 temp_sensor 表中的数据

taos> select * from temp_sensor;

| ts | temp |
| 2022-03-17 08: 20: 47.268 | 23.00000 |

Query OK, 1 row(s) in set (0.001778s)

使用数据库前缀名查看 temp_sensor 表中的数据

taos> select * from test.temp_sensor;

| ts | temp |
| 2022-03-17 08: 20: 47.268 | 23.00000 |

Query OK, 1 row(s) in set (0.002685s)

查询一条数据

taos> select * from temp_sensor limit 1;

| ts | temp |
| 2022-03-17 08: 20: 47.268 | 23.00000 |

Query OK, 1 row(s) in set (0.001264s)

降序排序

taos> select * from temp_sensor order by ts desc;

| ts | temp |
| 2022-03-17 08: 20: 47.268 | 23.00000 |

Query OK, 1 row(s) in set (0.004634s)

// 以下操作等后面的测试结束之后再进行

删除表 temp_sensor

taos> drop table temp_sensor;

Query OK, 0 of 0 row(s) in database (0.016884s)

查看表

taos> show tables;

```
Query OK, 0 row(s) in set (0.001850s)
# 删除数据库 test
taos> drop database test;
Query OK, 0 of 0 row(s) in database (0.016846s)
taos>
```

更多 SQL 的操作请查阅官方文档。

（二）使用 RESTful Connector 访问远程 taosd 服务

TDengine 提供了丰富的应用程序开发接口，常用的三种连接远程 taosd 服务的方式是 RESTful Connector、Windows 远程客户端和 JDBC-JNI。从 2.0.14.0 版本开始，TDengine 在启动 Docker 容器时，支持通过 RESTful 对 TDengine 服务端进行数据写入和查询。

RESTful 是最简单的远程连接方式，跨平台、无须安装任何客户端，直接发起 HTTP 请求即可。RESTful 默认使用 6041 端口通信，通信端口来源于 serverPort+11，因此可以通过修改 serverPort 参数的设置来修改通信端口，并且在服务器端需要开放 6041 的 TCP 端口。

在 Windows 10 操作系统上，使用 curl 发送 HTTP 请求到主机名为"td-server"的 taosd 服务，操作过程如下：

```
# 不带认证信息，报错
C:\Users\pkr>curl -d "select * from test.temp_sensor" td-server: 6041/rest/sql/test
{"status": "error", "code": 4357, "desc": "no auth info input"}
# 附加用户名：密码，正常响应。默认的用户名和密码是：root/taosdata
C:\Users\pkr>curl -u root: taosdata -d "select * from test.temp_sensor" td-server: 6041/rest/sql/test
{"status": "succ", "head": ["ts", "temp"], "column_meta": [["ts", 9, 8], ["temp", 6, 4]], "data": [["2022-03-17 08: 20: 47.268", 23]], "rows": 1}
```

附加用户名：密码的 Base64 编码在头信息，正常响应

C:\Users\pkr>curl -H "Authorization: Basic cm9vdDp0YW9zZGF0YQ==" -d "select * from test.temp_sensor" td-server: 6041/rest/sql/test

{"status": "succ", "head": ["ts", "temp"], "column_meta": [["ts", 9, 8], ["temp", 6, 4]], "data": [["2022-03-17 08: 20: 47.268", 23]], "rows": 1}

获取 Token

C:\Users\pkr>curl td-server: 6041/rest/login/root/taosdata

{"status": "succ", "code": 0, "desc": "/KfeAzX/f9na8qdtNZmtONryp201ma04bEl8LcvLUd7a8qdtNZmtONryp201ma04"}

附加自定义 Token 在头信息，正常响应

C:\Users\pkr>curl -H "Authorization: Taosd /KfeAzX/f9na8qdtNZmtONryp201ma04bEl8LcvLUd7a8qdtNZmtONryp201ma04" -d "select * from test.temp_sensor" td-server: 6041/rest/sql

{"status": "succ", "head": ["ts", "temp"], "column_meta": [["ts", 9, 8], ["temp", 6, 4]], "data": [["2022-03-17 08: 20: 47.268", 23]], "rows": 1}

请求 URL 采用 sqlt 时，返回结果集的时间戳将采用 Unix 时间戳格式表示

C:\Users\pkr>curl -H "Authorization: Basic cm9vdDp0YW9zZGF0YQ==" -d "select * from test.temp_sensor" td-server: 6041/rest/sqlt

{"status": "succ", "head": ["ts", "temp"], "column_meta": [["ts", 9, 8], ["temp", 6, 4]], "data": [[1647505247268, 23]], "rows": 1}

请求 URL 采用 sqlutc 时，返回结果集的时间戳将采用 UTC 时间字符串表示

C:\Users\pkr>curl -H "Authorization: Basic cm9vdDp0YW9zZGF0YQ==" -d "select * from test.temp_sensor" td-server: 6041/rest/sqlutc

{"status": "succ", "head": ["ts", "temp"], "column_meta": [["ts", 9, 8], ["temp", 6, 4]], "data": [["2022-03-17T08: 20: 47.268Z", 23]], "rows": 1}

> # 创建数据库
>
> C:\Users\pkr>curl -H "Authorization: Basic cm9vdDp0YW9zZGF0YQ==" -d "create database pkr" td-server: 6041/rest/sqlutc
>
> {"status": "succ", "head": ["affected_rows"], "column_meta": [["affected_rows", 4, 4]], "rows": 1, "data": [[0]]}

二、TDengine 的数据汇聚管理

在 TDengine 客户端中,用户可以通过 SQL 命令来创建、删除数据库、表等,并进行插入、查询等操作,同时,TDengine 的一大特性是采用了超级表来汇聚数据。

(一) 超级表

TDengine 是一款结构化的数据库,它的超级表是为了管理一个设备一张表的模式而设计的。当设备很多时,需要提前为每个设备创建表结构,这样极为麻烦。超级表类似于一种模板,可以根据这个模板创建每个设备的表。超级表用来代表一特定类型的数据采集点,它是包含多张表的表集合,集合里每张表的模式(Schema)完全一致,但每张表都带有自己的静态标签。标签可以有多个,可以随时增加、删除和修改。

创建超级表时,需要理解超级表(super_table)、子表(sub_table)和标签(tag)之间的关系。以一个小区的电表设备为例。一个设备一张表,则小区中每家的电表都会有一张表,例如,张丽(zhangli)家的电表 ID 为 sub_d0001,李光(liguang)家的电表 ID 为 sub_d0002,王建(wangjian)家的电表 ID 为 sub_d0003,等等。电表是同一类设备,其要采集的数据是电流(current)和电压(voltage),电流和电压就是超级表 super_table 中需要定义的表字段属性,而电表所属的业主名称(name)、小区地址(location)、房号(room)等不会随着时间变化的固定值就是 tag,如图 4-29 所示。

一个采集点一张表,同一类型的采集点用一个超级表来描述,采集点 ID/ 名称作为子表名,动态部分作为各字段,静态部分作为子表标签,利用超级表作为模板生成子表。有了超级表,极大方便了同类采集点的数据检索、查询与聚合。

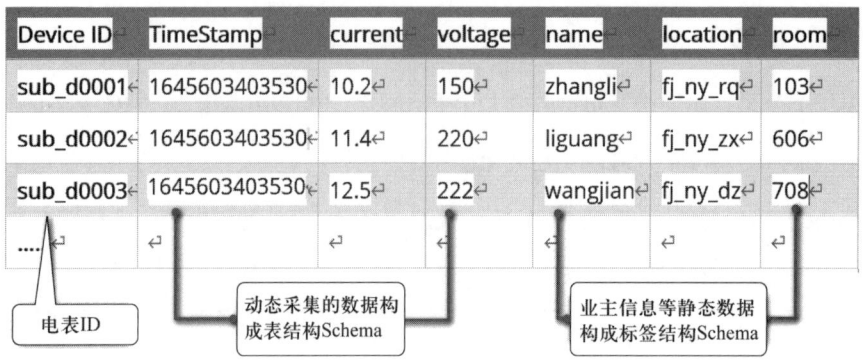

图 4-29 超级表中的数据

TDengine 操作数据的过程是：建库→建超级表→建表→写入数据→查询。

建库和指定使用库的语句如下：

create database dbname keep 365;

use dbname;

数据特征相同的表创建一个库，每个库可配置不同的存储策略。keep 365 指保留 365 天，过期自动删除数据，默认数据将保留 365 天。

建超级表的语法如下：

create stable 超级表名 (ts timestamp, other fields…) tags(tag fields);

超级表的列分为动态部分和静态部分。动态部分是采集的数据，第一列为时间戳，其他列为采集的数据。静态部分指采集点的静态属性，一般作为标签，如采集点的地理位置、设备型号、设备组、管理员 ID 等。标签可以事后增加、删除和修改。

一张超级表里包含的采集物理量必须是同时采集的，也就是说时间戳都是相同的。同一个类型的设备可能存在多组物理量，每组物理量并不是同时采集的，则需要为每组物理量单独建一个超级表。因此，一个类型的设备可能需要建立多个超级表。系统有 N 个不同类型的设备，就需要建立至少 N 个超级表。一个系统可以有多个 DB 库，一个 DB 库里可以有一到多个超级表。

创建电表超级表的语句：

```
create stable super_dian(ts timestamp, current float, voltage float) tags(name nchar(20), location nchar(50), room nchar(10));
```

创建表 / 子表的语句：

```
create table 表名 using 超级表名 tags( 具体标签值 );
```

TDengine 对每个数据采集点需要独立建表，因为源于超级表创建而成，也称子表。创建子表时需要使用超级表做模板，同时指定标签的具体值。一个超级表可以包含若干子表，子表数量没有限制。

创建电表子表的语句：

```
create table sub_d0001 using super_dian tags('zhangli', 'fj_ny_rq', '103');
```

其中"sub_d0001"是子表名，"super_dian"是超级表名，紧跟"name"的标签值"zhangli""location"的标签值"fj_ny_rq""room"的标签值"103"。在创建表 / 子表时需指定标签值，后续也可修改标签值。建议将数据采集点的全局唯一 ID 作为子表名（如电表 ID）。

向子表中插入数据的语法如下：

```
insert into 子表名 values(now, values);
```

向子表 sub_d0001 中插入数据的语句如下：

```
insert into sub_d0001 values(now, 3.4, 200);
```

综上所述，创建超级电表及子表的具体操作如下：

```
# 创建数据库
taos> create database dian_db;
Query OK, 0 of 0 row(s) in database (0.030000s)
# 使用数据库
taos> use dian_db;
```

Query OK, 0 of 0 row(s) in database (0.004000s)

创建超级表 super_dian

taos> create stable super_dian(ts timestamp, current float, voltage float) tags(name nchar(20), location nchar(50), room nchar(10));

Query OK, 0 of 0 row(s) in database (0.028000s)

创建子表 sub_d0001

taos> create table sub_d0001 using super_dian tags('zhangli', 'fj_ny_rq', '103');

Query OK, 0 of 0 row(s) in database (0.073000s)

创建子表 sub_d0002

taos> create table sub_d0002 using super_dian tags('liguang', 'fj_ny_zx', '606');

Query OK, 0 of 0 row(s) in database (0.033000s)

创建子表 sub_d0003

taos> create table sub_d0003 using super_dian tags('wangjian', 'fj_ny_dz', '708');

Query OK, 0 of 0 row(s) in database (0.015000s)

查看创建的表

taos> show tables;

table_name | created_time | columns | stable_name | uid | tid | vgId |

sub_d0003 | 2022-03-18 09: 48: 53.846 | 3 | super_dian| 1125899957189777 | 3 | 4 |

sub_d0001|2022-03-18 09: 47: 05.634 |3 | super_dian| 1125899923634524 | 1 | 4 |

sub_d0002| 2022-03-18 09: 48: 15.056 | 3 | super_dian|1125899940412365 | 2 | 4 |

Query OK, 3 row(s) in set (0.044000s)

向子表 sub_d0001 中插入数据

taos> insert into sub_d0001 values(now, 3.4, 200);

Query OK, 1 of 1 row(s) in database (0.005839s)

查询子表 sub_d0001 中的数据

taos> select * from sub_d0001;

```
     ts              |   current    |   voltage   |
 2022-03-18 02: 01: 26.149 |   3.40000   |  200.00000  |
Query OK, 1 row(s) in set (0.005737s)
taos>
```

在某些特殊场景，用户在写数据时并不确定某个子表是否存在，此时可使用自动建表语法来创建不存在的表，若该表已存在，则不能建立新表。

```
taos> insert into sub_d0004 using super_dian tags('pkr', 'fj_ny_qq', '666')
values(now, 6.6, 168);
Query OK, 1 of 1 row(s) in database (0.037384s)
taos> show tables;
table_name | created_time | columns | stable_name | uid | tid | vgld |
sub_d0003 | 2022-03-18 09: 48: 53.846 | 3 | super_dian | 1125899957189777 | 3 | 4 |
sub_d0001 | 2022-03-18 09: 47: 05.634 | 3 | super_dian | 1125899923634524 | 1 | 4 |
sub_d0002 | 2022-03-18 09: 48: 15.056 | 3 | super_dian | 1125899940412365 | 2 | 4 |
sub_d0004 | 2022-03-18 02: 06: 35.526 | 3 | super_dian | 1125899973967244 | 4 | 4 |
Query OK, 4 row(s) in set (0.055000s)
```

上述 SQL 语句将记录（now，6.6，168）插入表 sub_d0004。如果子表 sub_d0004 还未创建，则使用超级表 super_dian 作为模板自动创建，同时打上标签值（'pkr'，'fj_ny_qq'，'666'）。

（二）数据库管理

TDengine 数据库是专为物联网服务的。TDengine 数据库并没有设计数据删除的功能，如果需要进行数据删除，通过设置数据库过期删除的时间策略来实现。

创建数据库的语法如下：

```
create database if not exists testdb  keep 30 days 7 blocks 4 comp 1 update 1;
```

建库常用参数如下：

➢ keep：数据保持最长天数，缺省值为 3650，超过期限数据库会自动删除数据。最大值为 365000。

➢ days：一个数据文件中存储几天的数据，缺省值为 10。

➢ blocks：每个节点中有多少缓存大小的内存块，缺省值为 6，取值范围为［3，1000］。

➢ comp：是否压缩，缺省值为 2，取值范围为［0，2］。0 表示不压缩，1 表示一阶段压缩，2 表示两阶段压缩。

➢ update：是否更新相同时间戳数据，缺省值为 0。0 为不更新相同时间戳数据，1 为允许更新相同时间戳数据。

使用指定数据库的语法如下：

```
use testdb;
```

删除数据库的语法如下：

```
drop databases testdb;
```

修改数据库参数的语法如下：

```
# 修改数据库文件压缩标志位
alter database testdb comp 2;
# 修改数据库副本数
alter database testdb replica 2;
# 修改数据文件保存的天数
alter database testdb keep 365;
# 修改数据写入成功所需要的确认数
alter database testdb quorum 2;
# 修改每个 VNODE (TSDB) 中有多少 cache 大小的内存块
alter database testdb blocks 100;
```

三、EMQX 写入数据到 TDengine

EMQX（Erlang/Enterprise/Elastic MQTT Broker）是基于 Erlang/OTP 平台开发的开源物联网 MQTT 消息服务器。EMQX 支持通过发送到 Web 服务的方式保存数据到 TDengine 中。EMQX 接收设备数据后通过 EMQX 的规则引擎把数据传给 TDengine，实现与物联网大数据分析平台的对接以及设备数据的汇聚，如图 4-30 所示。

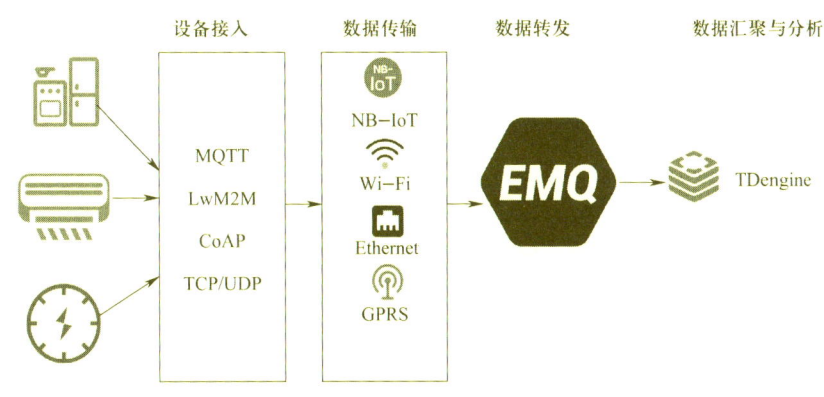

图 4-30 设备数据汇聚

（一）部署 EMQX

在 Docker 容器中运行 EMQX 的命令如下：

```
[root@td-server taos]# docker run --name emq -p 18083: 18083 -p 1883: 1883 -p 8084: 8084 -p 8883: 8883 -p 8083: 8083 -d emqx/emqx
```

关于 EMQX 的服务端口说明如下：

（1）1883：MQTT 协议端口。

（2）8883：MQTT/SSL 端口。

（3）8083：MQTT/WebSocket 端口。

（4）8080：HTTP API 端口。

（5）18083：Dashboard 管理控制台端口。

EMQX 启动成功后，打开浏览器，打开管理控制台 http: //EMQX 服务器 IP：18083，输入账号 admin 和密码 public，即可连接上 EMQX。

(二)EMQX 将数据汇聚到 TDengine

以 TDengine 中的超级表"power"为例。该超级表使用的数据库名为"ok",通过 EMQX 将数据汇聚到 TDengine 的"power"表中,因为 TDengine 的版本更新迭代迅速,这里仅列出参考步骤,读者实际操作时需以官网文档为准,步骤如下。

第一步:在 TDengine 中建库"ok",指定使用"ok"库,建超级表"power",向表中插入两条模拟数据,操作过程如下:

```
taos> create database if not exists ok;
Query OK, 0 of 0 row(s) in database (0.013404s)
taos> create stable if not exists ok.power(ts timestamp, voltage int, current float, temperature float) tags(sn int, city nchar(64), groupid int);
Query OK, 0 of 0 row(s) in database (0.005950s)
taos> insert into ok.device1 using ok.power tags(1, "福州",1) values(now, 1, 1.0, 1.0);
Query OK, 1 of 1 row(s) in database (0.000395s)
taos> insert into ok.device2 using ok.power tags(2, "厦门",1) values(now, 2, 2.0, 2.0);
Query OK, 1 of 1 row(s) in database (0.000226s)
```

说明:tags(1,'福州',1)中参数 1 是 sn,参数 2 是 city,参数 3 是 groupid。

第二步:在 EMQX 中创建资源。所谓的资源就是将要连接的数据库,在规则引擎的动作响应中会用到这里创建的资源。选中 EMQX 管理控制台左侧菜单栏的"资源"菜单里,单击右上角的"新建"按钮,这里就是创建与 TDengine 连接的资源,资源类型选择"WebHook",请求 URL 填写"http://taosd 服务器的 IP:6041/rest/sql",填写完后单击"测试连接",如果显示"连接可用"说明与 TDengine 的连接是畅通的。单击"新建"按钮完成资源的创建,如图 4-31 所示。

第三步:在 EMQX 中创建规则,这里以向数据库"ok"中的表"device"插入传感数据为例。TDengine 从主题"driver/sn"中获取 payload,如图 4-32 所示。

创建好规则后,先进行规则测试,模拟一条数据,确保测试成功,如图 4-33 所示。

第四章 物联网平台应用对接开发

图 4-31 创建资源

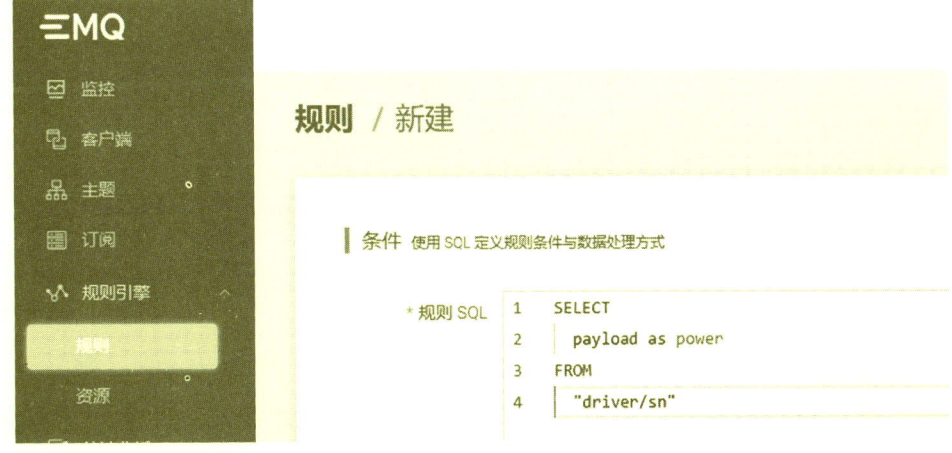

图 4-32 创建规则

129

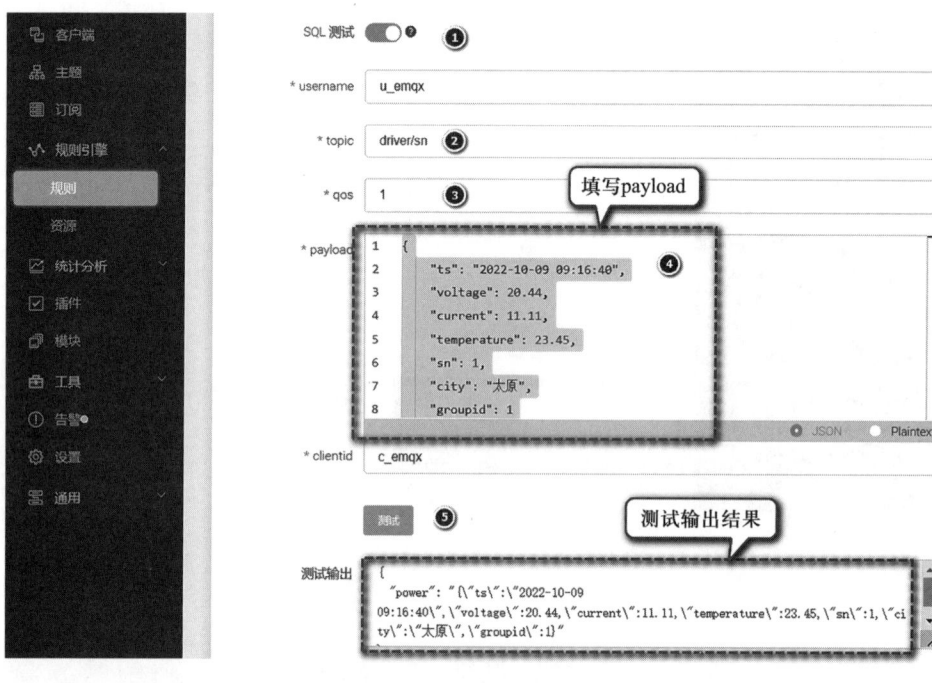

图 4-33 测试规则

图 4-33 中填写的 payload 内容为:

```
{
  "ts": "2022-10-09 09:16:40",
  "voltage": 20.44,
  "current": 11.11,
  "temperature": 23.45,
  "sn": 1,
  "city": " 太原 ",
  "groupid": 1
}
```

第四步：在 EMQX 中创建动作响应。接下来是将数据存入 TDengine，利用一开始定义的资源，添加响应动作。动作选择"发送数据到 Web 服务"表示要将数据发送至 TDengine 的 RESTful 接口，关联资源选择上面创建好的资源，连接需要认证的键和值的获取可参考前面"使用 RESTful Connector 访问远程 taosd 服务"相关内容。其他参数的填写如图 4-34 所示。

图 4-34 动作的参数配置

响应动作中"Body"部分的内容为：

> insert into ok.device${power.sn} using ok.power tags(${power.sn}, '${power.city}', ${power.groupid}) values ('${power.ts}', ${power.voltage}, ${power.current}, ${power.temperature})

第五步：验证。使用 EMQX 自带的 Websocket 做测试，WebSocket 作为客户端，订阅主题为"driver/sn"的数据，如图 4-35 所示。

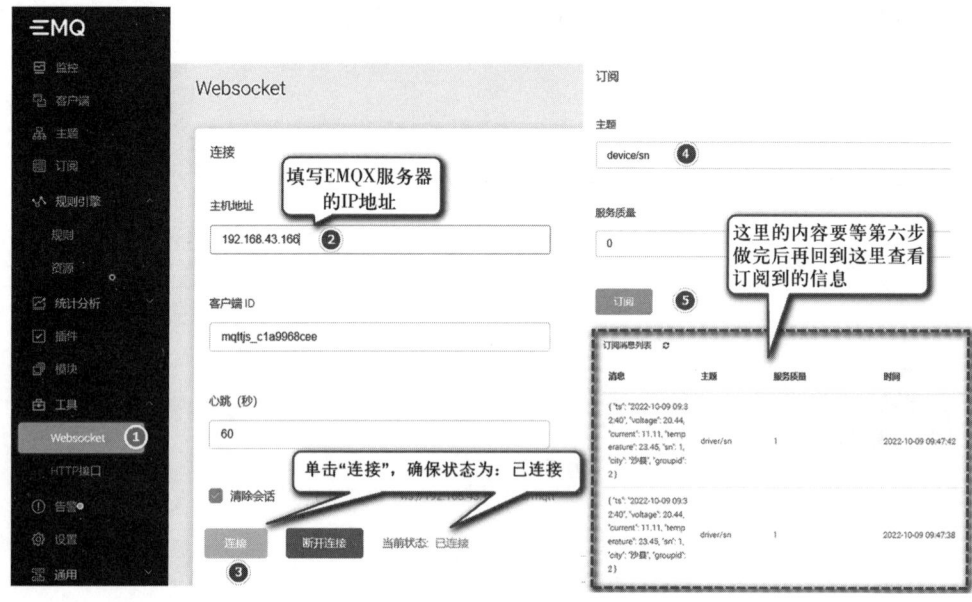

图 4-35 使用 Websocket 订阅数据

第六步：使用 MQTTBox 客户端发布数据。安装 MQTTBox 软件包，双击启动 MQTTBox，进行连接参数的配置，填写连接名称（自定义）、协议和主机地址后，单击"Save"按钮保存。连接成功后并发布主题为"driver/sn"的数据，payload 的内容参考测试规则时填写格式，如图 4-36 所示。

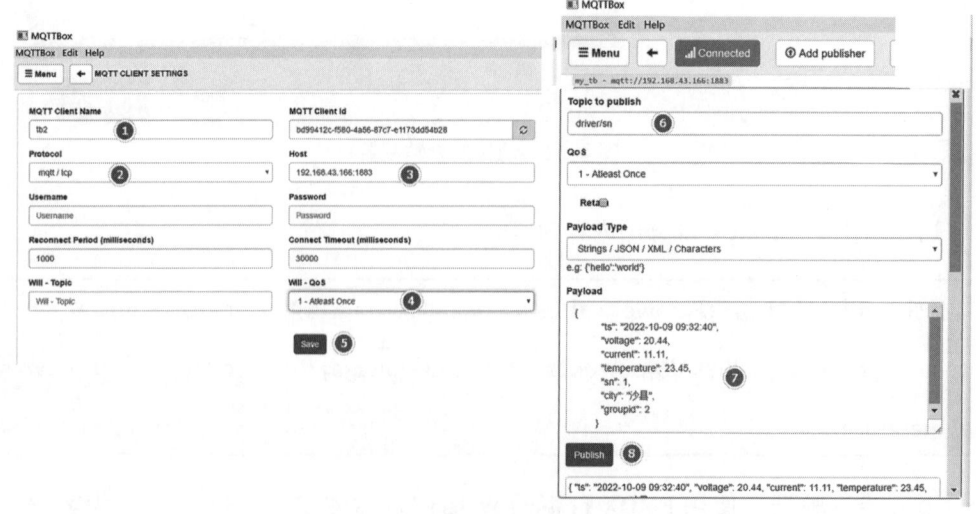

图 4-36 使用 MQTTBox 客户端发布数据

发布成功后，在 EMQX 中查看 WebSocket 订阅到的数据。

第七步：查看规则中命中的数据，如图 4-37 所示。

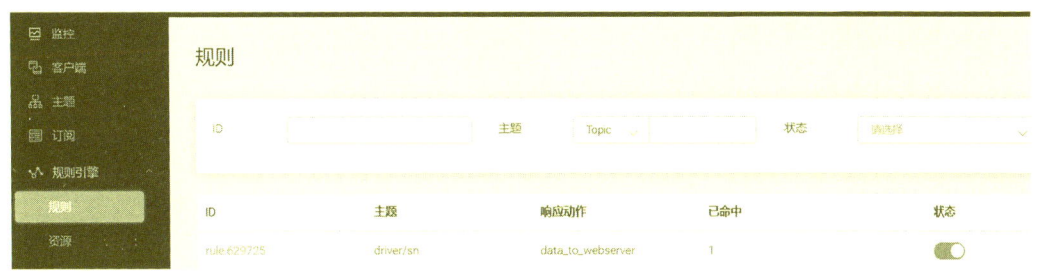

图 4-37　查看规则中命中的数据

第八步：打开 TDengine，就可以看到数据库中多了刚才通过 EMQX 汇聚过来的数据，如图 4-38 所示。

```
taos> select * from power;
           ts            |  voltage  |       current        |     temperature      |     sn     |           city            |  groupid  |
========================================================================================================================================
 2022-10-09 01:50:47.732 |         1 |              1.00000 |              1.00000 |          1 | 福州                       |         1 |
 2022-10-09 09:32:40.000 |        20 |             11.11000 |             23.45000 |          1 | 沙县                       |         1 |
 2022-10-09 01:51:23.687 |         2 |              2.00000 |              2.00000 |          2 | 厦门                       |         1 |
Query OK, 3 row(s) in set (0.000672s)
```

图 4-38　查看 TDengine 中的数据

以上就是 TDengine 通过 EMQX 进行数据汇聚的过程，本过程仅供参考，因 TDengine 的版本在不停迭代更新，不同版本的对接与汇聚过程可能有所不同，不保证版本迭代更新后，上述的汇聚过程一成不变，读者请参考官网的最新文档进行操作。用户也可以通过不同的 MQTT 客户端向 EMQX 发布对应主题的数据，通过 EMQX 中定义的发往 TDengine 的规则，即可实现数据汇聚。数据汇聚成功后，即可通过 TDengine 进行数据分析。有兴趣的读者可先自行研究。

到目前为止，本章已经实现了时序数据的持久化操作，并将时序数据与可视化平台进行了对接，在可视化平台中展示了数据，同时还展示了如何将 MQTT 协议的数据对接到具有汇聚与分析功能的物联网大数据平台 TDengine。因篇幅有限，更多技术细节未加以展开，有兴趣的读者可查阅相关文档自学。

思考题

1. 时序数据有哪些特点？

2. InfluxDB 2.0 是如何写入和查询数据的？

3. 如何在可视化平台 Granafa 连接 InfluxDB 数据源？

4. 如何在 Granafa 中查询和可视化数据？

5. 简述如何管理 TDengine 中的超级表。

6. 简述 EMQX 将数据汇聚到 TDengine 的步骤。

第五章
开发基于物联网平台的智慧温室项目

　　智慧温室通过实时采集室内外的温度传感器数据，结合温室环境要求记录各个环节的数据，智能控制现场的设备，达到节约生产成本、降低生产能耗、提高农作物的产量和质量的目的。

　　本章基于物联网平台进行智慧温室项目的综合应用开发，实现设备接入物联网平台并上报传感器数据，在物联网平台上进行数据可视化，并通过规则链进行设备控制。

- **职业功能：** 物联网平台应用开发。
- **工作内容：** 基于物联网平台开发智慧温室项目。
- **专业能力要求：** 能根据项目需求，完成IoT项目的方案设计，并按设计方案完成设备连接和设置，将传感器数据通过网关传输到IoT平台，在IoT平台上使用仪表板显示数据，并按照联动设置进行设备控制。
- **相关知识要求：** 设备接入、规则链应用设计、可视化应用开发知识。

第一节 智慧温室项目概述

本节主要介绍智慧温室项目的需求和设计方案,以便在项目实施前明确功能需求和使用过程的技术细节。

考核知识点及能力要求:

- 了解智慧温室的功能需求;
- 明确智慧温室的技术实现方案;
- 明确智慧温室的方案设计。

一、需求分析

智慧温室用于农作物种植环境的温度调节。根据节能环保的原则,智慧温室系统测量室内外温度,并使用大功率温室恒温机(以下简称"恒温机")和低功耗空气循环机(以下简称"循环机")两种方式实现自动恒温管理,当室内温度超出客户指定的正常阈值时,系统需根据室外温度自行启动恒温设备,以实现智能的低功耗控制。智慧温室内部和外部的温度数据以及设备控制的情况需在云端实时显示。

需求:

(1)预设温室内外的温度值在正常的温度范围(如 20~30 ℃之间)。

(2)当室内温度正常时,恒温机与循环机不工作。

(3)当室内温度异常、室外温度正常时,循环机工作。

(4)当室内温度异常、室外温度也异常时,恒温机工作。

（5）能显示室内外温度情况和实时展示恒温机与循环机工作状态和执行设备状态。

二、技术实现方案

为实现智慧温室的控温需求，以一个 IoT 平台为核心，采用成熟的物联网技术，按物联网的四层技术栈来实现智慧温室方案，如图 5-1 所示。

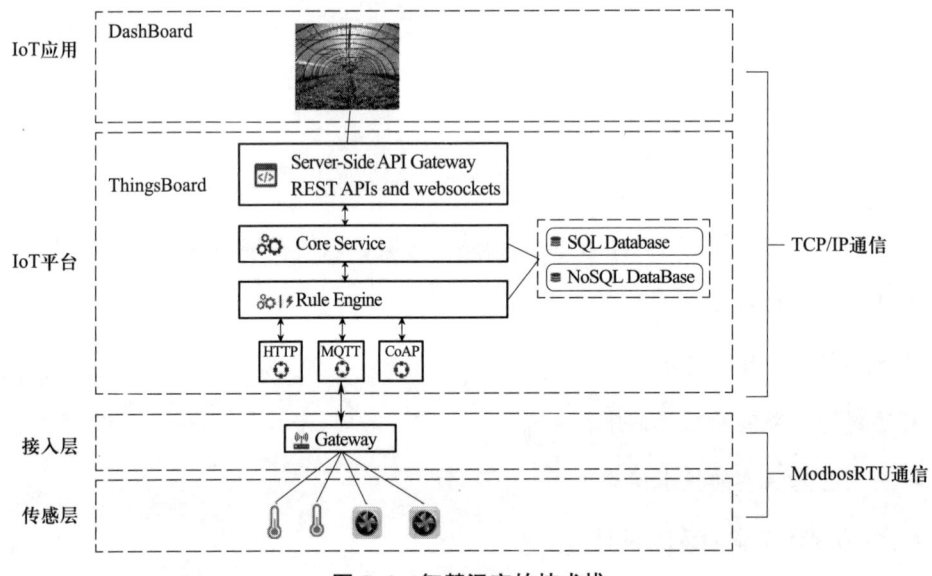

图 5-1　智慧温室的技术栈

（一）IoT 平台选择

IoT 平台是物联网技术的核心。ThingsBoard 平台可以实现物联网项目的快速开发、管理和扩展，其四个核心模块分别是设备管理、数据接入、规则引擎、可视化仪表板。使用 ThingsBoard 可以很容易地实现设备接入物联网并进行可视化管理。

（二）传感层技术选型

1. 传感网技术选型

RS485 总线因具备硬件设计简单、控制方便、成本低廉等优点，在消防、农业、水文、水利自动报测、楼宇控制等领域中被广泛使用，因此智慧温室传感网络选择使用 RS485 总线连接传感器和执行器。

2. 传感器/执行器选择

在 RS485 总线上，各个设备之间使用 Modbus RTU 协议（一种在可编程逻辑控制器与计算机之间进行数据交换的通信方式）进行通信。选择支持 Modbus RTU 协议的温湿度传感器、循环机、恒温机和数字量控制器（ADAM4150），连接到 RS-485 总线上。

（三）网关选型

可以使用 ThingsBoard IoT Gateway 作为智慧温室的网关。

三、方案设计

智慧温室项目的方案设计主要包括在 IoT 平台上的技术实现以及设备接入的实现两部分。

（一）在 IoT 平台上的技术实现

智慧温室项目在 IoT 平台上的技术实现主要包括资产列表（见表 5-1）、设备配置列表（见表 5-2）、设备列表（见表 5-3）、资产与设备的关联关系、仪表板设计和规则链设计等。

表 5-1　　　　　　　　　　　　资 产 列 表

名称	资产类型	标签
green_house	green_house	温室大棚

表 5-2　　　　　　　　　　　　设备配置列表

名称	配置文件类型	传输类型	描述
green_gateway	Default	Default	网关
green_fan	Default	Default	执行器
green_sensor	Default	Default	传感器

表 5-3　　　　　　　　　　　　设 备 列 表

名称	设备配置文件	标签	是否网关	说明
green_gateway	green_gateway	温室网关	是	需手动创建
green_temperature_Indoor	green_sensor	室内温度	否	自动生成
green_temperature_outdoor	green_sensor	室外温度	否	自动生成
green_thermostat	green_fan	恒温机	否	自动生成
green_airCirculator	green_fan	循环机	否	自动生成

智慧温室项目资产与设备之间的关联关系如图 5-2 所示。

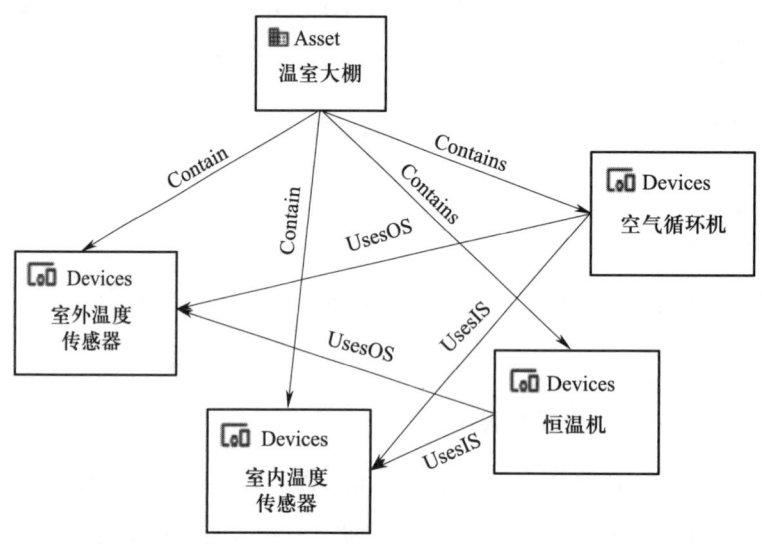

图 5-2 智慧温室项目资产与设备之间的关联关系

智慧温室的仪表板设计中用图片地图显示温室大棚中的设备实时状况，如图 5-3 所示。

图 5-3 智慧温室的仪表板设计

智慧温室的恒温控制规则链，需要检测温度传感器上报的遥测数据，如果温度超过某个阈值，自动向执行器发送控制指令，实现恒温控制，如图 5-4 所示。

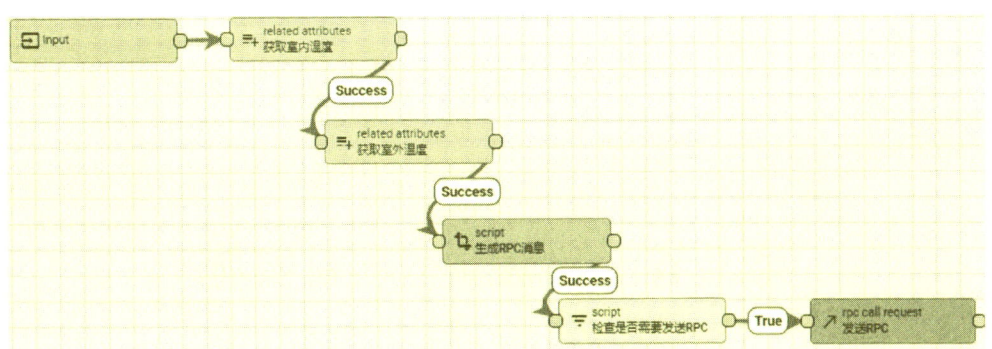

图 5-4 智慧温室恒温控制规则链

(二) 设备接入的实现

关于设备实现,读者可自行选择合适的仿真平台,如果没有合适的仿真平台,可以采用前面章节介绍的 HTTP、MQTT 协议的模拟设备,只要能把遥测数据上传到云平台即可。这里使用 AIoT 平台的在线仿真平台进行设备接入,把智能温室项目的传感层设备用 RS485 总线连接在一起,通过一个 RS485 转 RS232 的转换模块接到网关设备上。智慧温室的两个执行器(恒温机和循环机)通过继电器接到 ADAM4150 的输出端口。智慧温室项目设备总接线图如图 5-5 所示。

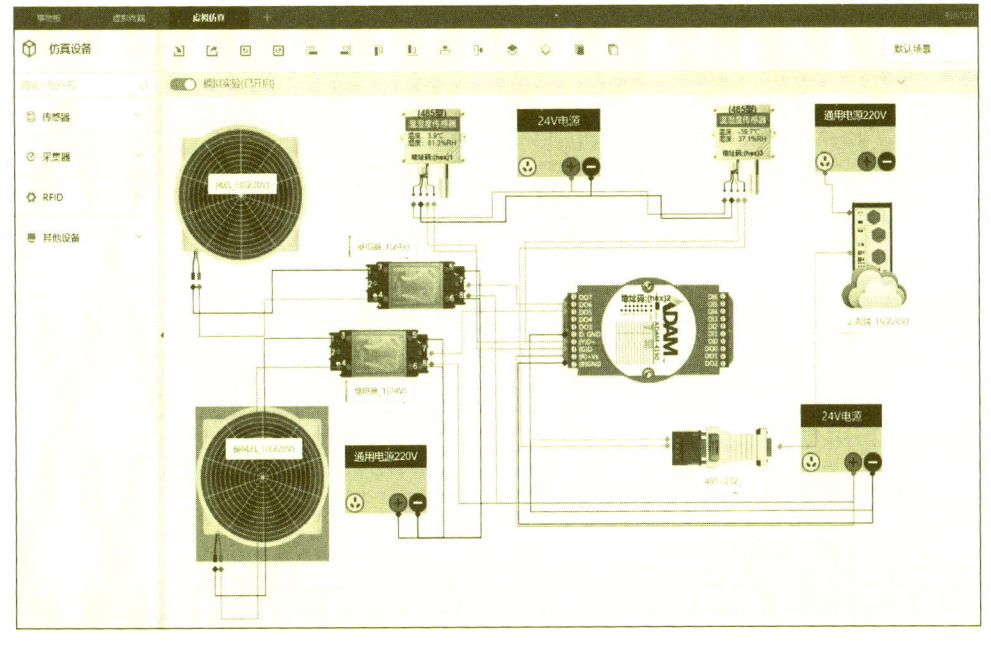

图 5-5 智慧温室项目设备总接线图

第二节　智慧温室项目实施

本节主要介绍智慧温室项目的完整实施过程，结合前面内容进行综合应用开发，并解决实施过程中出现的问题。

考核知识点及能力要求：

- 能创建资产、设备配置和添加网关；
- 能部署和配置物联网平台的网关；
- 能进行设备接入并解决接入过程中的问题；
- 能进行可视化开发；
- 能进行规则链的设计；
- 能综合调试并进行结果验证。

一、在 ThingsBoard 上配置智慧温室项目

在 ThingsBoard 上配置智慧温室项目，需要配置资产、设备配置和添加网关设备。

（一）创建资产

在 ThingsBoard 上创建资产，名为"green_house"，如图 5-6 所示。

（二）创建设备配置

在 ThingsBoard 上创建设备配置，分别名为"green_gateway""green_sensor""green_fan"，如图 5-7 所示。

第五章 开发基于物联网平台的智慧温室项目

图 5-6 创建智慧温室的资产

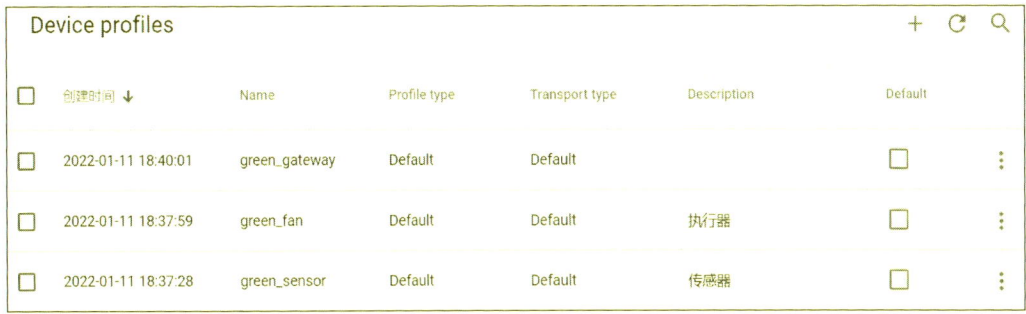

图 5-7 智慧温室的设备配置

（三）添加网关

在 ThingsBoard 上添加网关设备，如图 5-8 所示。

图 5-8 添加智慧温室的网关

二、部署 ThingsBoard 平台的 Gateway

在 ThingsBoard 上部署智慧温室项目的网关，需要用 Docker 进行镜像拉取后，再进行主配置文件修改后运行，并检查网关的部署结果。

（一）启动并初次运行网关

打开虚拟终端，输入并启动 ThingsBoard 网关（以下简称 tb-gateway）的 Docker 命令：

143

```
docker run -it \
-v /dev/ttyS11: /dev/ttyUSB0 \
-v ~/.tb-gateway/logs: /thingsboard_gateway/logs \
-v ~/.tb-gateway/extensions: /thingsboard_gateway/extensions \
-v ~/.tb-gateway/config: /thingsboard_gateway/config \
--name tb-gateway \
--restart always \
dockerhub.nlecloud.com/1x_virtual_platform/thingsboard-gateway-edu: 1.1
```

这里启动的 tb-gateway 镜像，加了一个设备映射 –v /dev/ttyS11：/dev/ttyUSB0，它是将宿主机的 /dev/ttyS11 设备映射到容器里的 /dev/ttyUSB0 设备。初次运行网关时，因为使用了初始的默认配置，所以会显示很多错误信息，如图 5-9 所示。如果需要终止容器的运行，使用 Ctrl + C 组合键，终止 Docker 容器的日志输出模式。

```
""2022-01-14 06:14:09" - ERROR - [tb_device_mqtt.py] - tb_device_mqtt - 148 - connection FAIL with error 5 not authorised"
""2022-01-14 06:14:16" - ERROR - [mqtt_connector.py] - mqtt_connector - 193 - [Errno 111] Connection refused"
""2022-01-14 06:14:20" - ERROR - [tb_device_mqtt.py] - tb_device_mqtt - 148 - connection FAIL with error 5 not authorised"
```

图 5-9　初次运行 tb-gateway 时的出错信息

（二）修改网关的配置信息

修改 tb-gateway 的配置信息，应遵循以下操作步骤。

第一步：到 ThingsBoard 中复制网关设备的访问令牌。

第二步：修改 tb-gateway 的主配置文件。第一次运行网关的 Docker 安装命令后，使用 ls-all 命令可以在用户目录下查看到一个隐藏目录 .tb-gateway，在这个隐藏目录下还有三个子目录 logs、config、extensions。tb-gateway 的主配置文件 tb_gateway.yaml 在 config 目录中。使用 nano tb_gateway.yaml 编辑命令进入文件，修改 ThingsBoard 的 host 地址为 tb.nlecloud.com，复制粘贴网关的访问令牌到 accessToken 处，禁用 MQTT 连接器，启用 Modbus 连接器，如图 5-10 所示。

第三步：编辑 Modbus RTU 配置文件。在 tb-gateway 的主配置文件中指定的 Modbus

第五章　开发基于物联网平台的智慧温室项目

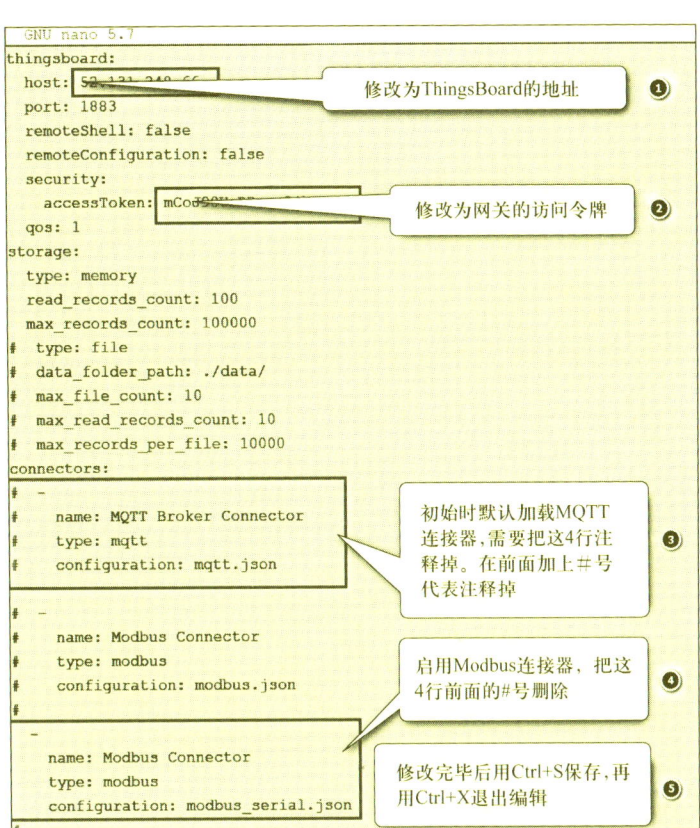

图 5-10　修改 tb-gateway 主配置文件

RTU 的配置文件名是 modbus_serial.json。先删除目录下原有的 modbus_serial.json 文件，再使用 nano modbus_serial.json 命令编辑文件。命令如下：

```
rm modbus_serial.json
nano modbus_serial.json
```

modbus_serial.json 的文件内容如下：

```
{
    "server": {
        "name": "Modbus Default Server",
        "type": "serial",
        "method": "rtu",
```

145

```
"port": "/dev/ttyUSB0",
"baudrate": 9600,
"timeout": 5,
"devices": [{
    "unitId": 1,
    "deviceName": "green_temperature_Indoor",
    "timeseriesPollPeriod": 5000,
    "sendDataOnlyOnChange": false,
    "timeseries": [{
        "tag": "temperature",
        "type": "16uint",
        "byteOrder": "BIG",
        "functionCode": 3,
        "objectsCount": 1,
        "address": 1
    },
    {
        "tag": "humidity",
        "type": "16uint",
        "byteOrder": "BIG",
        "functionCode": 3,
        "objectsCount": 1,
        "address": 0
    }]
},
{
```

```json
            "unitId": 3,
            "deviceName": "green_temperature_outdoor",
            "timeseriesPollPeriod": 5000,
            "sendDataOnlyOnChange": false,
            "timeseries": [{
                "tag": "temperature",
                "type": "16uint",
                "byteOrder": "BIG",
                "functionCode": 3,
                "objectsCount": 1,
                "address": 1
            },
            {
                "tag": "humidity",
                "type": "16uint",
                "byteOrder": "BIG",
                "functionCode": 3,
                "objectsCount": 1,
                "address": 0
            }]
        },
        {
            "unitId": 2,
            "deviceName": "green_thermostat",
            "timeseriesPollPeriod": 5000,
            "sendDataOnlyOnChange": false,
```

```
            "timeseries": [{
                "tag": "value",
                "type": "bits",
                "functionCode": 1,
                "objectsCount": 1,
                "address": 21
            }],
            "rpc": [{
                "tag": "setValue",
                "type": "bits",
                "functionCode": 5,
                "objectsCount": 1,
                "address": 21
            }]
        },
        {
            "unitId": 2,
            "deviceName": "green_airCirculator",
            "timeseriesPollPeriod": 5000,
            "sendDataOnlyOnChange": false,
            "timeseries": [{
                "tag": "value",
                "type": "bits",
                "functionCode": 1,
                "objectsCount": 1,
                "address": 22
```

```
            }],
            "rpc": [{
                "tag": "setValue",
                "type": "bits",
                "functionCode": 5,
                "objectsCount": 1,
                "address": 22
            }]
        }
    }
}
```

在上述配置中,"devices"项里主要设定智慧温室项目中使用到的各个Modbus设备的地址以及RPC的指令等,进行设备连接时,设备地址要与配置的地址一一对应。

(三)重启 tb-gateway 并验证部署的结果

使用 docker restart tb-gateway 命令重启 tb-gateway。网关重启后,到 ThingsBoard 平台上检查自动识别出来的设备,如果识别出图 5-11 所示的设备,说明网关部署成功。

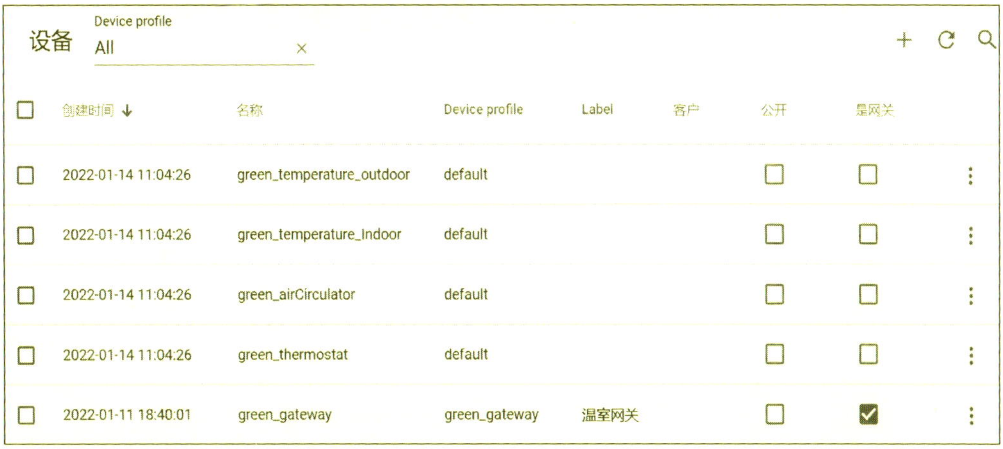

创建时间 ↓	名称	Device profile	Label	客户	公开	是网关
2022-01-14 11:04:26	green_temperature_outdoor	default			□	□
2022-01-14 11:04:26	green_temperature_Indoor	default			□	□
2022-01-14 11:04:26	green_airCirculator	default			□	□
2022-01-14 11:04:26	green_thermostat	default			□	□
2022-01-11 18:40:01	green_gateway	green_gateway	温室网关		□	✓

图 5-11　ThingsBoard 平台上自动识别出来的设备

三、在 ThingsBoard 平台上修改设备配置类型及关系

上述自动识别出来的设备缺少关联关系，为了在仪表板中显示设备和数据，还需要修改设备的类型和关联关系。

（一）修改自动生成的设备的配置类型

修改后的设备列表信息如图 5-12 所示。

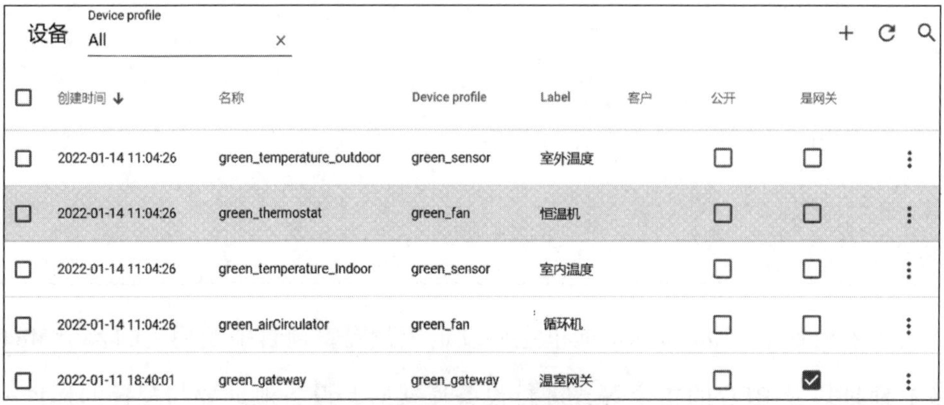

图 5-12　智慧温室的设备列表

（二）修改资产与设备的关联关系

需要修改资产与设备的关联关系，如图 5-13 所示。

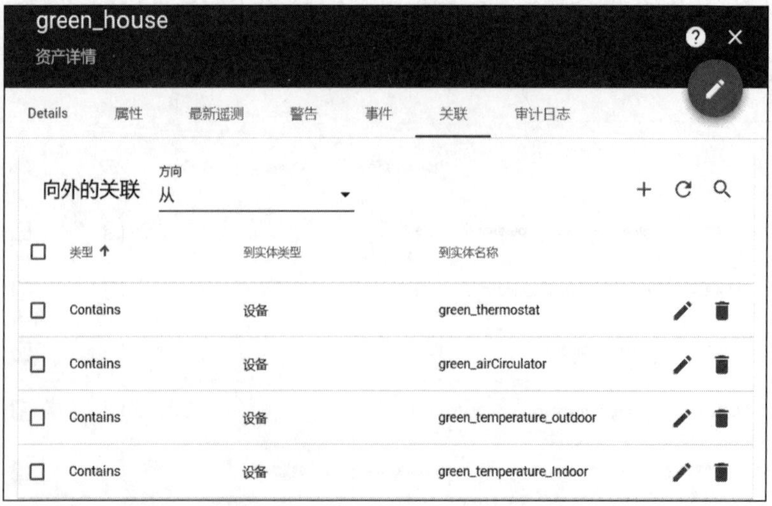

图 5-13　资产与设备的关联关系

（三）修改设备与设备的关联关系

需要修改恒温机、循环机与室内温湿度传感器、室外温湿度传感器的关联关系。修改后的关联关系如图 5-14、图 5-15 所示。

图 5-14　恒温机的关联关系

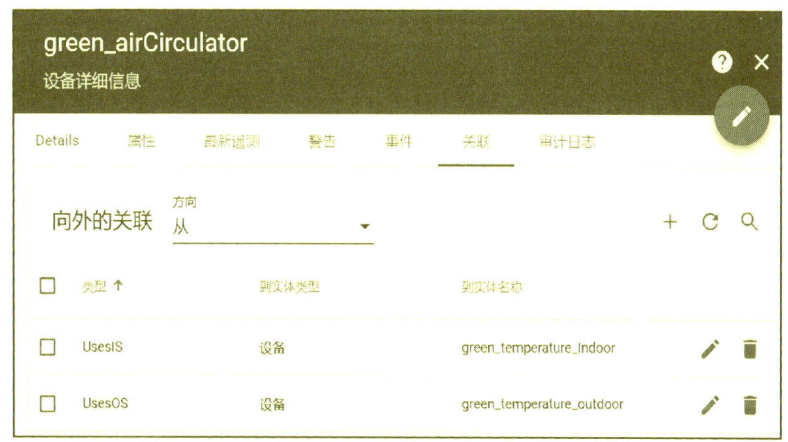

图 5-15　循环机的关联关系

（四）设置实体的服务端属性

为了在实时仪表板上显示实体，需要给室内温湿度传感器、室外温湿度传感器、循环机、恒温机等相关实体设置服务端属性。修改后各实体的服务端属性如图 5-16 至图 5-19 所示。

图 5-16　室内温湿度传感器的服务端属性

图 5-17　室外温湿度传感器的服务端属性

图 5-18　循环机的服务端属性

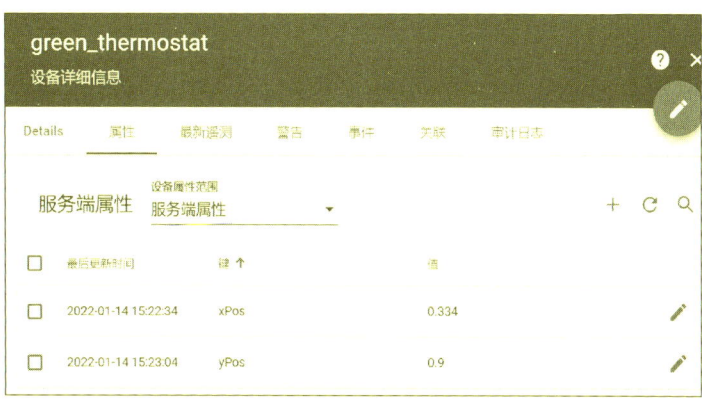

图 5-19 恒温机的服务端属性

四、安装并配置智慧温室设备

按智慧温室的设备设计方案进行设备连接,并配置 Modbus RTU 设备的地址。

(一)安装设备

打开虚拟仿真实验环境,在左侧设备列表中找到智慧温室需要的设备,拖拽到右边合适的位置,并按照物联网工程实施规范进行连线,如图 5-20 所示。

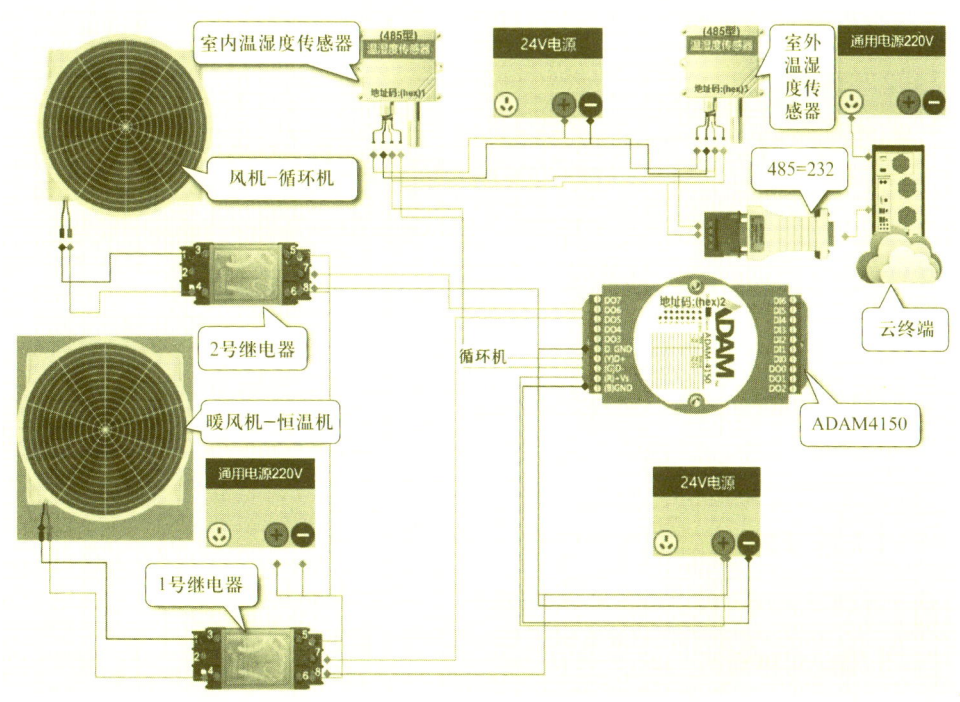

图 5-20 智慧温室设备连线图

153

（二）配置 Modbus 设备地址

按 tb-gateway 的 modbus_serial.json 文件中指定的相关参数，智慧温室项目中 Modbus 设备地址分配见表 5–4。

表 5–4　　　　　　　智慧温室项目中 Modbus 设备地址分配

序号	设备名称	Modbus 地址
1	ADAM4150（24V）	2
2	室内温湿度传感器	1
3	室外温湿度传感器	3

（三）检查设备安装结果

线路连接好后，开启仿真平台的模拟实验，然后到 ThingsBoard 的设备列表中查看，如果看到设备的遥测数据，说明该设备的配置是成功的，如图 5–21 所示。

图 5–21　查看 ThingsBoard 平台接收到的遥测数据

五、智慧温室项目的可视化开发

可视化开发需要先创建仪表板，再在仪表板上添加实体别名和指定数据源。

（一）创建智慧温室项目的仪表板

新建智慧温室仪表板，如图 5–22 所示。

（二）添加实体别名

智慧温室仪表板的界面主要是在图片地图上显示温湿度传感器、恒温机、循环机等设备,这些设备的实体别名见表 5-5,操作时按表中的信息进行智慧温室实体别名的设置。

图 5-22 新建智慧温室仪表板

表 5-5 智慧温室仪表板的实体别名

实体别名	过滤类型	三级选择项		多实体	说明
室内温度	单个实体	类型	设备	否	温湿度传感器
		设备	green_temperature_indoor		
室外温度	单个实体	类型	设备	否	温湿度传感器
		设备	green_temperature_outdoor		
大棚设备	关系查询	根实体		是	选择智慧温室中的所有设备
		类型	资产		
		资产	green_house		

(三)使用地图组件显示温室大棚数据

在 ThingsBoard 上查看到设备上报的遥测数据后,接下来可以用地图把相关数据显示出来。地图组件的使用请遵循以下操作步骤。

第一步:添加地图组件。进入智慧温室项目的仪表板编辑状态,添加地图组件,如图 5-23 所示。

第二步:给地图组件添加数据源并修改温度返回值。添加地图组件的数据源,把遥测值和属性值添加进来,并修改"Type"为小写的"type",如图 5-24 所示。

在地图上不能直接使用温度遥测数据。使用温度遥测数据需要将温度遥测值用下列函数转换:temperature = ((value > 32767) ?value - 65536: value)/10。

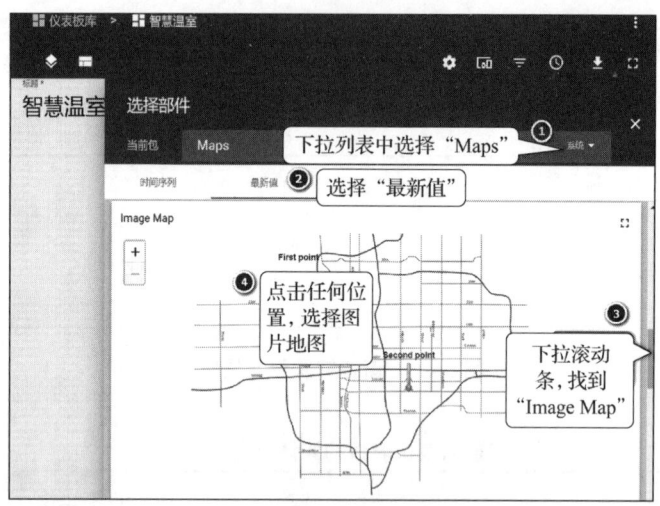

图 5-23 添加地图组件

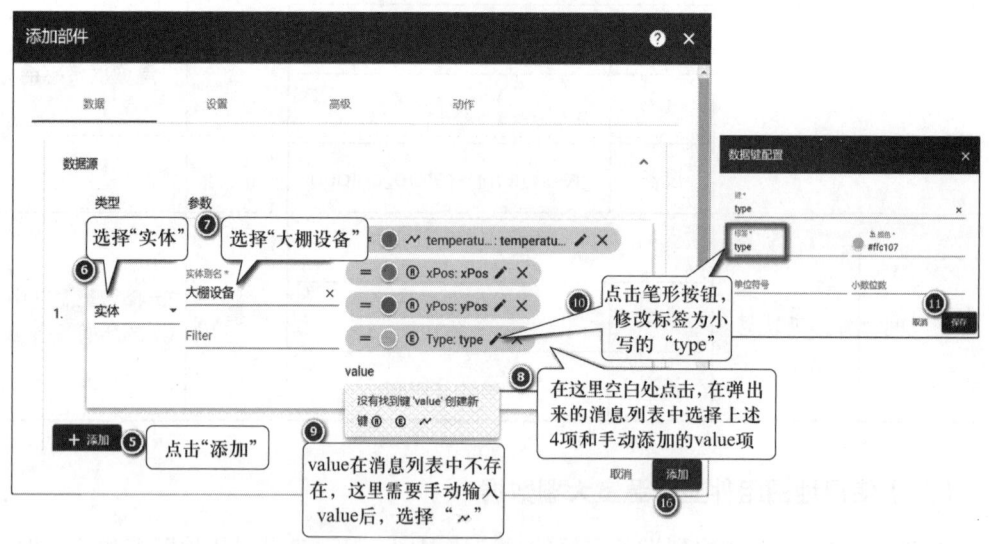

图 5-24 添加数据源

编辑大棚组件,选择"数据",单击温度遥测值的编辑按钮,在弹出的遥测值编辑界面,修改温度返回值为:return((value > 32767)?value – 65536:value)/10,如图 5-25 所示。

第三步:修改地图标题。添加和修改好数据源后,可以看到图片地图组件上出现了 4 个设备的信息,但地图标题是"New Image Map",修改标题为"温室大棚",操作过程如图 5-26 所示。

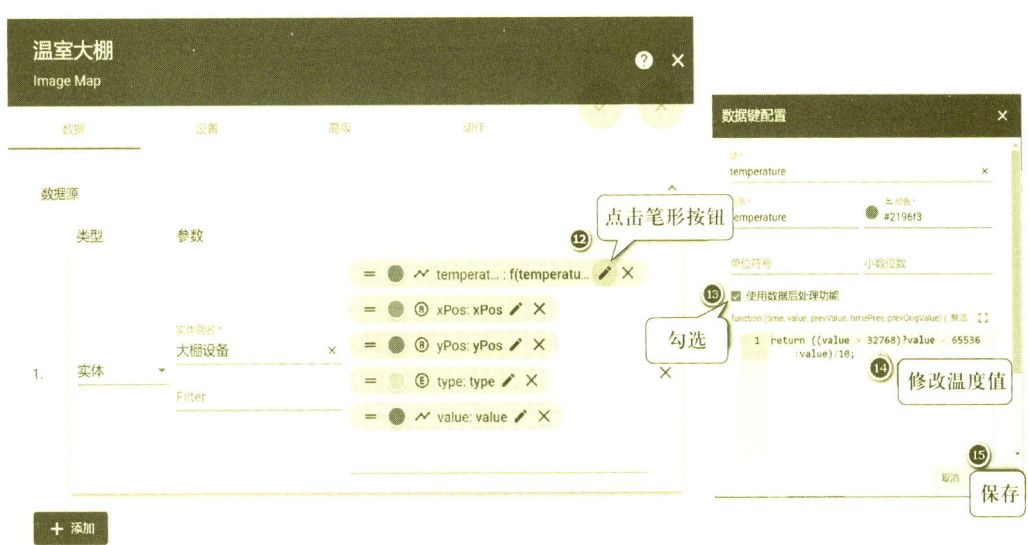

图 5-25 修改温度返回值

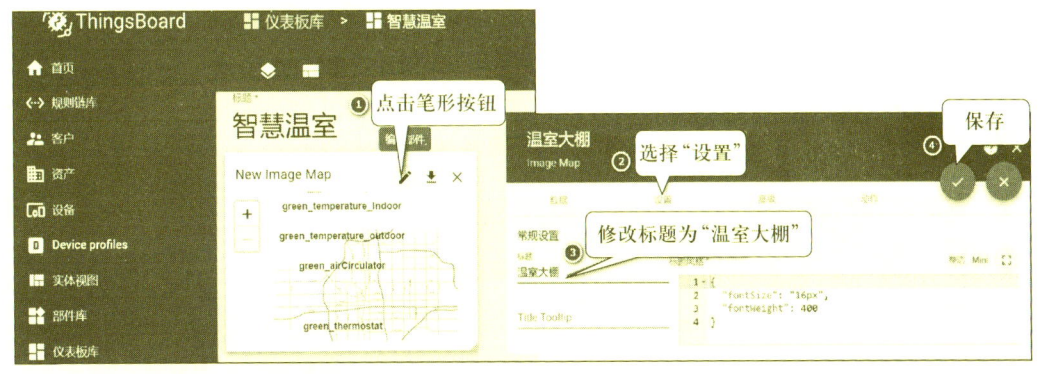

图 5-26 修改地图标题

第四步：修改温室大棚背景图。将大棚地图的背景图片改为温室大棚，操作过程如图 5-27 所示。

第五步：修改实体在地图上的显示名称。地图上默认的显示实体名称和取值都是英文的 entityName，可以编辑地图，修改实体名称显示和取值为中文实体标签值，操作过程如图 5-28 所示。

第六步：修改实体标签信息显示函数。编辑地图，选择"高级"选项，向下滚动界面，找到"Use label function"位置，修改实体标签显示信息函数，显示字体改成白色，增加温度的显示数据，操作过程如图 5-29 所示。

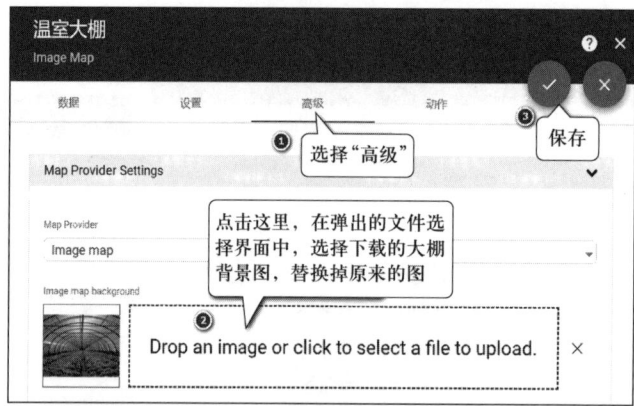

图 5-27 替换温室大棚背景图

图 5-28 修改实体在地图上的显示名称

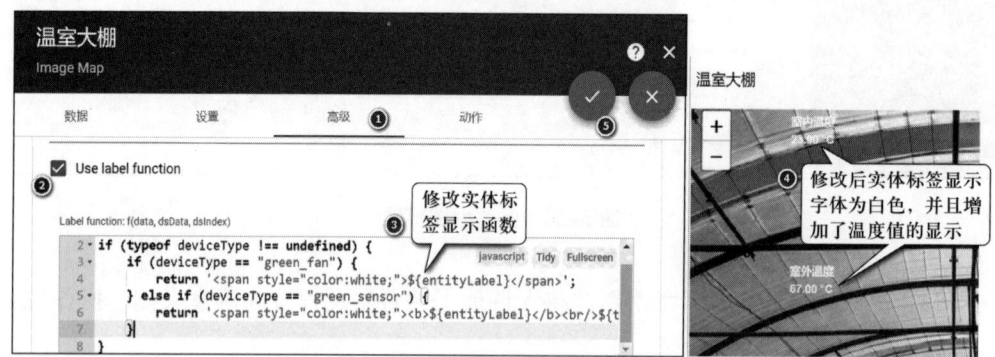

图 5-29 修改实体标签显示信息函数

实体标签信息显示函数代码如下：

```
var deviceType=dsData[dsIndex]['deviceType'];
if (typeof deviceType !==undefined) {
    if (deviceType=="green_fan") {
```

```
            return '<span style="color: white; ">${entityLabel}</span>';
        } else if (deviceType=="green_sensor") {
            return '<span
style="color: white; "><b>${entityLabel}</b><br/>${temperature: 2}°C<br/></span>';
        }
    }
```

第七步：修改实体提示信息显示函数。编辑地图，选择"高级"选项，向下滚动界面，找到"Use tooltip function"位置，修改实体提示信息显示函数，以便当鼠标放在实体上时有提示信息，操作过程如图 5-30 所示。

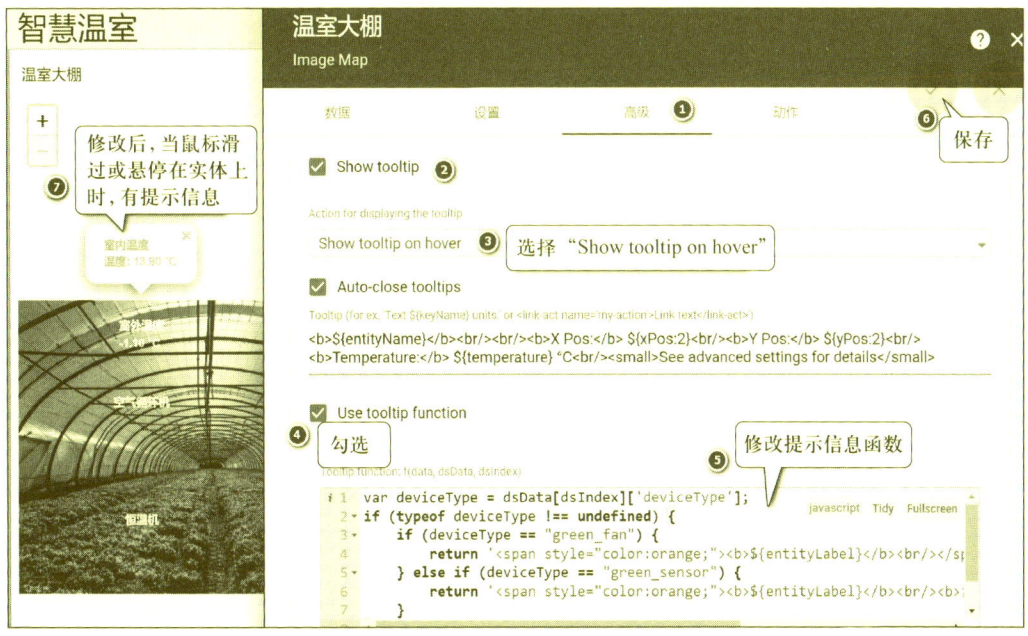

图 5-30 修改实体提示信息显示函数

提示信息函数代码如下：

```
var deviceType=dsData[dsIndex]['deviceType'];
if (typeof deviceType !==undefined) {
```

```
if (deviceType=="green_fan") {
    return '<span style="color: orange; "><b>${entityLabel}</b><br/></span>';
} else if (deviceType=="green_sensor") {
    return '<span style="color: orange; "><b>${entityLabel}</b><br/><b>温度：</b> ${temperature: 2}° C<br/></span>';
    }
}
```

第八步：修改实体显示图片。编辑地图，选择"高级"选项，向下滚动界面，找到"Marker images"位置，进行图片替换，操作过程如图 5-31 所示。

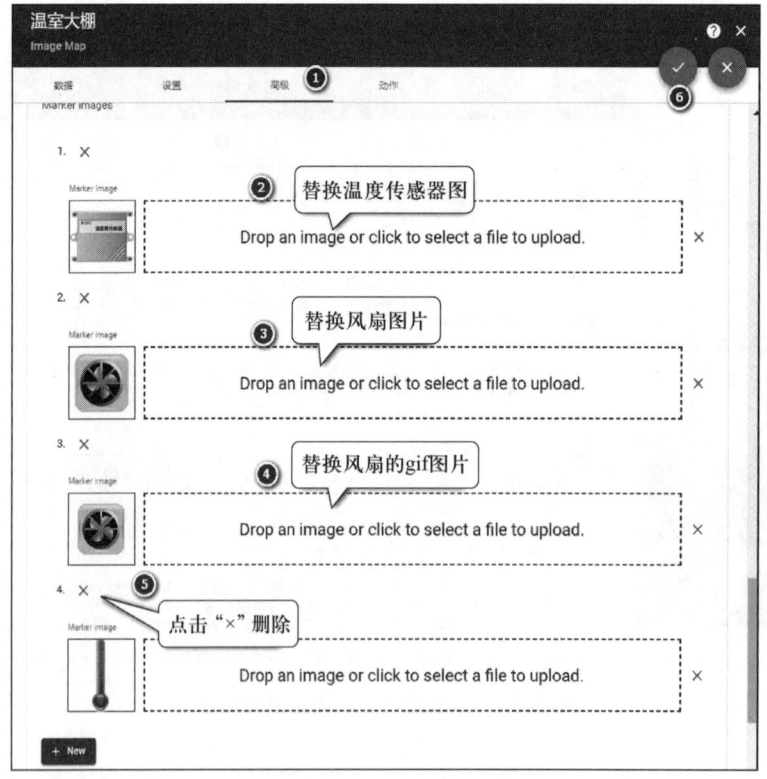

图 5-31　修改实体显示图片

第九步：修改实体图标显示函数。编辑地图，选择"高级"选项，向下滚动界面，找到"Use marker image function"位置，修改实体图标显示函数，操作过程如图 5-32 所示。

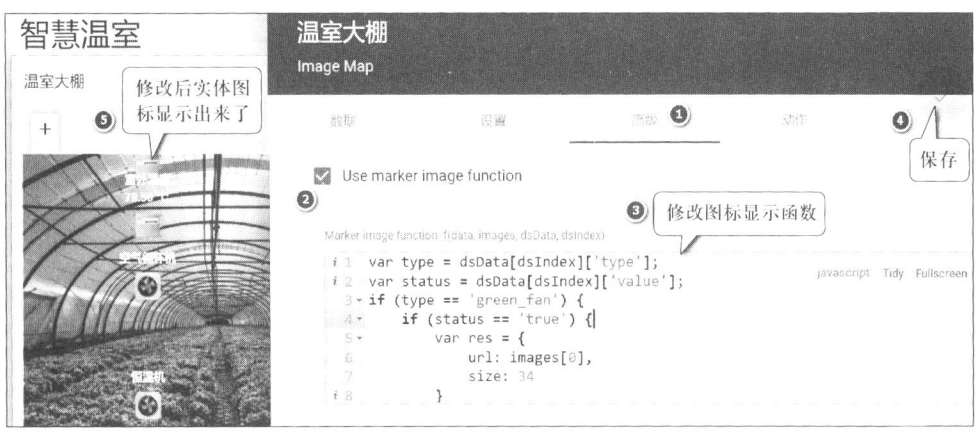

图 5-32 修改实体图标显示函数

实体图标的显示函数代码如下：

```javascript
var type=dsData[dsIndex]['type'];
var status=dsData[dsIndex]['value'];
if (type=='green_fan') {
    if (status=='true') {
        var res={
            url: images[0],
            size: 34
        }
        res.url=images[2];
        return res;
    } else {
        var res={
            url: images[0],
            size: 34
        }
        res.url=images[1];
        return res;
    }
```

```
} else {
    var res={
        url: images[0],
        size: 34
    }
    res.url=images[0];
    return res;
}
```

第十步：修改地图组件尺寸。编辑状态，找到鼠标移到地图窗口的边缘，当鼠标的光标变成可拖拽的形状时，按住鼠标左键拖拽，可以改变地图窗口的尺寸。

第十一步：修改实体在地图上的显示位置。编辑地图，选择"高级"选项，向下滚动界面，找到"Draggable Marker"位置，勾选代表设置实体在地图上为可拖拽模式。将实体拖拽到合适的位置后，去掉"Draggable Marker"位置的勾选关闭可拖拽模式，保存所做的修改。

六、智慧温室项目的规则链设计

按照智慧温室的设计方案设计智慧温室恒温控制规则链，要求根据室内外温度控制循环机和恒温机。从循环机或恒温机的角度出发，获取室内外的温度值，根据温控需求，判断是否需要发送"开启"或"停止"命令请求。

（一）创建恒温控制规则链

创建新的规则链，命名为"温室大棚温控"。编辑该规则链，增加相关节点，如图 5-33 所示。

各个节点的信息可按下述说明进行修改。

1. 获取室内温度（节点 A）和获取室外温度（节点 B）

从属性集列表中拖拽两个"related attributes"节点到编辑区，在弹出的添加界面中分别输入名称"获取室内温度"和"获取室外温度"。其他配置的内容如图 5-34、图 5-35 所示。

第五章 开发基于物联网平台的智慧温室项目

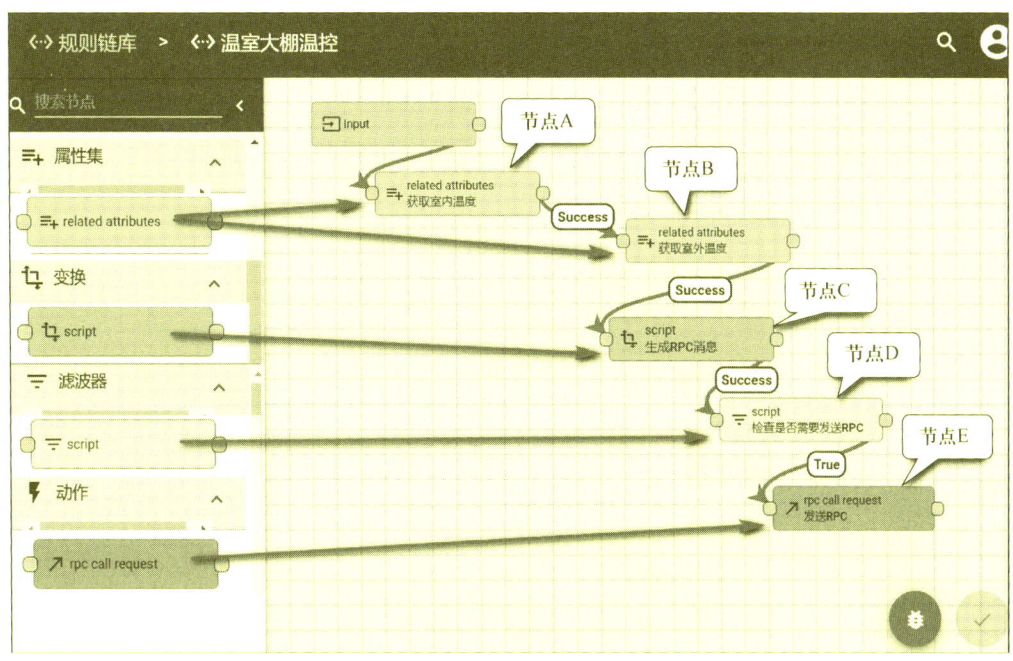

图 5-33 "温室大棚温控"规则链

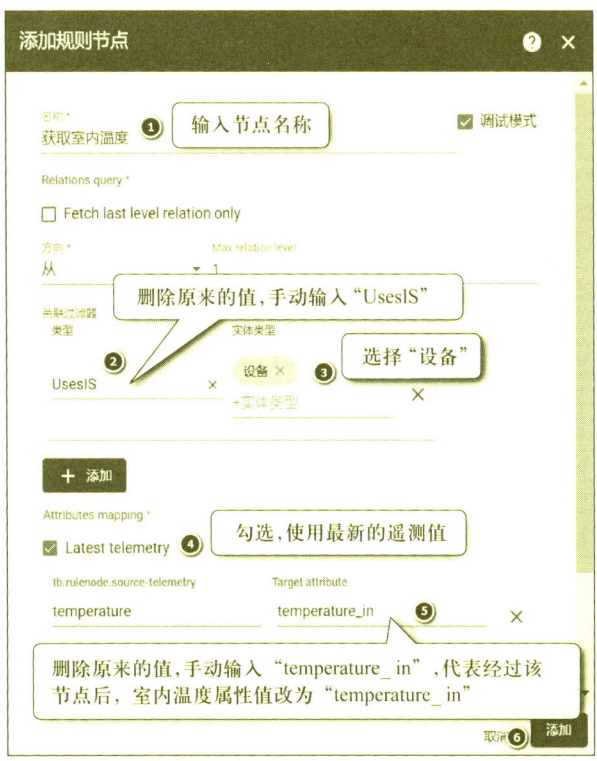

图 5-34 室内温度节点

163

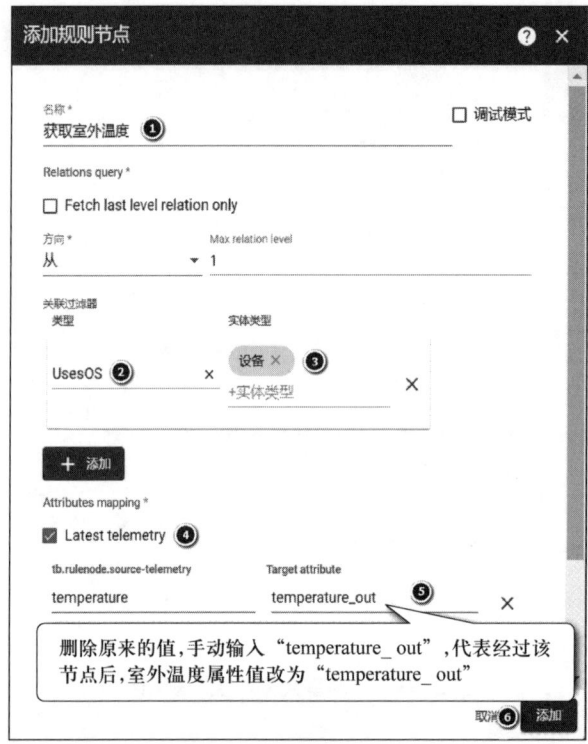

图 5-35 室外温度节点

2. 生成 RPC 消息（节点 C）

从变换列表中拖拽一个"script"节点到编辑区，在弹出的添加界面中输入节点名称"生成 RPC"。生成 RPC 消息函数的代码如下：

```
var newMsg={ };
temperatureL=20;
temperatureH=30;
function getValue(value) {
    return ((value > 32767) ? value - 65536 : value) / 10;
}
roomtemperature=getValue(metadata.temperature_in);
outdoorTemperature=getValue(metadata.temperature_out);
if (typeof msg.value !=='undefined') {
```

```
            value=msg.value;
    } else {
            value=false;
    }
    newMsg.value=false;
    flag=false;
    if ((roomtemperature >=temperatureL) && (roomtemperature <=temperatureH)) {
            flag=true;
    } else {
            if ((outdoorTemperature >=temperatureL) && (outdoorTemperature <=temperatureH)) {
                    if (metadata.deviceName=='green_airCirculator') {
                            newMsg.value=true;
                            flag=true;
                    }
            } else {
                    if (metadata.deviceName=='green_thermostat') {
                            newMsg.value=true;
                            flag=true;
                    }
            }
    }
    if (flag && value !=newMsg.value) {
            newMsg.method="setValue";
            if (newMsg.value===true) newMsg.params=[1, 1, 1, 1, 1, 1, 1, 1];
            else newMsg.params=[0, 0, 0, 0, 0, 0, 0];
    }
    return {
```

```
msg: newMsg,

metadata: metadata,

msgType: msgType
};
```

3. 检查是否发送 RPC（节点 D）

从"生成 RPC 消息"节点出来的消息都需要发送到设备进行过滤。从滤波器列表中拖出一个"script"节点到编辑区，在弹出的添加界面中输入节点名称"检查是否需要发送 RPC"。过滤函数代码如下：

```
return typeof msg.method !=='undefined';
```

4. 发送 RPC

从动作列表中拖出一个"rpc call request"节点到编辑区，在弹出的添加界面中输入节点名称"发送 RPC"即可，不需要其他操作。

（二）将恒温控制规则链添加到根规则链中

将恒温控制规则链添加到根规则链中的操作过程如图 5-36 所示。

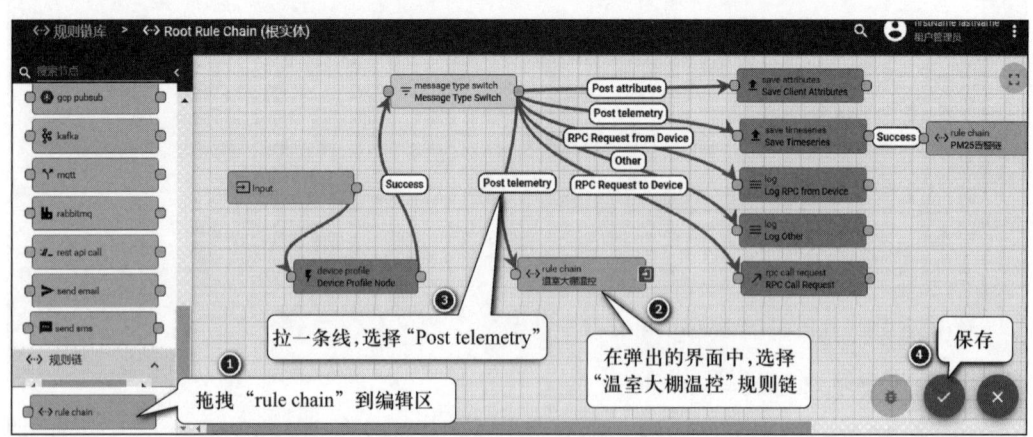

图 5-36　将恒温控制规则链添加到根规则链中

（三）验证规则链的控制效果

在确保 tb-gateway 容器正常运行后，开启设备的模拟实验，检查 ThingsBoard 能看到遥测数据上来后，可以按下述要求进行恒温规则链的验证：

（1）生成 RPC 消息时设置的正常温度范围为 20 ~ 30 ℃。

（2）温室内温度正常时，恒温机与循环机不工作。

（3）室内温度异常、室外温度正常时，循环机工作。

（4）室内温度异常、室外温度异常时，恒温机工作。

按智慧温室温控策略测试条件（见表 5-6），在仿真设备平台双击温湿度传感器，设置室内外温度传感器的值，查看仿真设备中的恒温机是否转动，同时到仪表板中查看设备情况，从而验证恒温控制链是否正常，如果不正常，请检查上面的设置。

表 5-6　　　　　　　　　　　智慧温室温控策略测试条件

测试条件序号	室外温湿度传感器	室内温湿度传感器	恒温机	循环机
1	22 ℃正常	33 ℃异常	不转	转
2	11 ℃异常	33 ℃异常	转	不转
3	12 ℃异常	12 ℃异常	转	不确定
4	25 ℃正常	29 ℃正常	不转	不转

到目前为止，基于 AIoT 平台的智慧温室项目开发完毕，有兴趣的读者可以在此基础上进行拓展，增加更多功能，以满足应用需求。

思考题

1. 简述一个 IoT 项目的四层技术架构。
2. 简述 ThingsBoard 的 tb-gateway 网关的配置文件需要修改的内容。
3. 设备的 Modubs 地址如何匹配 tb-gateway 网关中配置的地址？
4. 简述使用地图展示数据的过程。
5. 简述生成 RPC 消息的函数含义。
6. 简述如何通过规则链控制设备。

第二篇
物联网边缘计算系统应用开发

边缘计算中的"边缘"指的是网络边缘上的计算和存储资源。边缘计算将原来在云端运行的实时流式计算框架迁移到边缘端,将计算任务部署在接近产生数据源的网络边缘,在靠近物或数据源头的一侧,采用网络、计算、存储、应用核心能力为一体的开放计算平台,提供大量近端服务或功能接口,能产生更快的网络服务响应,满足行业在实时业务、应用智能、安全与隐私保护等方面的基本需求。

本篇主要介绍物联网边缘计算系统的部署、设备接入开发、第三方平台接入等内容,并在此基础上实现基于边缘计算系统的云、边、端一体的智慧温室项目。

第六章
物联网边缘计算系统部署

本章主要讲解边缘计算系统的种类和技术选型,并介绍 EdgeX 边缘计算系统的特点、系统架构、每个组成部分的具体功能,并在 CentOS 7 上安装和部署 EdgeX,并配置和测试边缘系统的数据库,为后续章节基于边缘计算系统的应用开发做准备。

- **职业功能:** 物联网边缘计算系统应用开发。
- **工作内容:** 物联网边缘计算系统部署。
- **专业能力要求:** 能根据部署文档进行物联网边缘计算系统的单机部署;能根据部署文档进行物联网边缘计算系统的数据库部署与配置。
- **相关知识要求:** 边缘服务器部署知识。

第一节 部署边缘计算系统

本节在了解常见的物联网边缘计算系统的基础上,以 EdgeX 为例,讲解如何进行物联网边缘计算系统的安装与卸载。

考核知识点及能力要求:

- 了解常见的物联网边缘计算系统;
- 了解 EdgeX 的基本组成;
- 能安装和卸载 EdgeX;
- 能解决 EdgeX 使用过程中出现的问题。

一、边缘计算系统概述

边缘计算系统是一个分布式系统,由于网络边缘的计算、存储和网络资源数量众多且这些资源在空间上是分散的,因此,如何组织和统一管理这些资源,各边缘系统之间如何相互协作和如何实现资源的最大利用率,是设计边缘计算系统时必须考虑的问题。

目前,边缘计算系统的设计多种多样,但不管如何设计,边缘计算系统的基本框架中都应该具备资源管理功能(用于管理网络边缘的计算、网络和存储资源)、设备接入和数据采集功能、安全管理(用于保障来自设备的数据安全)和平台管理功能(用于管理设备和监测控制边缘计算应用的运行情况)。在现有的各种边缘计算平台中,有的平台是提供给网络运营商用来部署边缘云服务的,有的平台则可以让普通用户在边缘设备上自行部署。

（一）常见的物联网边缘计算开源平台

在物联网边缘计算的场景下，传感器之类的数据源，其软件、硬件以及传输协议等具有多样性特点。边缘计算可以在边缘节点处理数据，能够有效地减少数据的传输和处理，处理完后的数据再传输到云端进行存储和分析。因此，作为云计算平台的延伸，边缘计算平台需要与云计算平台共生互补，既要实现云平台统一管理设备和应用，也要保证事件、消息、数据的跨边云高效同步。同时，边缘计算平台也应能独立于云平台之外运行，在数据源近端提供计算服务。

面向物联网的边缘计算开源平台，主要考虑设备接入多样性的问题。这些平台部署在网关、路由器和交换机等边缘设备上，解决在开发和部署物联网应用过程中出现的问题，这些平台的代表是 Linux 基金会发布的 EdgeX Foundry（以下简称 EdgeX）和 Apache 软件基金会发布的 Edgent。EdgeX 用于大规模监测控制物联网设备，满足物联网应用的需求，应用领域主要在工业物联网以及其他需要接入多种传感器和设备的场景；Edgent 应用可部署于运行 Java 虚拟机的边缘设备中，实时分析来自传感器和设备的数据，主要应用领域是物联网，此外还可以应用于分析日志、文本等类型的数据。

（二）EdgeX 物联网边缘计算开源平台

EdgeX 是一个开源的边缘计算物联网软件框架项目。该项目利用众多微服务模块搭建出与硬件和操作系统完全无关的互操作框架，为各种传感设备、执行设备和其他物联网器件提供即插即用的组件生态系统，使任何人都可以轻松地开发物联网边缘应用程序，加速了物联网方案的部署。EdgeX 能管理和监控设备，它通过设备服务与设备和传感器对接，根据设备协议向设备发送命令，获取设备的实时数据并发送到核心数据服务；同时设备服务接收命令服务下发的命令，根据命令向协议解析驱动程序发送控制命令，然后驱动根据设备协议向设备发送控制命令，如图 6-1 所示。

1. EdgeX 的特点

EdgeX 为快速发展的物联网解决方案提供商提供了可互操作组件的生态系统，其主要特点如下。

（1）提供一个灵活的微服务架构，能够支持任何异构组件的组合。

（2）与硬件无关，与操作系统无关，与应用环境无关。

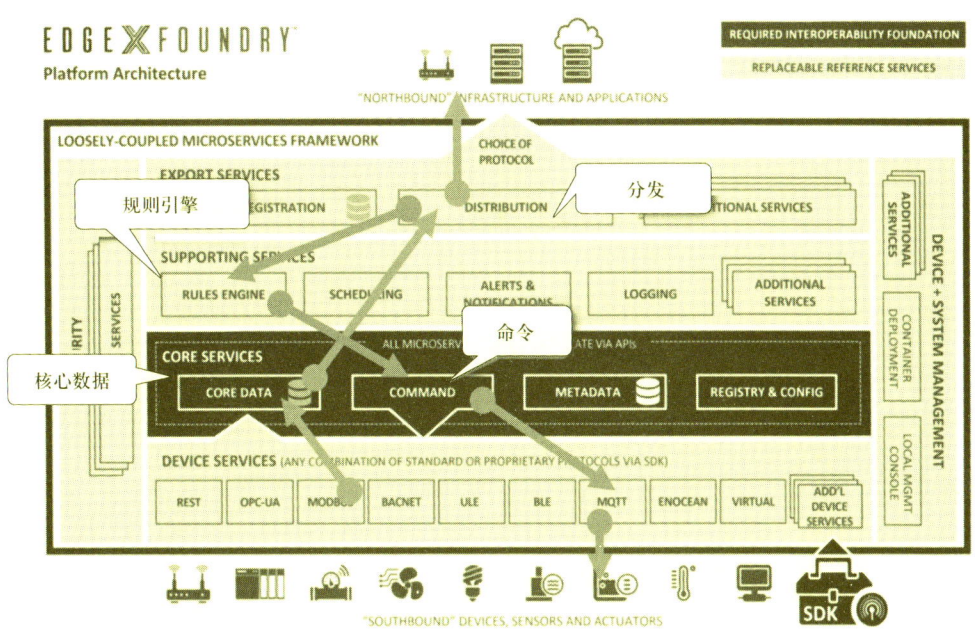

图 6-1 EdgeX 数据流向图

（3）允许服务根据设备能力和用例向上或向下伸缩。

（4）用一个通用的 API 规范不同协议设备间的通信。

（5）可以把参考架构的微服务（规则引擎、数据库等），快速替换为开源或私有的软件。

（6）提供工业级的安全管理，可扩展性高。

（7）支持微服务的即插即用。

2. EdgeX 的基本组成

EdgeX 是开源微服务的集合，这些微服务主要包括四个服务和两个底层增强系统服务。

如图 6-2 所示，四个服务为应用服务（标号①处）、支持服务（标号②处）、核心服务（标号③处）、设备服务（标号④处）。两个底层增强系统服务为安全服务（标号⑤处）、管理服务（标号⑥处）。在 EdgeX 的架构中，除了中间的微服务部分外，还定义了北向（标号⑦处）和南向（标号⑧处）。

各层功能及定义如下。

（1）南向：有物理联网设备，以及与这些设备、传感器、执行器或者其他对象直接通信的网络边缘器件，统称为"南向"。EdgeX 通过设备服务来与设备和传感器对接，向上传递设备数据，向下发送控制设备的指令。

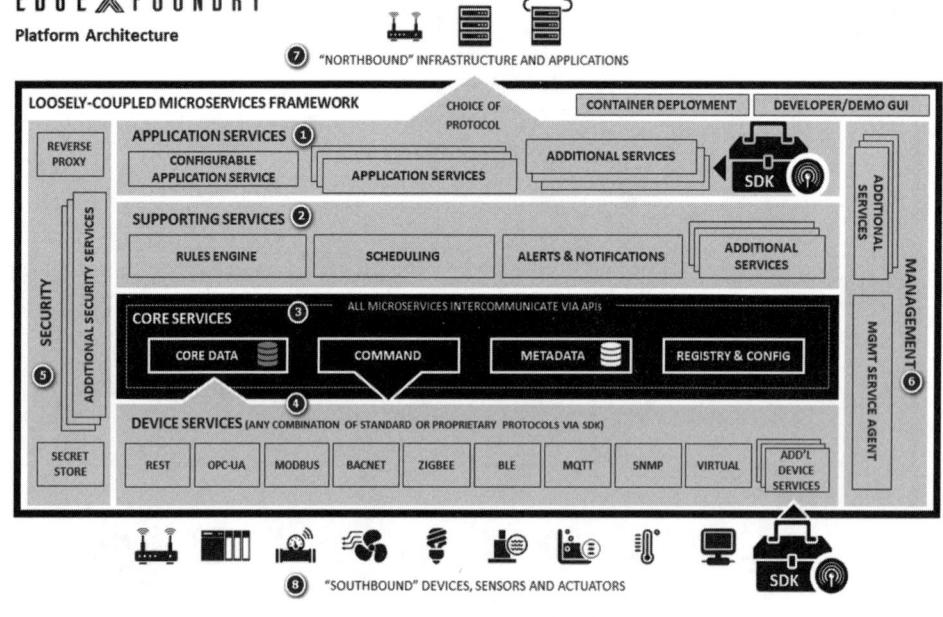

图 6-2 EdgeX 的架构组成

（2）北向：负责数据汇总、存储、聚合、分析和转换为决策信息的云平台，以及负责与云平台通信的网络部分，统称为"北向"。EdgeX 通过导出服务，从核心服务接收设备实时数据，经处理和转换后把数据发送到各种云平台。

（3）应用服务：EdgeX 可以长时间独立于云平台运行，无须连接到北向系统。当需要把边缘数据和智能分析输送到云平台时，应用服务负责上传数据到云端或第三方信息系统，以及接收控制命令并转发给核心服务。

（4）支持服务：涵盖大量的微服务，负责日志记录、任务调度、数据清理、规则引擎和告警通知等。

（5）核心服务：核心服务在 EdgeX 的南北两侧作为中介，是 EdgeX 功能的核心，负责本地存储分析和转发数据以及下发控制命令。

（6）设备服务：负责与边缘设备进行交互，负责采集数据及控制设备功能。

（7）安全服务：EdgeX 内部和外部的安全部件，负责保证由 EdgeX 管理的设备、传感器和其他 IoT 对象的数据和控制命令的安全。

（8）管理服务：提供安装、升级、启动、停止和监控 EdgeX 微服务、BIOS 固件、操作系统和其他网关软件等功能。

二、在 CentOS 7 上安装与卸载 EdgeX

EdgeX 的安装使用 docker-compose 方式，安装 EdgeX 所需要的容器在一个 docker-compose 文件中描述。安装 EdgeX 的过程是先下载它的 docker-compose 压缩文件并解压缩，然后修改 docker-compose 的参数，最后使用 docker-compose 命令安装。EdgeX 发布的版本都有一个代号，下面使用发布于 2020 年 5 月的 Geneva 1.20 版本来讲解 EdgeX 的安装与卸载过程。

（一）安装 EdgeX

安装 EdgeX，请遵循以下操作步骤。

第一步：检查安装环境。基于 Docker Compose 安装 EdgeX 时，需要先查看 Docker Compose 的版本，要求版本为 Docker Compose 1.27.0+。

第二步：拉取 EdgeX 镜像。使用 git clone 命令获取部署 EdgeX 需要的 docker-compose.yml 文件，并切换进对应的目录进行 EdgeX 镜像的拉取，操作过程如下：

```
# 获取 EdgeX 的 docker-compose.yml 文件
[root@pkr ~]# git clone https://github.com/edgexfoundry/developer-scripts.git
# 切换目录
[root@pkr ~]# cd developer-scripts/releases/geneva/compose-files
# 备份文件
[root@pkr compose-files]# cp docker-compose-geneva-mongo-no-secty.yml docker-compose.yml
# 拉取 EdgeX 镜像
[root@pkr compose-files]# docker-compose -f docker-compose-geneva-mongo-no-secty.yml pull
```

第三步：修改 docker-compose.yml 配置文件，配置设备管理平台页面的相关信息。在 developer-scripts/releases/geneva/compose-files 路径下编辑 docker-compose.yml 文件，在 docker-compose.yml 文件中发现 EdgeX 微服务的 IP 地址为 127.0.0.1，这会导致浏览器

无法访问各个微服务,需要将 Consul(Consul 是一个用来实现分布式系统的服务发现与配置的开源工具)部分中的 127.0.0.1 的 IP 地址修改为 0.0.0.0,表示任意 IP 地址都可以访问。将地址修改为 0.0.0.0 后,不管 EdgeX 部署在哪台主机上,该主机的 IP 地址就成为访问 EdgeX 的地址。除了修改 IP,EdgeX 还提供了设备管理平台页面 EdgeX-UI,但是需要在 docker-compose.yml 配置文件中增加 ui 节点部分的代码,设置通过 4000 端口访问 EdgeX-UI 界面,如图 6-3 所示。

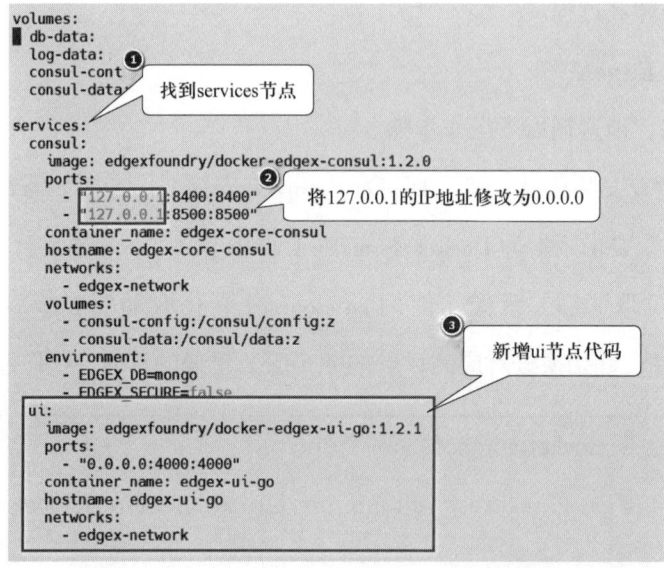

图 6-3 修改 docker-compose.yml 配置文件

增加的 ui 节点部分的代码如下:

```
ui:
  image: edgexfoundry/docker-edgex-ui-go: 1.2.1
  ports:
    - "0.0.0.0: 4000: 4000"
  container_name: edgex-ui-go
  hostname: edgex-ui-go
  networks:
    - edgex-network
```

第四步：启动 EdgeX 系统。使用 docker-compose up 命令启动 EdgeX，操作过程如下：

```
[root@pkr compose-files]# docker-compose up -d
Creating network "compose-files_edgex-network" with driver "bridge"
Creating volume "compose-files_db-data" with default driver
Creating volume "compose-files_log-data" with default driver
Creating volume "compose-files_consul-config" with default driver
Creating volume "compose-files_consul-data" with default driver
Digest:
sha256: 3ec0f14816d5fb9d80666528479deee65c3a985a4a1c1cc72efab8ace39df0bb
Status: Downloaded newer image for edgexfoundry/docker-device-mqtt-go: 1.2.1
Creating edgex-ui-go            ... done
Creating edgex-core-consul ... done
Creating edgex-mongo            ... done
Creating edgex-support-scheduler        ... done
Creating edgex-support-notifications ... done
Creating edgex-core-metadata         ... done
Creating edgex-core-command                  ... done
Creating edgex-core-data             ... done
Creating edgex-device-virtual              ... done
Creating edgex-app-service-configurable-rules ... done
Creating edgex-sys-mgmt-agent              ... done
Creating edgex-device-rest              ... done
Creating edgex-device-mqtt              ... done
Creating edgex-kuiper                   ... done
```

第五步：查看 EdgeX 服务。使用命令 docker-compose ps 查看 EdgeX 服务，确保服务已经是启动成功的状态，如图 6-4 所示。

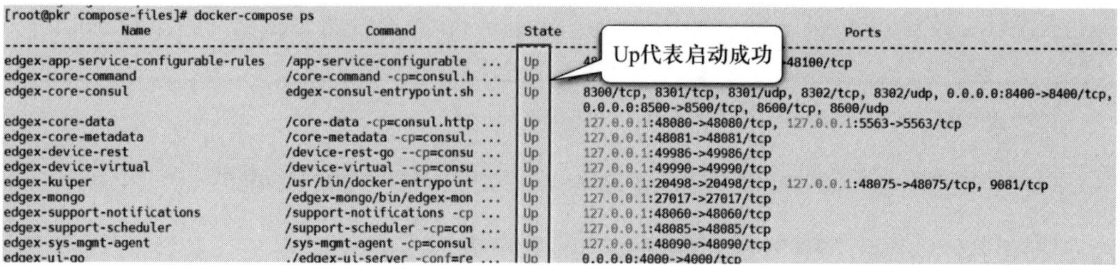

图 6-4 查看 EdgeX 服务状态

EdgeX 服务成功启动后，通过浏览器访问 EdgeX-UI 的地址是：http：// EdgeX 服务器的 IP：4000。首次访问时，输入用户名和密码都是"admin"，然后单击"Create User"进行登录账号的创建，如图 6-5 所示。

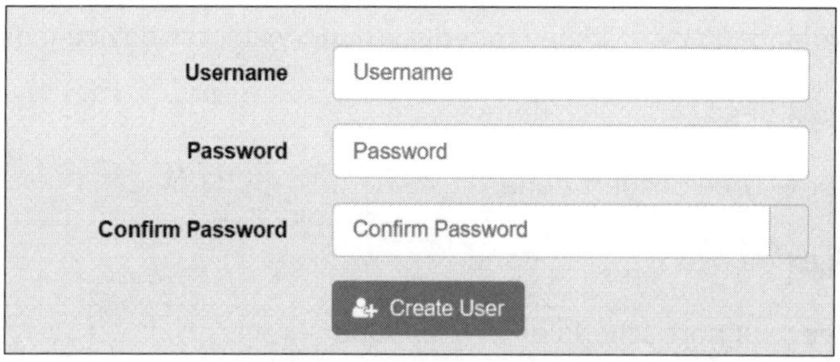

图 6-5 创建用户页面

创建好用户后，可以用新创建的 admin 用户登录到设备管理页面。

（二）卸载 EdgeX

卸载 EdgeX，请遵循以下操作步骤。

第一步：停止 EdgeX。使用命令 docker-compose stop 停止 EdgeX，操作过程如下：

```
[root@pkr compose-files]# docker-compose stop
Stopping edgex-kuiper                              ... done
Stopping edgex-sys-mgmt-agent                      ... done
Stopping edgex-device-rest                         ... done
Stopping edgex-app-service-configurable-rules      ... done
Stopping edgex-device-virtual                      ... done
```

Stopping edgex-core-data	... done
Stopping edgex-core-command	... done
Stopping edgex-core-metadata	... done
Stopping edgex-support-notifications	... done
Stopping edgex-support-scheduler	... done
Stopping edgex-core-consul	... done
Stopping edgex-mongo	... done
Stopping edgex-ui-go	... done

第二步：卸载 EdgeX 服务镜像。停止运行 EdgeX 后，使用命令 docker-compose down 卸载 EdgeX 服务镜像。操作过程如下：

```
[root@pkr compose-files]# docker-compose down
Removing edgex-kuiper                                       ... done
Removing edgex-sys-mgmt-agent                               ... done
Removing edgex-device-rest                                  ... done
Removing edgex-app-service-configurable-rules ... done
Removing edgex-device-virtual                               ... done
Removing edgex-core-data                                    ... done
Removing edgex-core-command                                 ... done
Removing edgex-core-metadata                                ... done
Removing edgex-support-notifications                        ... done
Removing edgex-support-scheduler                            ... done
Removing edgex-core-consul                                  ... done
Removing edgex-mongo                                        ... done
Removing edgex-ui-go                                        ... done
Removing network compose-files_edgex-network
```

```
# 查看镜像文件是否已经删除
[root@pkr compose-files]# docker-compose images
Container    Repository    Tag    Image Id    Size
[root@pkr compose-files]#
```

第二节　访问 EdgeX 中的数据库

在 EdgeX 中可以选择使用 MongoDB 或者 Redis 数据库。本节主要讲解 EdgeX 中不同数据库的访问方式。

考核知识点及能力要求：

- 了解 MongoDB 数据库的相关概念；
- 了解 MongoDB 数据库的基本组成；
- 能配置 EdgeX 中的 MongoDB 数据库相关信息；
- 能连接和查看 EdgeX 中的 MongoDB 数据库；
- 了解 EdgeX 中的 Redis 数据库。

一、访问 EdgeX 中的 MongoDB 数据库

Geneva 版本的 EdgeX 在默认的部署安装时自带安装了 MongoDB 数据库，修改相关的配置信息后，可以连接和访问 EdgeX 中的数据库。

（一）MongoDB 的特点

MongoDB 是一个基于分布式文件存储的开源文档型数据库系统，在高负载的情况

下，它可以通过添加更多节点来保证服务器性能。MongoDB 是为 Web 应用提供可扩展的高性能数据存储的解决方案。

MongoDB 的主要特点如下。

（1）MongoDB 是文件型存储，操作简单。

（2）可以在 MongoDB 记录中设置任何属性的索引来实现更快排序。

（3）可以通过本地或者网络创建数据镜像。

（4）MongoDB 支持丰富的查询表达式，查询指令使用 JSON 形式的标记，可轻松查询文档中内嵌的对象及数组。

（5）MongoDB 允许在服务端执行脚本。

（6）MongoDB 支持多种编程语言。

（二）MongoDB 的基本组成

MongoDB 的基本组成有文档、集合和数据库。MongoDB 将数据存储为一个个文档，多个文档组成集合，存放在数据库中。

文档中的内容是 JSON 格式的 key-value 键值对，示例代码如下：

```
{"site": "www.xxx.com", "num": 5}
```

集合就是 MongoDB 中的文档组，类似于关系数据库管理系统（Relational Database Management System，RDBMS）中的表格。集合存在于数据库中，没有固定的结构，这意味着可以向集合中插入不同格式和类型的数据，但通常情况下插入集合的数据都会有一定的关联性。将不同数据结构的文档插入集合中的示例代码如下：

```
{"site": "www.baidu.com"}
{"site": "www.google.com", "name": "Google"}
{"site": "www.xxx.com", "name": "MongoDB 文档 ", "num": 5}
```

MongoDB 的单个实例可以容纳多个独立的数据库，每一个数据库都有自己的集合和权限，不同的数据库放置在不同的文件中，默认的数据库名为"db"，该数据库存储在 data 目录中。

(三)获取访问 MongoDB 数据库的信息

MongoDB 数据库中的数据,可以使用 MongoDB Robo 3T 开源数据库客户端进行访问。访问之前要设置 MongoDB 的访问 IP 和密码。MongoDB 的访问 IP 在 docker-compose.yml 文件中的 mongo 节点处,默认设置为 127.0.0.1,也需要改成 0.0.0.0。用 vi 打开 developer-scripts/releases/geneva/compose-files 路径下的 docker-compose.yml 文件,修改 mongo 节点处对应的 IP 地址,如图 6-6 所示。

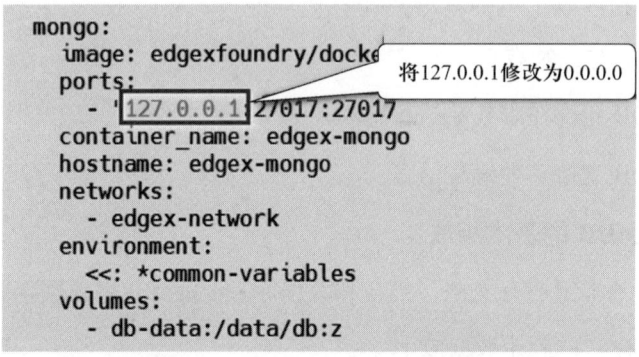

图 6-6 修改 MongoDB 的访问 IP

EdgeX 中各个 MongoDB 数据库的名称和对应的用户名/密码信息存放在 docker-edgex-mongo 目录下的 configuration.toml 文件中,docker-edgex-mongo 文件需要从 Git 拉取。拉取成功并切换到 docker-edgex-mongo/cmd/res/docker 目录下即可查看到 configuration.toml 文件,操作如下:

```
# 从 Git 获取 docker-edgex-mongo 文件
[root@pkr ~]# git clone https://github.com/edgexfoundry/docker-edgex-mongo.git
# 切换目录
[root@pkr ~]#cd docker-edgex-mongo/cmd/res/docker
# 查看文件
[root@pkr docker]# vi configuration.toml
```

configuration.toml 文件中的内容为:

```
[Databases]
    [Databases.authorization]
        Username="admin"
        Password="password"
    [Databases.admin]
        Username="admin"
        Password="password"
    [Databases.metadata]
        Username="meta"
        Password="password"
    [Databases.coredata]
        Username="core"
        Password="password"
    [Databases.rulesengine]
        Username="rulesengine"
        Password="password"
    [Databases.notifications]
        Username="notifications"
        Password="password"
    [Databases.scheduler]
        Username="scheduler"
        Password="password"
    [Databases.logging]
        Username="logging"
        Password="password"
    [Databases.application-service]
```

```
Username="appservice"
Password="password"
```

（四）使用 Robo 3T 开源数据库客户端

Robo 3T 开源数据库客户端可以用来访问 MongoDB，可以到官网进行 Robo 3T 的下载。下载成功后，打开 Robo 3T 客户端，参考 configuration.toml 文件中的数据库相关信息，输入要访问的 EdgeX 地址、要访问的数据库名称、账户、密码等信息，如图 6-7 所示。

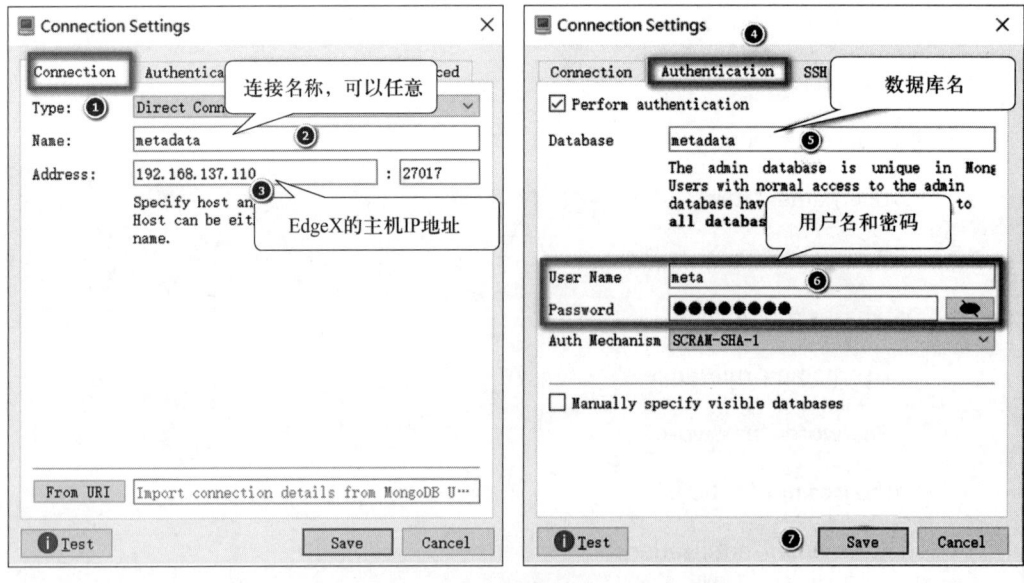

图 6-7　配置 Robo 3T 连接 MongoDB 的信息

Robo 3T 客户端与 EdgeX 中的 MongoDB 建立连接之后，就可以查看需要的信息，如图 6-8 所示。

二、了解 EdgeX 中的 Redis 数据库

在 EdgeX 中可以选择使用 MongoDB 或者 Redis 数据库。从 EdgeX Geneva 版本开始，Redis 数据库是默认数据库。在物联网边缘计算的复杂环境中，应用程序不可避免地需要多个数据模型：内存数据库负责存储采集的实时设备数据；待发送到云端的数

图 6-8 使用 Robo 3T 客户端查看数据

据存储到时间序列数据库中；边缘侧需要对历史数据进行聚合分析；采集的数据需要转发给一个或多个消费者进行处理；边缘侧需要人工智能学习能力来支持视频流分析、图像识别、故障诊断等低延迟响应业务等。由于边缘计算需要存取多种数据模型，但是计算资源受限，因此，需要有一种能支持多数据模型的数据库，它运行时占用空间小，并且能在性能受限的边缘计算节点上运行。

远程字典服务器（Remote Dictionary Server, Redis）是一个可以远程存放字典类型的内存数据库。基于 Redis 的架构设计特点，在完成 key-value 键值对数据的同时，它可以开发新的数据结构和模块。Redis 可以作为文档数据库、图数据库、搜索引擎和时间序列数据库使用。虽然 Redis 的多模型数据库功能肯定没有专门的文档数据库 MongoDB、专门的时间序列数据库 InfluxDB、专门的图数据库 Neo4J 那么强大，但是，在边缘计算这种应用场景，Redis 只需要添加边缘计算所需的数据结构和模块，就可以具备边缘计算所需的功能，能够满足物联网边缘计算的苛刻条件，从而极大简化了系统架构和部署复杂度。

RedisEdge 是一个专用的数据库，专为物联网边缘计算而打造。RedisEdge 中集成了内存数据库、时序数据库和流数据结构模块，能存储多种数据模型，符合物联网边缘计算的要求。RedisEdge 能够每秒引入数百万次写入，且延迟为 1 ms，占用空间小于 5 MB。在 EdgeX 中，RedisEdge 运行在核心服务层，作为内存数据库、时间序列数据库、元数据存储和配置文件存储；在导出服务层，RedisEdge 作为导出客户端注册信息的数据库。

思考题

1. 简述边缘计算系统的分类。

2. 常见的物联网边缘计算平台有哪些？

3. 简述 EdgeX 物联网边缘计算平台的特点。

4. 简述 EdgeX 物联网边缘计算平台的基本组成。

5. 简述 EdgeX 物联网边缘计算平台的部署过程。

6. 简述 MongoDB 的基本组成。

7. 如何通过客户端查看 EdgeX 中的数据？

8. 简述物联网边缘计算数据库的特点。

第七章
物联网设备接入开发

设备接入是物联网边缘计算系统的一个重要功能模块，主要是将设备通过边缘网关与物联网边缘计算系统进行连接，并进行数据上报、透传和下发指令控制设备等过程。目前边缘网关支持多种接入协议类型，如 Modbus、MQTT、TCP、TCP 透传、HTTP 等，通信网络可以是常见的 3G/4G/5G、Wi-Fi、以太网等。

- **职业功能：** 物联网边缘计算系统应用开发。
- **工作内容：** 物联网设备接入开发。
- **专业能力要求：** 能运用有线通信协议进行有线设备接入配置与开发；能运用无线通信协议进行无线设备接入配置与开发。
- **相关知识要求：** 有线通信协议知识、无线通信协议知识。

第一节　Modbus 设备接入

Modbus 是一种串行通信协议，目前已成为工业领域通信协议的业界标准，是工业电子设备之间相当常用的连接方式。通过 Modbus 协议，控制器与控制器之间、控制器与设备之间可以进行通信，不同厂商生产的控制设备也可以连成工业网络，进行集中监控。本节主要讲解如何将 Modbus 协议的设备接入 EdgeX 中。

考核知识点及能力要求：

- 了解 Modbus 从机设备的配置；
- 能配置 EdgeX 接入 Modbus 协议的设备；
- 能解决接入 Modbus 协议设备过程中出现的问题。

一、Modbus 从机设备模拟器的配置

Modbus 一般是工作在一主多从的场景，它必须遵循主从模式。主从模式原则是整个系统只能有一个主机，每一个从机都必须有一个唯一的地址。这里使用 ModbusPal 充当 Modbus 从机，连接到 EdgeX，来讲解 Modbus 设备接入 EdgeX 的过程。

（一）**ModbusPal 介绍**

ModbusPal 是一个运行在 PC 上的 Modbus 设备模拟器，能模拟一个具有许多从机寄存器值的真实环境，ModbusPal 中的内容都可以通过脚本进行自定义和控制。

（二）**ModbusPal 的配置**

ModbusPal 软件可以从官网下载。下载后打开程序，单击"Add"按钮，添加从机

地址"1",单击"Run"按钮运行,如图 7-1 所示。

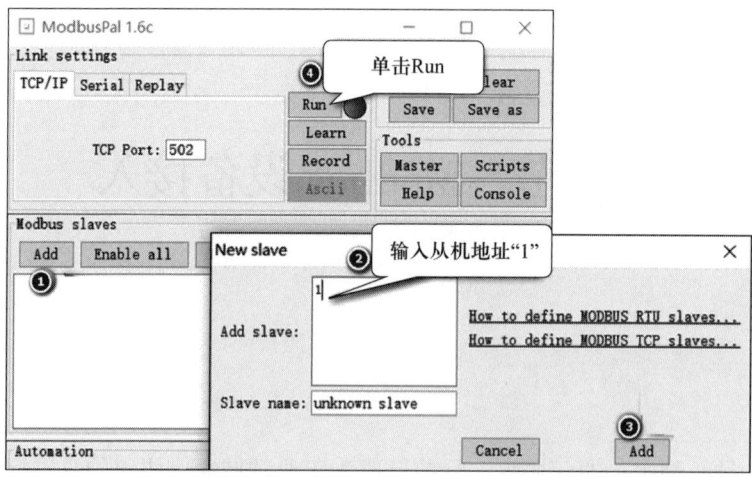

图 7-1 启动配置 ModbusPal 的软件

二、连接 Modbus 设备

经过上一步的设置后,ModbusPal 软件相当于是一个从机地址为"1"的 Modbus 协议设备,接下来讲解如何将这个 Modbus 协议设备接入 EdgeX 中。

(一)启用 Edgex 中的 Modbus 连接器

用 nano 或 vi 打开 developer-scripts/releases/geneva/compose-files 路径下的 docker-compose.yml 文件,找到 device-modbus 部分的注释,删除前面的"#",代表要开启 Modbus 协议设备的连接,将 IP 地址 127.0.0.1 修改为 0.0.0.0,如图 7-2 所示。

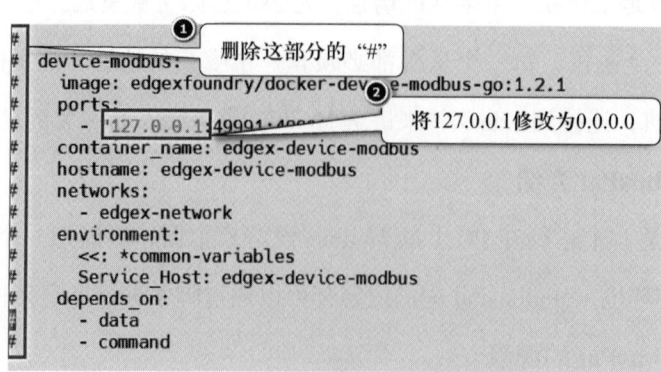

图 7-2 启用 Modbus 连接器

修改完 docker-compose.yml 文件后，启动 EdgeX 的容器，命令如下：

[root@pkr ~]#docker-compose up -d

（二）添加 Modbus 设备信息

在 EdgeX 上添加 Modbus 设备，请遵循以下操作步骤。

第一步：登录 EdgeX 提供的设备管理平台，地址是 http：//EdgeX 服务器 IP：4000，用户名和密码都是 admin。

第二步：上传 device.profile 配置文件。在登录成功后出现的 EdgeX 控制台界面中，在 DeviceService 的 DeviceProfile 项，单击"+"上传 device.profile 配置文件，文件名为 modbus.device.profile.yml。操作步骤如图 7-3 所示。

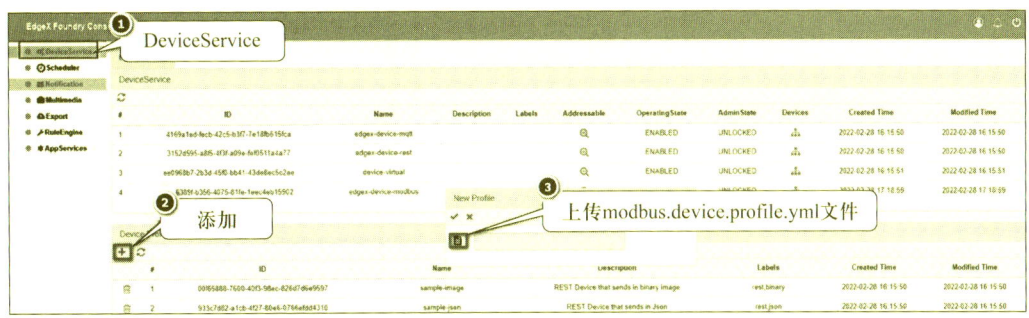

图 7-3　添加 Modbus 设备的 DeviceProfile 文件

第三步：填写设备信息。在 DeviceService 中名称为"edgex-device-modbus"那一行，单击 Devices 进行设备信息的填写，如图 7-4、图 7-5 所示。

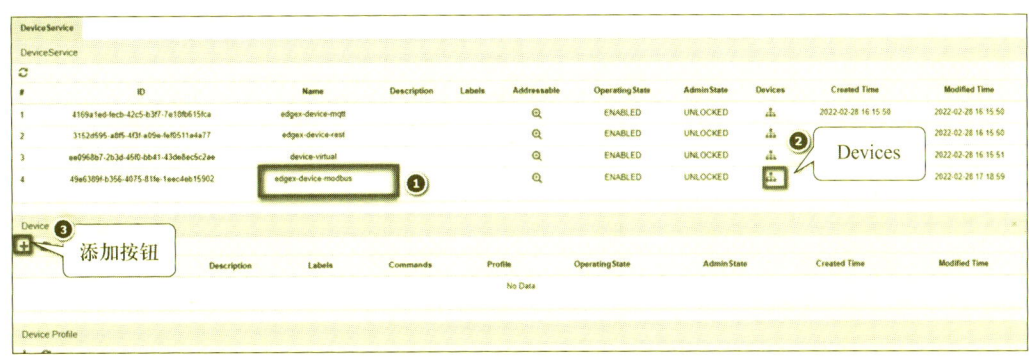

图 7-4　添加设备配置

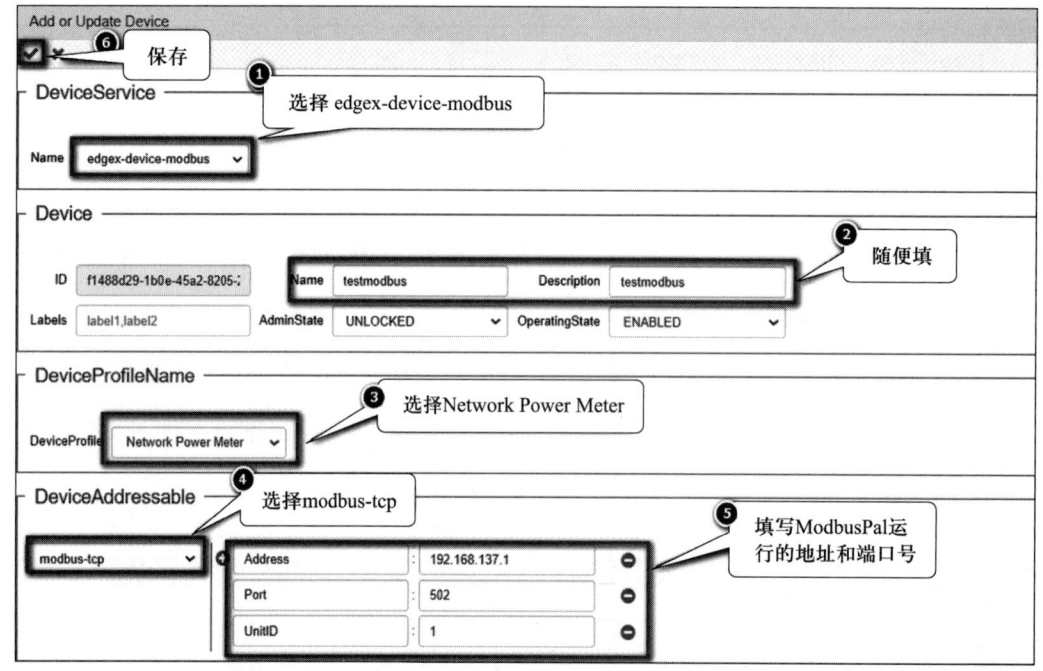

图 7-5　填写设备信息

（三）测试 Modbus 设备的连接

单击新添加的设备 test（按前面的步骤添加 Modbus 设备信息后，该设备名称为 test），单击 commands 下的">..."，在弹出的窗口中单击"send"按钮发送消息测试，如果返回 JSON 格式的数据则说明从机地址为"1"的 Modbus 设备已成功连接 EdgeX，如图 7-6 所示。

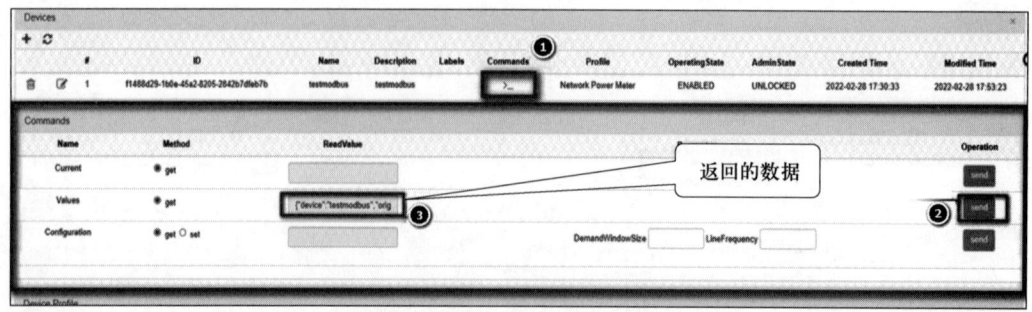

图 7-6　测试 Modbus 设备的连接

第二节　MQTT 设备接入

我们已经学习过如何将 MQTT 协议的设备接入物联网平台，并上传了 MQTT 协议的遥测数据。EdgeX 也支持 MQTT 协议的设备接入，本节介绍如何将 MQTT 协议的设备接入 EdgeX 中。

考核知识点及能力要求：

- 能配置 EdgeX 接入 MQTT 协议的设备；
- 能解决接入 MQTT 协议设备过程中出现的问题。

一、部署 Mosquitto 作为 MQTT 服务端

实现 MQTT 协议的通信需要有客户端和服务器端，这里使用 Mosquitto 作为 MQTT 的服务器端，也就是 MQTT Broker，EdgeX 从 Mosquitto 订阅消息以及发布控制指令给 Mosquitto。

（一）Mosquitto 介绍

Mosquitto 是一个开源的消息中间件，在 MQTT 通信的环境中，它充当 MQTT Broker 的角色，实现了 MQTT 协议版本 3.1 和 3.1.1，目前版本 3.1.1 已经成为国际标准，适用于从低功耗单板计算机到完整服务器的所有设备。

（二）拉取和运行 Mosquitto

拉取 Mosquitto 最新版镜像文件的命令如下：

```
[root@pkr ~]#docker pull eclipse-mosquitto: latest
```

运行 eclipse-mosquitto 镜像的命令如下：

```
[root@pkr ~]# docker run -d -it -p 1883: 1883 eclipse-mosquitto mosquitto -c /mosquitto-no-auth.conf
```

二、连接 MQTT 设备

在 EdgeX 中接入 MQTT 协议的设备，需要启用 EdgeX 中的 MQTT 连接器，添加 MQTT 设备。当 EdgeX 接入 MQTT 协议的设备时，此时的 EdgeX 等同于一个 MQTT 客户端，需要配置连接的 MQTT Broker。

（一）启用 EdgeX 中的 MQTT 连接器

用 nano 或 vi 打开 developer-scripts/releases/geneva/compose-files 路径下的 docker-compose.yml 文件，找到 device-mqtt 部分的注释，删除前面的 "#"，代表要开启 MQTT 协议设备的连接。

（二）配置 EdgeX 连接 MQTT Broker 服务器

配置 EdgeX 要连接到哪个 MQTT Broker 服务器，请遵循以下操作步骤。

第一步：启动 EdgeX 容器。命令如下：

```
[root@pkr compose-files]#docker-compose up -d
```

第二步：配置 EdgeX 要连接的 MQTT Broker。打开浏览器，访问 http：// 对应服务器 IP：8500，这是 EdgeX 微服务管理界面，在 "Key/Value ＜ edgex ＜ devices ＜ 1.0 ＜ edgex-device-mqtt ＜ Drive" 页面的搜索框中输入 "Hos"，在搜索到的结果中会出现 "IncomingHost" 和 "ResponseHost" 两项，分别单击这两项右侧的 "…"，修改为 MQTT Broker 的 IP 地址，也就是运行 Mosquitto 的主机 IP 地址，修改完后保存退出，如图 7-7 所示。

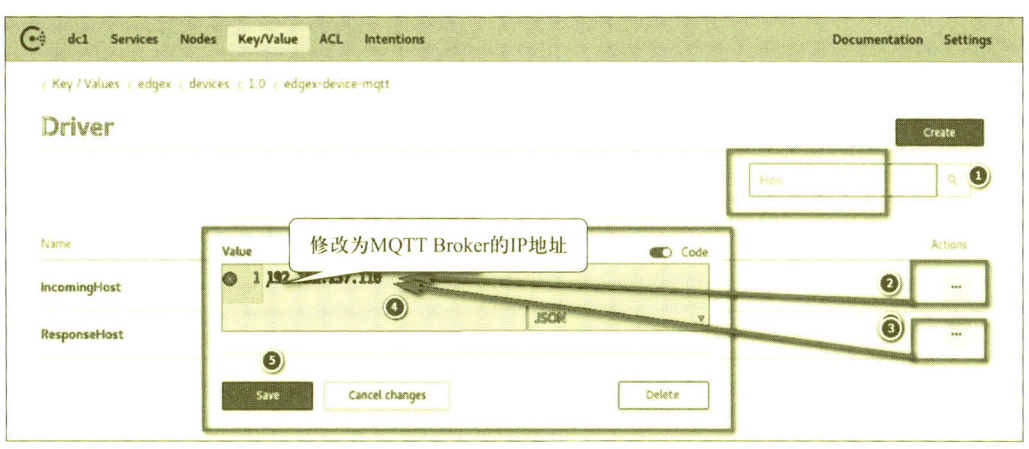

图 7-7 修改主机地址

第三步：重启 EdgeX 中的 MQTT 连接器。命令如下：

[root@pkr compose-files]#docker restart edgex-device-mqtt

（三）添加 MQTT 设备信息

在 EdgeX 上添加 MQTT 设备，应遵循以下操作步骤。

第一步：登录 EdgeX 提供的设备管理平台页面，地址是 http://EdgeX 服务器 IP：4000，用户名和密码都是 admin。

第二步：上传 device.profile 配置文件。参考图 7-3，上传文件名为 mqtt.test.device.profile.yml 的文件。

第三步：填写设备信息。在 DeviceService 一栏选择 edgex-device-mqtt，单击 Devices 进行设备信息的填写，如图 7-8、图 7-9 所示。

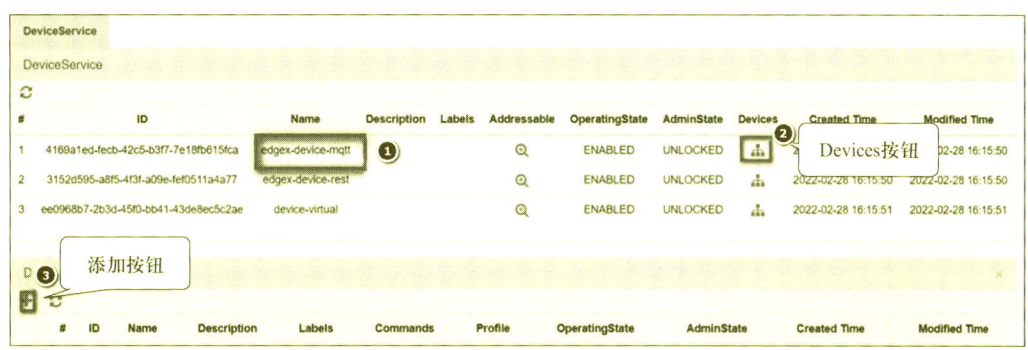

图 7-8 添加设备配置

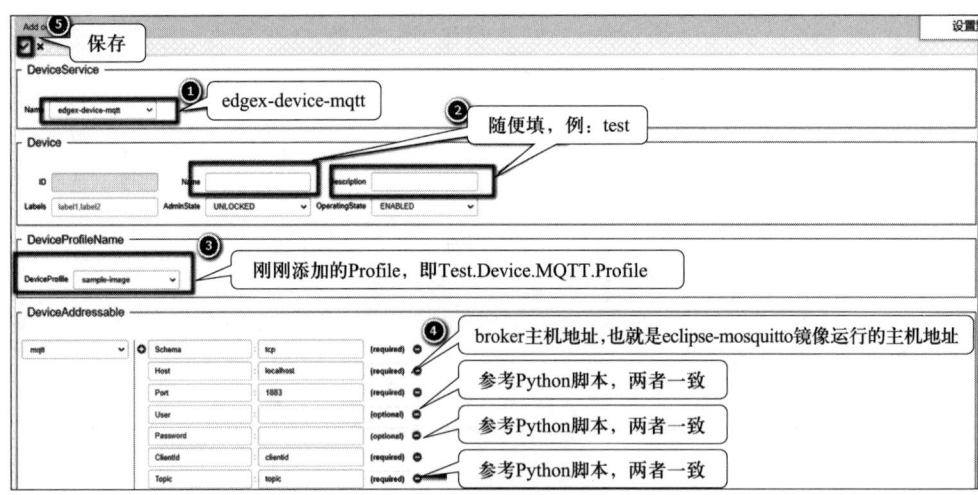

图 7-9 填写设备信息

三、启动 MQTT 客户端进行数据测试

这里使用一个 py 脚本模拟一个 MQTT 的客户端向 Mosquitto 发布消息。

（一）安装 pip

pip 是 Python 包管理工具，该工具提供了对 Python 包的查找、下载、安装、卸载的功能。pip 是一个命令行程序，安装 pip 后，会向系统添加一个 pip 命令，该命令可以从命令提示符运行。

从 Python 2 版本的 Python 2.7.9 版本，以及 Python 3 版本的 Python 3.4 版本开始，官网的安装包中已经自带了 pip，在安装时用户可以直接选择安装；如果没有在安装的时候选择安装 pip，可以从官网下载 get-pip.py，然后直接运行 python2 get-pip.py 即可；也可以从本地安装，这里可以把教材配套资源中的 get-pip.py 上传到 CentOS 7 中，使用下述指令安装 pip：

```
[root@pkr ~]#python2 get-pip.py
```

（二）使用 py 脚本模拟 MQTT 客户端

py 脚本的下载命令如下：

```
[root@pkr ~]# git clone https://github.com/SHILIANG17671467654/mock-device-driver.git
```

打开 mock-device-driver 目录下的 mock-device-for-mqtt.py 文件，修改对应的 MQTT Broker 的 IP 地址，如图 7-10 所示。

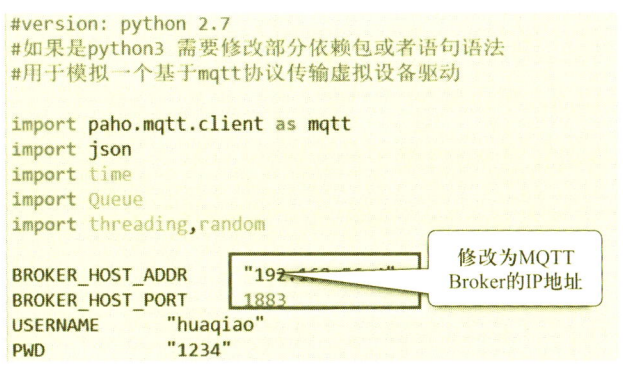

图 7-10　修改 py 脚本配置信息

运行脚本以启动 MQTT 客户端：

[root@pkr ~]#python2 mock-device-for-mqtt.py

（三）测试 MQTT 连接

单击新添加的设备 test（按前面的步骤添加 MQTT 设备信息后，该设备的名称为 test），单击 commands 下的 ">..."，在弹出来的窗口中单击 send 按钮发送消息测试，如果返回 JSON 数据说明部署成功，如图 7-11 所示。

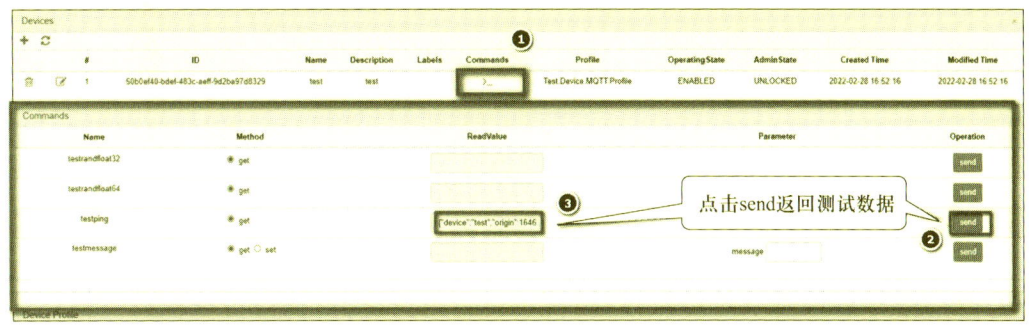

图 7-11　测试 MQTT 连接

到目前为止，本章已经实现了将 Modbus 协议和 MQTT 协议的设备连接到 EdgeX 边缘网关上，更多的设备连接方式读者可自行查阅官方文档。

思考题

1. Modbus 主要应用在哪些场景？

2. MQTT 主要应用在哪些场景？

3. 简述 Modbus 协议和 MQTT 协议的区别。

4. 边缘网关如何接入 Modbus 协议和 MQTT 协议的设备？

第八章
第三方平台接入应用

随着物联网的发展，连接云的设备种类和数量越来越多，对众多的设备进行统一管控和对设备产生的海量数据进行处理是无法回避的难题。第三方平台使用 EdgeX Foundry 通用的设备管理能力，打通云边端，形成云边端一体化，中间起到承上启下的作用，上可连接到中心云，下可管控设备。

- **职业功能：** 物联网第三方平台的使用。
- **工作内容：** 物联网第三方平台的部署接入。
- **专业能力要求：** 能采用第三方平台提供的标准消息协议接口进行连接；能采用第三方平台提供的自定义接口进行连接。
- **相关知识要求：** MQTT 接口方法、自定义接口方法。

第一节　对接第三方消息平台

EdgeX 在南向接入各种不同类型协议的设备并采集数据之后，在北向统一采用 MQTT 协议向云端导出数据。本节主要介绍通过配置 EdgeX 中的 app-service-mqtt 微服务，将数据推送到 EMQX 中，实现对接第三方消息平台。

考核知识点及能力要求：

- 能部署 EMQX 服务器；
- 能配置 EdgeX 使用 MQTT 协议向云端导出数据；
- 能实现 EdgeX 对接 EMQX 第三方消息平台。

一、配置 EdgeX 中的 app-service-mqtt 微服务

EdgeX 中的 app-service-mqtt 微服务，默认并没有开启，需要修改 docker-compose.yml 文件进行添加，同时还要设置定时任务规则和启用任务，才能将消息推送到第三方平台。

（一）添加 app-service-mqtt 服务

用 vi 打开 developer-scripts/releases/geneva/compose-files 路径下的 docker-compose.yml 文件，在 rulesengine 服务之后添加 app-service-mqtt 微服务部分的代码，配置 EMQX 服务器的 IP 地址，端口号为 1883，Topic 名称自定义为 EdgeXEvents，如图 8-1 所示。

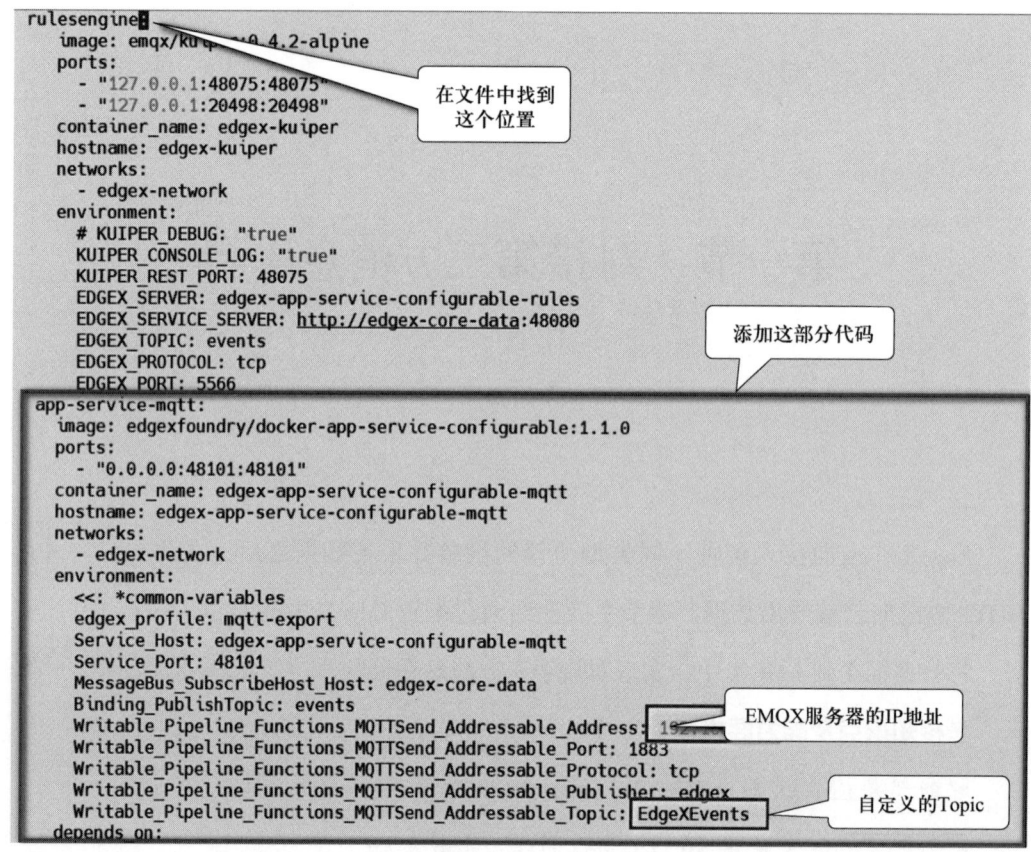

图 8-1 添加 app-service-mqtt 的信息

app-service-mqtt 部分代码如下：

```
app-service-mqtt:

  image: edgexfoundry/docker-app-service-configurable: 1.1.0

  ports:

    - "127.0.0.1: 48101: 48101"

  container_name: edgex-app-service-configurable-mqtt

  hostname: edgex-app-service-configurable-mqtt

  networks:

    - edgex-network
```

```
environment:
  <<: *common-variables
  edgex_profile: mqtt-export
  Service_Host: edgex-app-service-configurable-mqtt
  Service_Port: 48101
  MessageBus_SubscribeHost_Host: edgex-core-data
  Binding_PublishTopic: events
  Writable_Pipeline_Functions_MQTTSend_Addressable_Address: 改成您的 EMQX 服务器地址
  Writable_Pipeline_Functions_MQTTSend_Addressable_Port: 1883
  Writable_Pipeline_Functions_MQTTSend_Addressable_Protocol: tcp
  Writable_Pipeline_Functions_MQTTSend_Addressable_Publisher: edgex
  Writable_Pipeline_Functions_MQTTSend_Addressable_Topic: EdgeXEvents
depends_on:
  - consul
  - data
```

（二）设置和启动定时任务

除了添加 app-service-mqtt 服务，还需要设置定时服务，设置每隔多长时间推送消息给第三方消息平台，当 app-service-mqtt 服务开启后，会自动将消息推送到第三方消息平台。

1. 设置任务规则

使用 Postman 工具（一款非常流行的开发人员用来做接口调试的工具），通过 POST 请求方式设置任务规则（interval），访问地址为 http://EdgeX 服务器 IP：48085/api/v1/interval，需要上传的参数见表 8-1。

表 8-1　　　　　　　　　　　设置 interval 的参数

字段	说明
name	随便写
start	null
end	null
frequency	PT5S 标识时间间隔为 5 s

上传数据如下：

```
{
  "name": "for5s",
  "start": null,
  "end": null,
  "frequency": "PT5S"
}
```

在 Postman 工具上使用 POST 请求方式设置任务规则，如图 8-2 所示。

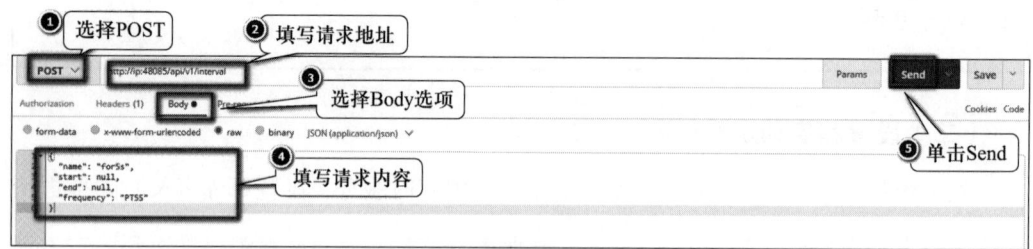

图 8-2　请求设置任务规则

2. 启用任务

使用 Postman 工具，通过 GET 请求方式获取设备 ID，获取设备 ID 的 URL 为 http://EdgeX 服务器 IP：48082/api/v1/devic，如图 8-3 所示。

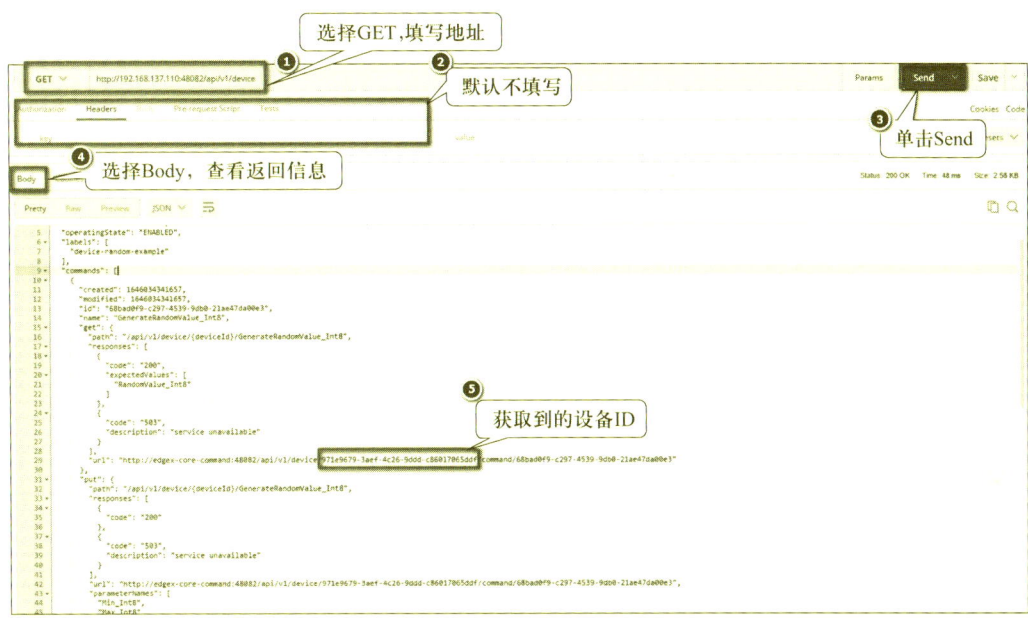

图 8-3 获取设备 ID

使用 Postman 工具,通过 POST 请求方式设置 interval action,需要上传的参数见表 8-2。

表 8-2　　　　　　　　　　设置 interval action 的参数

字段	说明
name	随便填
interval	填写 interval 名字（for5s）
target	设备服务名字,edgex-device-mqtt
protocol	http
httpMethod	GET
address	访问 edgex-device-mqtt 服务的 IP 地址
port	访问 edgex-device-mqtt 服务的端口号
path	/api/v1/device/{deviceId}/testping
parameters	null

207

访问地址为 http://EdgeX 服务器 IP:48085/api/v1/intervalaction，上传数据如下：

```
{
  "name":"scheduleevent-device-mqtt-01",
  "interval":"for5s",
  "target":"edgex-device-mqtt",
  "protocol":"http",
  "httpMethod":"GET",
  "address":"edgex 的 ip",   // 这里需要修改为 EdgeX 的 IP 地址
  "port":49982,
  "path":"/api/v1/device/设备 ID/testping",  // 替换成上一步获取到的设备 ID
  "parameters":null
}
```

使用 Postman 请求开启任务，注意请求内容的部分信息要按照真实情况进行替换，如图 8-4 所示。

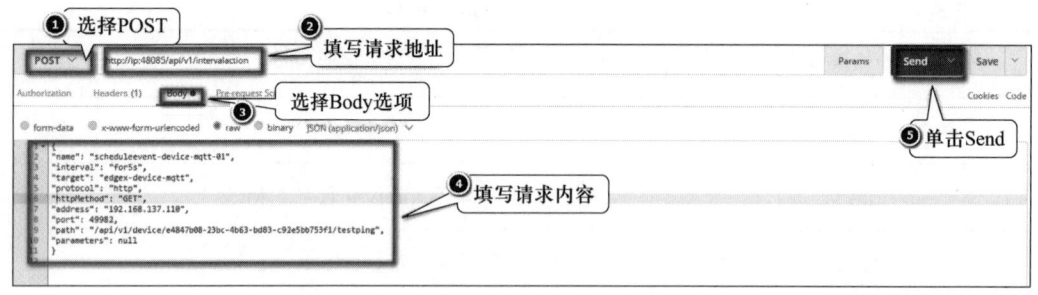

图 8-4　请求开启任务

二、MQTTBox 客户端订阅 EdgeX 推送过来的消息

配置好 EdgeX 的任务规则后，EdgeX 会按任务中设定的规则推送消息到 EMQX 中。参考第三章中 MQTTBox 客户端的使用方法，连接 EMQX 服务器，订阅在 app-service-mqtt 微服务部分定义好的主题"EdgeXEvents"，单击"Subscribe"按钮进行订阅，即可收到从 EdgeX 推送过来的消息，如图 8-5 所示。

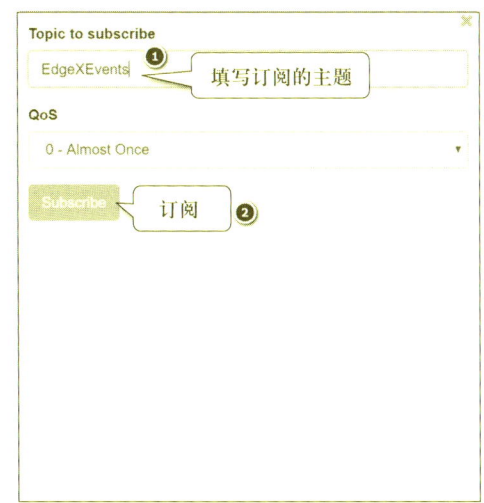 

图 8-5　MQTTBox 客户端获取到 EdgeX 定时推送过来的消息

第二节　自定义消息协议

常见的标准的应用层协议有 HTTP、FTP、MQTT 等，这些协议有自己固定的标准格式和用法，如果在通信过程中要使用自己规定的通信标准，就需要了解自定义消息协议的规则。

考核知识点及能力要求：

- 了解自定义消息协议的概念；
- 掌握自定义消息协议的组成。

一、自定义消息协议的概念

消息协议就是指通信双方对数据传送控制的一种约定。约定中包括对数据格式、同步方式、传送速度、传送步骤、纠错方式以及控制字符定义等问题做出统一规定，通信双方必须共同遵守，倘若一方不遵守便会直接导致数据不能被解析。消息协议可以理解为两个节点之间为了协同工作实现信息交换，协商一定的规则和约定，如规定字节序、各个字段类型等。最常见的可能是TCP（传输控制协议）/IP（网际协议）、UDP（用户数据报协议）等。

自定义消息协议实现需要用户自己设定数据发送的格式以及数据的封装形式，然后通过网络传输协议发送给对端，对端再根据自己定义好的协议对数据进行解析，从而得到想要的数据。

自定义消息协议的缺点如下：

（1）设计难度高，协议需要易扩展，最好能向后向前兼容；

（2）实现烦琐，需要自己实现序列化和反序列化。

自定义消息协议的优点如下：

（1）非知名协议，数据通信更安全，黑客如果要分析协议的漏洞就必须先破译通信协议；

（2）扩展性更好，可以根据业务需求和发展扩展自己的协议。

二、自定义消息协议的组成

自定义消息协议主要由以下几部分组成。

（1）包头包尾：数据的开始和结束的标记，解析时先解析头尾。

（2）命令域：设备或其他客户端发的消息会有不同的命令域，其实就是请求和应答模式中每一个请求都要有一个命令域，用以区分是哪个请求。

（3）数据长度域和数据域：保存数据的内容和长度，解析的时候需要校验数据的实际长度是否等于预设的长度值。

（4）校验域：校验域中存储整个消息包的每个字节的和，溢出的部分不计。

到目前为止，本章已经实现了将边缘计算平台的消息推送到第三方消息平台，并初步了解自定义消息协议，边缘计算平台的更多用法请读者查阅官方文档进行学习和使用。

思考题

1. 简述边缘网关将数据推送给 EMQX 平台的过程。
2. 简述边缘网关如何设置任务。
3. 简述自定义消息协议的组成。

第九章
开发基于边缘计算系统的
智慧温室项目

本章在第五章的智慧温室项目基础上进行改造,将原智慧温室项目中的物联网平台内置的网关更换为边缘计算系统 EdgeX,并配置 EdgeX 到 ThingsBoard 的连接器,连接器的作用是转发设备与 IoT 平台的传感数据和命令。原智慧温室项目中的 Modbus 协议的传感设备数据配置到 EdgeX 后,都会被连接器转发到 ThingsBoard,而从 ThingsBoard 上的规则链或者仪表板上发送给执行设备的 RPC 请求,也会被连接器转发给相应的设备,从而实现基于边缘计算平台的智慧温室项目。

- **职业功能:** 物联网边缘计算系统应用开发。
- **工作内容:** 开发基于边缘计算系统的智慧温室项目。
- **专业能力要求:** 能根据项目方案,完成 IoT 项目方案的设计改进,并按改进方案部署边缘计算系统,将传感数据通过边缘计算系统传输到 IoT 平台,在 IoT 平台上使用仪表板显示数据,并按照规则链的设置进行设备控制。
- **相关知识要求:** 设备接入、规则链应用设计、边缘计算系统的知识、Modbus 协议。

第一节 部署 EdgeX 作为智慧温室项目的网关

本节主要介绍如何部署 EdgeX，同时配置连接器实现将数据通过 MQTT 协议导出到云端，并且通过修改云端的规则链实现向 EdgeX 下发送控制指令，从而实现设备控制。

考核知识点及能力要求：

- 了解基于边缘计算系统的智慧温室项目的技术架构；
- 能部署 EdgeX 并配置向云端导出数据的连接器。

一、基于边缘计算系统的智慧温室项目的技术架构

基于边缘计算系统的智慧温室项目采用成熟的边缘计算系统技术，按物联网的四层技术栈实现智慧温室方案。与第五章基于物联网平台的智慧温室项目相比，基于边缘计算系统的智慧温室项目在接入层中改用 EdgeX 作为智慧温室的新网关。作为网关的边缘服务平台 EdgeX 主要包括核心层、连接器（tb-gateway）和 device-modbus 服务，如图 9-1 所示。

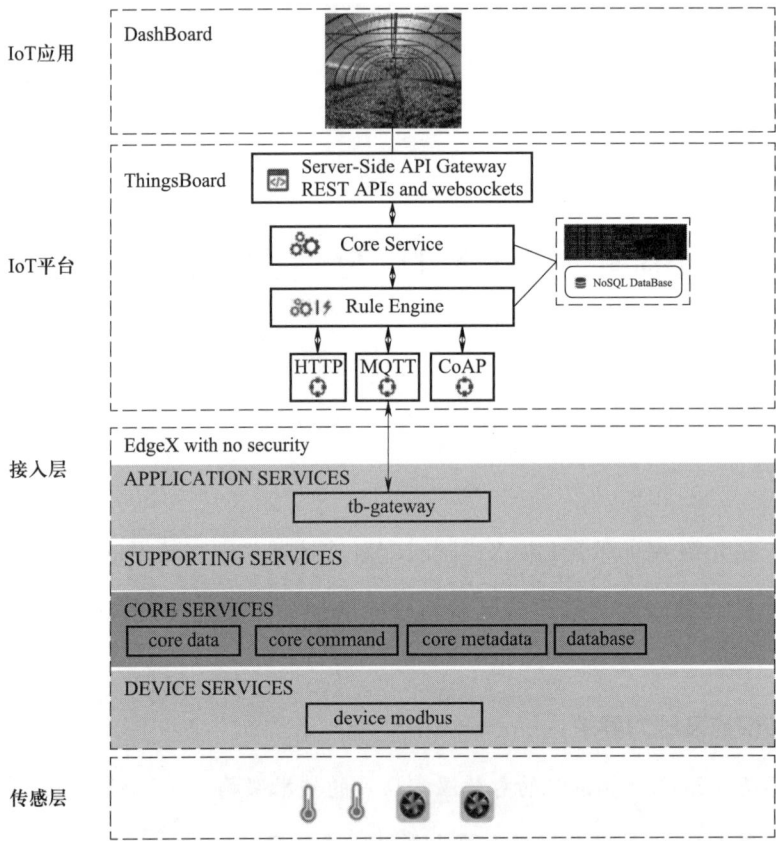

图 9-1 基于边缘计算系统的智慧温室技术栈

二、部署 EdgeX

部署 EdgeX，需要下载 EdgeX 的 docker-compose 文件，并进行相关配置文件的修改。

（一）查看虚拟机 IP 及开放的端口号

打开 AIoT 的虚拟终端，容器启动成功后，会出现虚拟机的 IP 和开放端口，信息如下：

```
容器启动预计需要 1~3 分钟，请耐心等待……
容器正在启动中……
ssh 连接中……
虚拟机 IP: 124.71.194.59        开放端口：30000-30100
```

在后面配置和使用 EdgeX 时，需要用到这两个参数，因此应先记录好这两个参数。

（二）下载部署 EdgeX 的 docker-compose 文件

打开 AIoT 的虚拟终端，用 wget 命令下载 EdgeX 的 docker-compose 压缩文件，并用 tar 命令解压缩该文件，文件解压缩后，切换到 edgex-modbus-mqtt 目录下，该目录下有网关配置文件目录（tb-gateway-config）、设备配置文件目录（modbus-green-config）以及 docker-compose.yml 文件，上述操作命令及相关的输出信息如下：

```
dp-**k42: ~ # wget https: //newlandblob.blob.core.chinacloudapi.cn/test/edgex-modbus-mqtt.tar.gz
Connecting to newlandblob.blob.core.chinacloudapi.cn (40.73.81.68: 443)saving to 'edgex-modbus-mqtt.tar.gz'
edgex-modbus-mqtt.ta 100% |******************************|3618 0: 00: 00 ETA
'edgex-modbus-mqtt.tar.gz' saved
dp-**k42: ~ # tar zxf edgex-modbus-mqtt.tar.gz
dp-**k42: ~ # cd edgex-modbus-mqtt
dp-**k42: ~ /edgex-modbus-mqtt# ls -ltr
total 28
-rw-rw-r--   1 1000    1000    190      Aug    2     2021     Readme.md
-rw-rw-r--   1 1000    1000    12853    Oct    19    2021     docker-compose. yml
drwxrwxr-x 2 1000    1000    4096     Jul    8     02: 26    tb-gateway-config
drwxrwxr-x 4 1000    1000    4096     Jul    8     02: 26    modbus-green-config
dp-**k42: ~ /edgex-modbus-mqtt#
```

从 EdgeX 的 github 下载的 docker-compose 文件中，没有 ThingsBoard 的连接器。这里添加的 EdgeX 到 ThingsBoard 的连接器 tb-gateway，是 AIoT 平台上提供的，在启动 EdgeX 之前，需要为连接器 tb-gateway 配置连接参数。

（三）配置连接器参数

连接器的配置文件在 docker-compose 文件所在目录下的 tb-gateway-config 子目录中，名为 configuration.toml。切换到 edgex-modbus-mqtt 目录下，编辑 tb-gateway-config/configuration.toml 文件，命令如下：

> dp-**k42: ~ /edgex-modbus-mqtt#nano tb-gateway-config/configuration.toml

在 configuration.toml 文件中找到 [Application Settings] 部分，修改 DeviceAccessToken 的值，将 "PUT_YOUR Gw_ACCESS TOKEN HERE" 处修改为智慧温室项目的网关设备的访问令牌，修改后保存并退出。configuration.toml 文件修改前与修改后的内容如下：

> 修改前：
> [Application Settings]
> DeviceAccessToken="PUT_YOUR Gw_ACCESS TOKEN HERE"
> 修改后：
> [Application Settings]
> DeviceAccessToken="mCoJ90UsBDsuq2jhWIpV"
> 说明："mCoJ90UsBDsuq2jhWIpV" 是智慧温室项目的网关访问令牌

（四）智慧温室项目的设备配置信息

device-modbus 服务的设备配置文件是 edgex-modbus-mqtt/modbus-green-config/devices/ 目录下的 devices.doml，它描述了启动 device-modbus 服务时，挂载了哪些设备。设备配置文件中每一个 [[DeviceList]] 部分，描述一个 Modbus 设备。

智慧温室项目的 device-modbus 服务配置文件中，室外温度传感器 green_temperature_outdoor 的配置信息如下：

> [[DeviceList]]
> Name="green_temperature_outdoor"
> ProfileName="Thermometer"

```
Description=" 室外温度传感器 "
labels=[ " 传感器 ", "modbus RTU" ]
[DeviceList.Protocols]
[DeviceList.Protocols.modbus-rtu]
Address="/dev/ttyUSB0"
BaudRate="9600"
DataBits="8"
StopBits="1"
Parity="N"
UnitID="3"
Timeout="5"
IdleTimeout="5"
[[DeviceList.AutoEvents]]
Interval="6s"
OnChange=false
SourceName="humidity"
[[DeviceList.AutoEvents]]
Interval="6s"
OnChange=false
SourceName="temperature"
```

室内温度传感器 green_temperature_Indoor 的配置信息如下：

```
[[DeviceList]]
Name="green_temperature_Indoor"
ProfileName="Thermometer"
Description=" 室内温度传感器 "
```

```
labels=[ " 传感器 ", "modbus RTU" ]
[DeviceList.Protocols]
[DeviceList.Protocols.modbus-rtu]
Address="/dev/ttyUSB0"
BaudRate="9600"
DataBits="8"
StopBits="1"
Parity="N"
UnitID="1"
Timeout="5"
IdleTimeout="5"
[[DeviceList.AutoEvents]]
Interval="6s"
OnChange=false
SourceName="humidity"
[[DeviceList.AutoEvents]]
Interval="6s"
OnChange=false
SourceName="temperature"
```

恒温机 green_thermostat 接在 ADAM4150 的 DO5 引脚，配置信息如下：

```
[[DeviceList]]
Name="green_thermostat"
ProfileName="ADAM4150-DO5"
Description="ADAM4150-DO5"
labels=[ " 执行器 DO5", "modbus RTU" ]
[DeviceList.Protocols]
```

```
[DeviceList.Protocols.modbus-rtu]
Address="/dev/ttyUSB0"
BaudRate="9600"
DataBits="8"
StopBits="1"
Parity="N"
UnitID="2"
Timeout="5"
IdleTimeout="5"
[[DeviceList.AutoEvents]]
Interval="6s"
OnChange=false
SourceName="value"
```

循环机 green_airCirculator 接在 ADAM4150 的 DO6 引脚，配置信息如下：

```
[[DeviceList]]
Name="green_airCirculator"
ProfileName="ADAM4150-DO6"
Description="ADAM4150-DO6"
labels=[ " 执行器 DO6", "modbus RTU" ]
[DeviceList.Protocols]
[DeviceList.Protocols.modbus-rtu]
Address="/dev/ttyUSB0"
BaudRate="9600"
DataBits="8"
StopBits="1"
```

```
Parity="N"

UnitID="2"

Timeout="5"

IdleTimeout="5"

[[DeviceList.AutoEvents]]

Interval="6s"

OnChange=false

SourceName="value"
```

上述设备配置信息中使用 ProfileName 指明了每个设备的描述文件，这些设备描述文件在 profiles 目录下，此处不再展开，有兴趣的读者可自行查看，查看的命令如下：

```
dp-**k42: ~/edgex-modbus-mqtt/modbus-green-config/profiles# ls
Adam4150-DO5.yml    Adam4150-DO6.yml Thermometer.yml
dp-**k42: ~/edgex-modbus-mqtt/modbus-green-config/profiles# cat Adam4150-DO5.yml
```

（五）修改 ui 和 consul 的映射端口

在 EdgeX 的 docker-compose.yml 文件中，EdgeX-UI 和 consul 的默认服务端口是 4000 和 8500。但是，在 AIoT 平台上，每个虚拟机只开放了一些端口。所以，为了在 AIoT 平台上使用 EdgeX，需要修改 UI 和 consul 在 docker-compose.yml 文件中的映射端口，改为虚拟机服务开放的端口。假设在虚拟机服务开启时显示的开放端口是 30000～30100，编辑 docker-compose.yml 文件，找到 ui 部分修改本地端口为 30000，找到 consul 部分修改本地端口为 30001。修改前与修改后的内容如下：

```
修改前：
ui:
  ...
  ports:
```

```
-0.0.0.0: 4000: 4000/tcp


consul:

  ...

  ports:

  -0.0.0.0: 8500: 8500/tcp


修改后:

ui:

  ...

  ports:

  -0.0.0.0: 30000: 4000/tcp


consul:

  ...

  ports:

  -0.0.0.0: 30001:8500/tcp
```

（六）停止 ThingsBoard IoT Gateway 网关

使用 docker stop tb-gateway 命令停止 ThingsBoard IoT Gateway 网关，并使用 docker ps 查看运行情况，命令如下：

```
dp-**k42: ~/edgex-modbus-mqtt# docker stop tb-gateway

dp-**k42: ~/edgex-modbus-mqtt# docker ps
```

（七）更新 serial 容器

启动 EdgeX 容器之前，需要更新 serial 容器。在用户的主目录下，执行下列指令更新 serial，命令及输出信息如下：

```
dp-**k42: ~ /edgex-modbus-mqtt#cd ~
dp-**k42: ~ #wget
https://newlandblob.blob.core.chinacloudapi.cn/test/serial2.0.tar.gz
Connecting to newlandblob.blob.core.chinacloudapi.cn (40.73.81.68: 443)
saving to 'serial2.0.tar.gz'
serial2.0.tar.gz 100%|******************************|367 0: 00: 00 ETA
'serial2.0.tar.gz' saved
dp-**k42: ~ #tar zxf serial2.0.tar.gz
dp-**k42: ~ #cd serial2.0
dp-**k42: ~/serial2.0#./start.sh
```

（八）启动 EdgeX 服务

从当前目录切换到 edgex-modbus-mqtt 目录，用 docker-compose 命令启动 EdgeX 服务，操作如下：

```
dp-**k42: ~/serial2.0#cd ~ /edgex-modbus-mqtt
dp-**k42: ~/edgex-modbus-mqtt#docker-compose up -d
```

（九）查看 EdgeX 服务状态

在浏览器页面，输入地址 http：// 虚拟机 IP：30001，即可打开 EdgeX 的 consul 界面，查看所有注册到 consul 的容器状态。每一行左侧如果显示的是绿色的√，表示容器正常运行，如果显示的是红色的 ×，表明该容器已经退出，如图 9-2 所示。

图 9-2　查看 EdgeX 服务状态

（十）查看 EdgeX-UI 界面

在浏览器页面，输入地址 http://虚拟机 IP：30000，即可打开 EdgeX-UI 界面，如果能正常显示说明网关部署成功，如图 9-3 所示。

图 9-3　查看 EdgeX-UI 界面

第二节　修改智慧温室规则链

本节主要介绍如何修改原智慧温室项目的规则链，实现将控制指令下发给 EdgeX，从而实现设备控制。

考核知识点及能力要求：

- 能修改智慧温室规则链实现通过 EdgeX 控制设备；
- 能验证规则链的控制效果。

一、使用规则链生成 EdgeX 平台所需格式的 JSON 数据

从上一节分析的智慧温室项目的设备配置信息可知，要从物联网平台发送 RPC 通

过 EdgeX 控制设备，需要修改规则链，生成 EdgeX 平台所需的 JSON 格式的控制指令。在修改智慧温室项目的恒温控制规则链之前，先导出该规则链做好备份，因为后续移动端的开发使用到的规则链是在第五章基础上进行的。做好备份后，打开恒温控制规则链，修改生成 RPC 消息函数的代码，主要修改点是将 newMsg.method="setValue" 部分改成 newMsg.method="set"。同时，控制设备开的指令修改为：value 的值设为 1，控制设备关的值设为 0。消息函数代码的部分信息如图 9-4 所示。

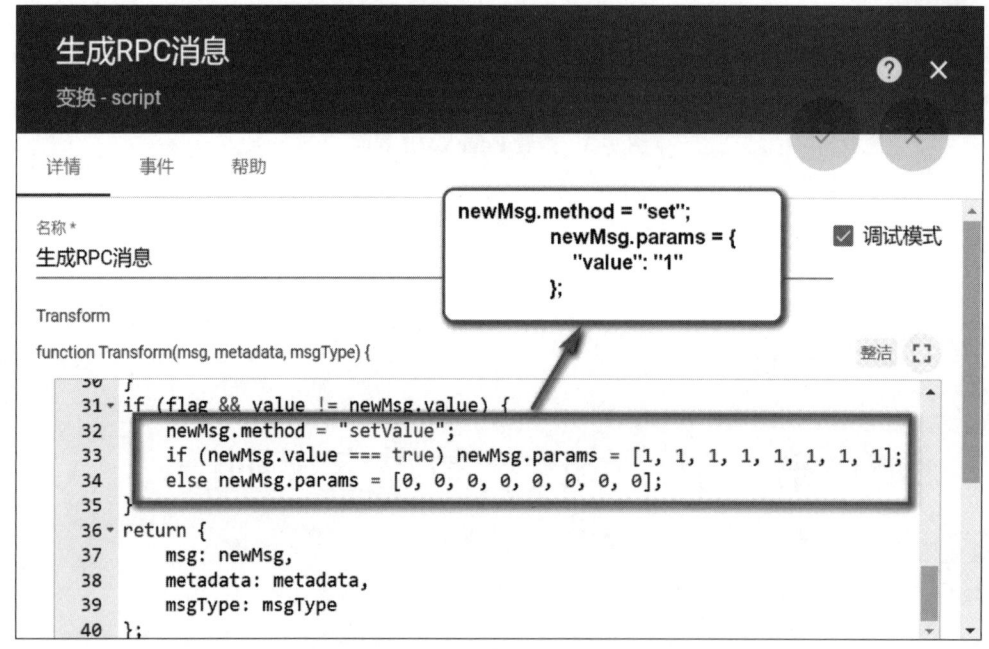

图 9-4 修改 RPC 消息函数代码

生成的完整 RPC 消息函数代码如下：

```
var newMsg={};
temperatureL=20;
temperatureH=30;
function getValue(value) {
    return ((value > 32767) ? value - 65536 : value) / 10;
}
```

```
roomtemperature=getValue(metadata.temperature_in);
outdoorTemperature=getValue(metadata.temperature_out);
if (typeof msg.value !=='undefined') {
    value=msg.value=='true';
} else {
    value=false;
}
newMsg.value=false;
if ((roomtemperature >=temperatureL) && (
        roomtemperature <=temperatureH)) {
    if (value) {
        newMsg.method="set";
        newMsg.params={
            "value": "0"
        };
    }
} else {
    if ((outdoorTemperature >=temperatureL) && (
        outdoorTemperature <=temperatureH
    )) {
        if (metadata.deviceName=='green_airCirculator') {
            if (!value) {
                newMsg.method="set";
                newMsg.params={
                    "value": "1"
                };
```

```
                newMsg.value=true;
            }
        }
    } else {
        if (metadata.deviceName=='green_thermostat') {
            if (!value) {
                newMsg.method="set";
                newMsg.params={
                    "value": "1"
                };
                newMsg.value=true；
            }
        }
    }
    return {
        msg: newMsg,
        metadata: metadata,
        msgType: msgType
    };
```

二、智慧温室结果验证

为了检查最终结果是否正确，在虚拟终端进入 edgex-modbus-mqtt 目录进行查看，命令如下：

```
cd edgex-modbus-mqtt
docker-compose ps
```

查看 edgex-modbus-mqtt 是否正常运行，确保所有的容器都为"Up"的状态，如图 9-5 所示。

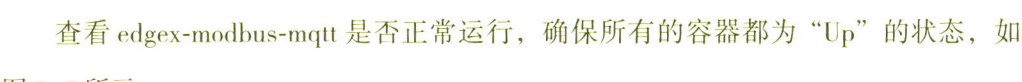

图 9-5　查看 edgex–modbus–mqtt 运行状态

如果发现有容器不是"Up"状态，使用 docker-compose restart 命令重启 edgex-modbus-mqtt，在确保 EdgeX 容器正常运行后，在仿真设备平台单击"模拟实验"，开启实验，进行结果验证，具体可以参考第五章的验证步骤。

至此，基于边缘计算系统的智慧温室项目开发完毕，有兴趣的读者可以在此基础上进行拓展，增加更多功能，以满足应用需求。

思考题

1. EdgeX 网关的配置文件内容有哪些？
2. 简述 EdgeX 实际使用的场景。

第三篇
物联网移动应用开发

经过前面章节的学习，读者已经掌握了将各种协议的 IoT 设备连接到物联网平台，同时也成功上报了传感数据，实现了通过仪表板展示数据和通过规则链进行设备控制。如果需要 App 连接这些设备，实现数据分析、信息查看、远程控制、预约设置等，就需要使用移动应用开发的相关技术去实现。

一个物联网移动应用 App 的核心功能有接入物联网平台的认证、从物联网平台获取设备的数据、呈现数据、对设备进行控制等，物联网应用的 App 应能让连接的设备始终保持同步，使其能够无缝访问关键数据，同时可以让用户远程控制所有设备，让信息能够通过传感器、物体以及 App 进行实时传输。

本篇主要基于 Android 系统，围绕物联网移动应用开发的核心功能点，全流程讲解一个物联网移动应用的开发过程。

第十章
搭建智慧温室 App

本章基于第五章已经实现的智慧温室项目,进行智慧温室移动端项目(以下简称智慧温室 App)的开发准备。先分析智慧温室 App 的功能需求、技术实现方案,再搭建 Android Studio 开发环境,创建智慧温室 App 项目,为后续开发做准备。

- **职业功能:** 物联网移动应用开发。
- **工作内容:** 开发环境搭建。
- **专业能力要求:** 能搭建移动应用开发环境,实现项目及模块的管理;能使用软件包管理工具,实现依赖软件包的下载及管理。
- **相关知识要求:** 移动端软件开发知识、软件包管理工具使用知识。

第一节 智慧温室 App 概述

本节主要介绍智慧温室 App 的需求分析和技术实现方案,以便在开发具体功能时能明确需要实现的功能和用什么技术去实现。

考核知识点及能力要求:

- 明确智慧温室 App 的需求功能;
- 了解智慧温室 App 的技术架构;
- 明确智慧温室 App 的技术实现方案。

一、需求分析

基于 AIoT 平台的设备接入与物联网平台提供的 RESTful,实现对智慧温室设备数据的获取、监测和远程控制。

需求:

(1)移动端与物联网平台能交互数据。

(2)界面控件与智慧温室的设备能完成绑定。

(3)数据展示界面能展示室内外温度传感器的实时数据。

(4)设备控制界面能实现自动控制、手动控制、语音控制三种模式的循环机和恒温机控制工作。

(5)能实时监测智慧温室的设备状态(在线、离线、运转情况),有异常时能实现告警提示。

（6）能显示智慧温室所在地的定位信息。

二、技术实现方案

智慧温室 App 基于第五章在 AIoT 平台上已实现的智慧温室项目进行移动端的开发，技术方案如图 10-1 所示。

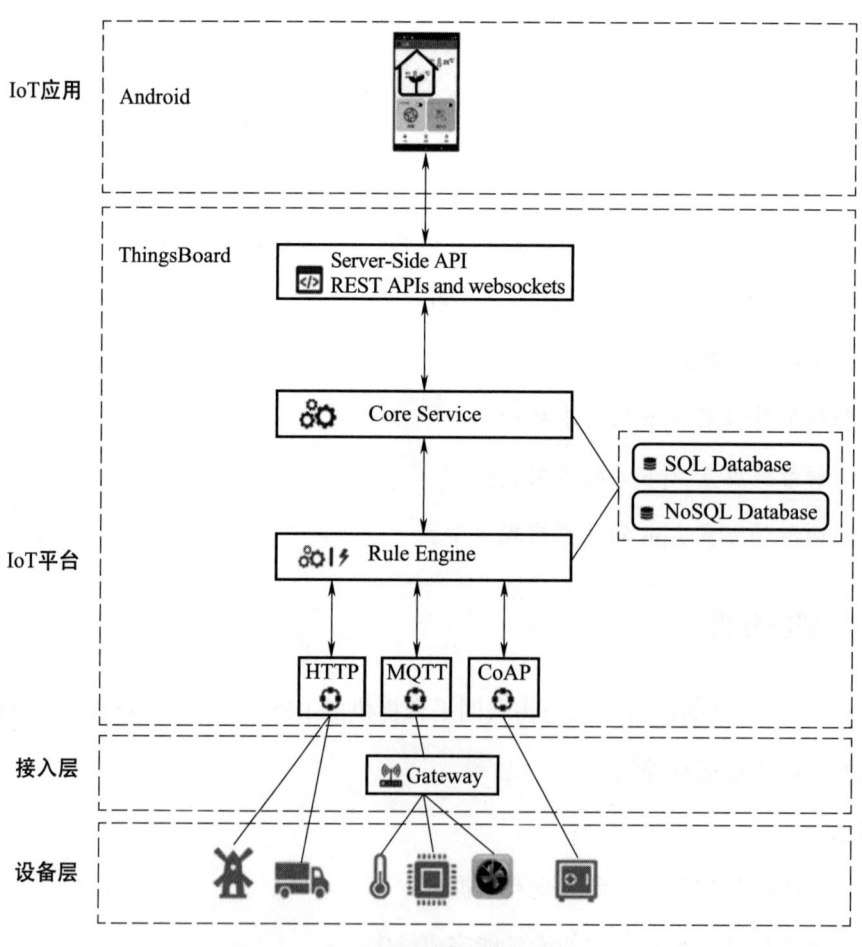

图 10-1　智慧温室移动端技术方案

智慧温室 App 的数据流向从使用 AIoT 平台提供的虚拟仿真进行设备连线并采集传感数据开始，到 App 端发送控制指令传递到仿真设备进行设备控制，形成一个闭环，如图 10-2 所示。

智慧温室 App 的实现效果如图 10-3 所示。

第十章 搭建智慧温室App

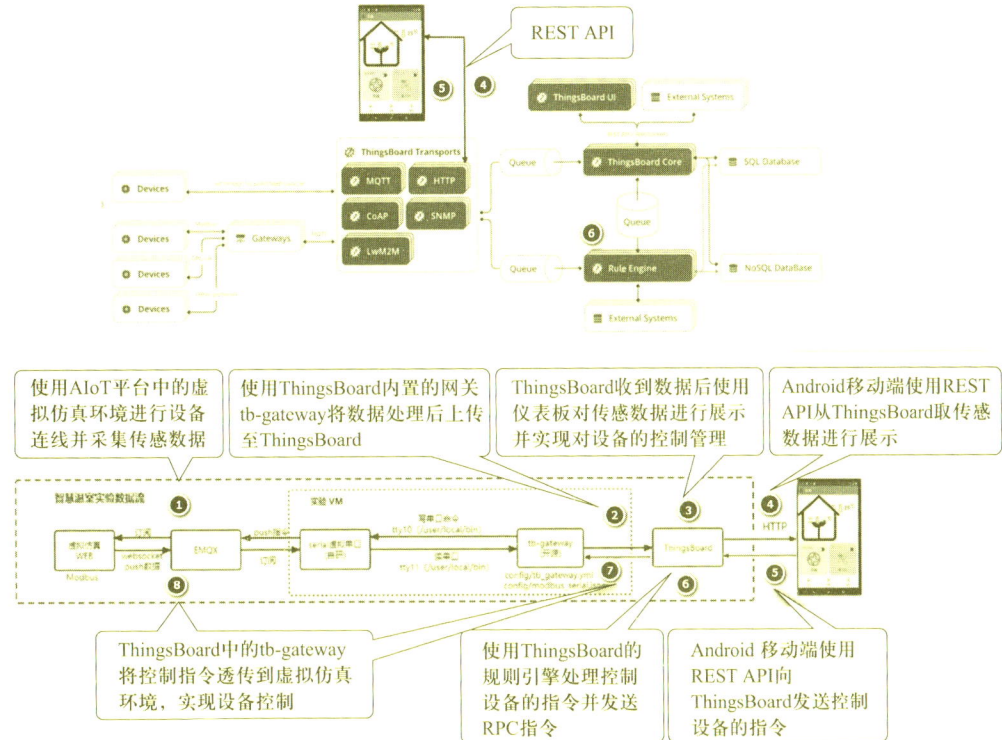

图10-2 智慧温室App的数据流向

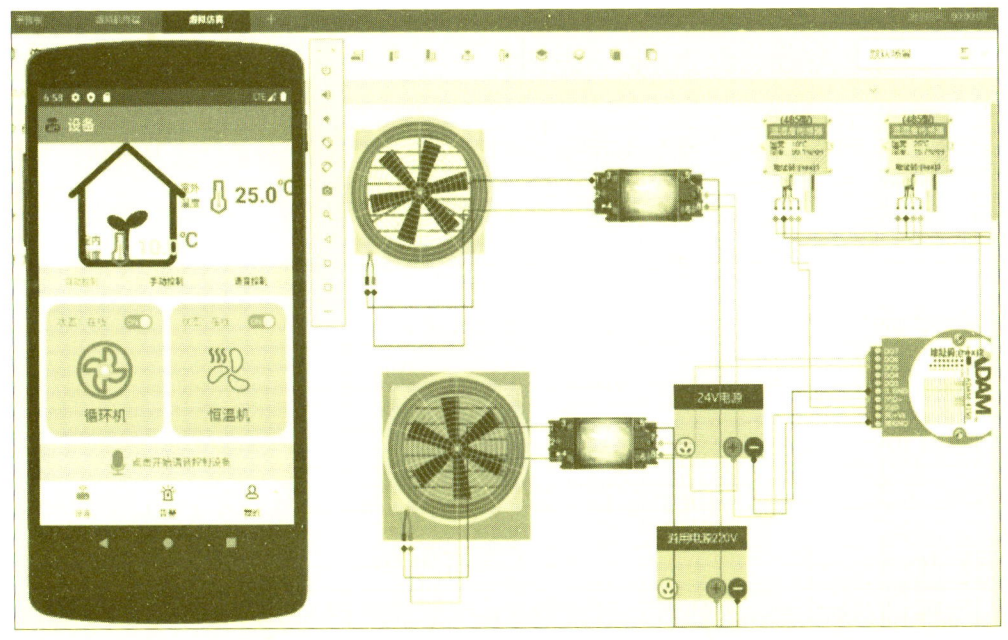

图10-3 智慧温室App的实现效果

237

第二节 搭建移动应用开发环境

本节主要介绍如何搭建移动应用开发环境,从下载 Android Studio 软件到安装 Android Studio 软件,再到使用模拟器运行 Android 程序,做好开发前的准备工作。

考核知识点及能力要求:

- 能搭建 Android Studio 开发环境;
- 能使用模拟器运行 Android 程序;
- 能解决安装过程中出现的问题。

一、搭建 Android Studio 开发环境

自 2008 年 9 月 Google 发布 Android 1.0 系统以来,业内一直都使用 Java 语言来开发 Android 应用程序,直到 2017 年 Google 宣布 Kotlin 语言成为 Android 官方支持的开发语言,但是因为很多开发者和院校比较熟悉 Java 语言,因此本书在做基于物联网平台的移动端开发时仍然选择使用 Java 语言的开发方式。

基于 Java 语言开发 Android 程序需要准备的主要工具有 Java 语言的软件开发工具包(Java Development Kit,JDK)、Android 软件开发工具包(Software Development Kit,SDK)、Android Studio。JDK 含基础类库、工具集合和 Java 运行环境(Java Runtime Environment,JRE)等内容;Android SDK 含有 Android 开发需要用到的相关 API;Android Studio 是一款 IDE 工具,用于高效地开发 Android 程序。

为了简化开发环境的搭建过程,在 Android Studio 中已集成了 JDK 和 Android SDK。

安装 Android Studio 前需要先下载安装包，可以到 Android Studio 官网下载，本教程基于 Android Studio 3.5.2 的版本进行开发，下载后文件名为 android-studio-ide-191.5977832-windows.exe，版本是 3.5.2。

（一）安装 Android Studio

以管理员身份运行安装程序"android-studio-ide-191.5977832-windows.exe"，进入 Android 安装向导界面，按提示一路单击"Next"，全部使用默认的配置，直到出现"Install"，进入组件下载和安装界面后，等待安装完成，按默认勾选"Start Android Studio"后单击"Finish"，即可完成 Android Studio 的安装。

（二）启动 Android Studio

安装完成后，首次启动 Android Studio 会被询问是否导入之前的 Android Studio 版本配置，选择"Do not import settings"不导入，如图 10-4 所示。单击"OK"按钮后有可能会弹出无法访问 Android SDK add-on list 的对话框，询问是否要配置代理，先单击"Cancel"按钮，如图 10-5 所示。

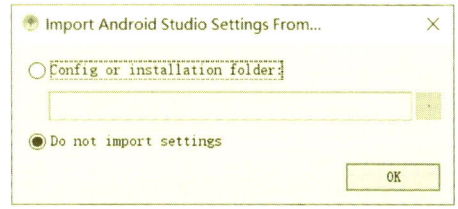

图 10-4　选择不导入之前的版本配置

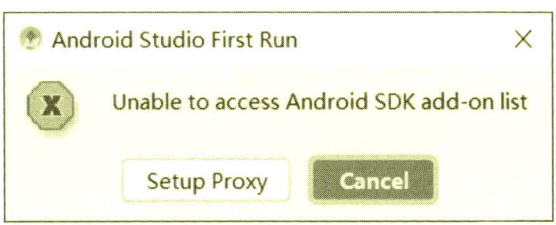

图 10-5　无法访问 Android SDK add-on list

在欢迎窗口按照提示单击"Next"进入设置安装类型界面，选择"Standard"标准模式，继续按照提示选择 UI 主题并确认相关配置后，会进入下载组件的过程，这一步可能需要等待一段时间，如图 10-6 所示，请耐心等待，下载完毕后出现 Android Studio 欢迎界面，如图 10-7 所示。至此，Android Studio 就已经安装并启动完毕。

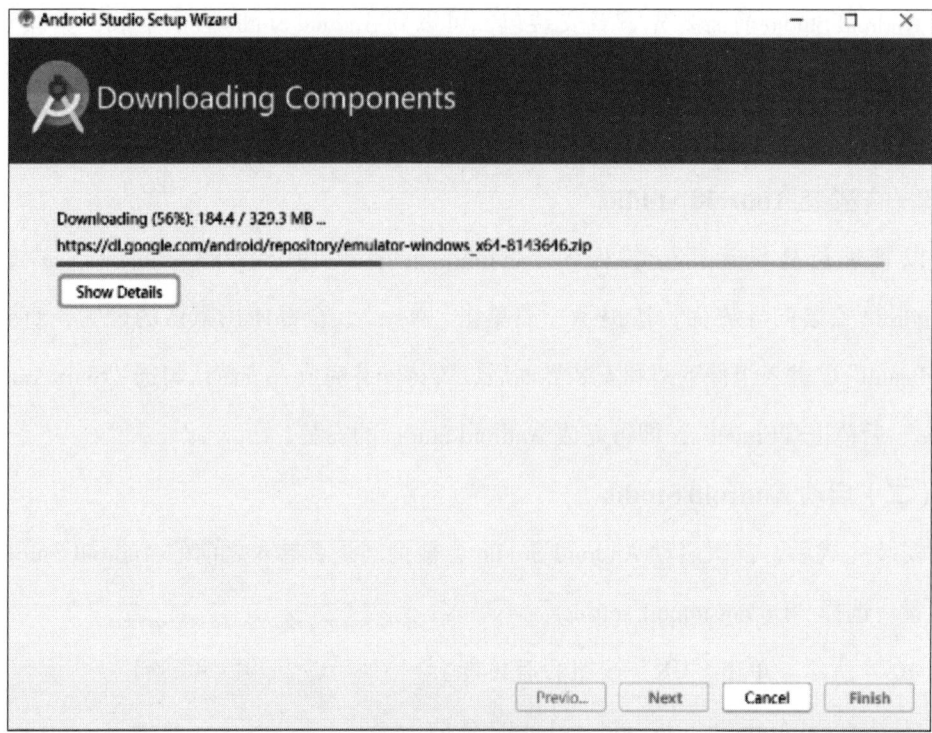

图 10-6 下载组件

图 10-7 Android Studio 欢迎界面

(三)创建 Android 项目

选择图 10-7 中的 "Start a new Android Studio project" 创建一个新项目,在选择设备和模板界面中选择 "Empty Activity",单击 "Next" 按钮。接下来配置项目的各项参数:填入项目名 "SmartGreenHouse"(可自定义)、包名 "com.newland.smartgreenhouse"(可自定义),项目保存路径按实际情况填写,开发语言选择 "Java",最低支持 API 版本为 "API19",填写完成后单击 "Finish" 按钮,如图 10-8 所示。

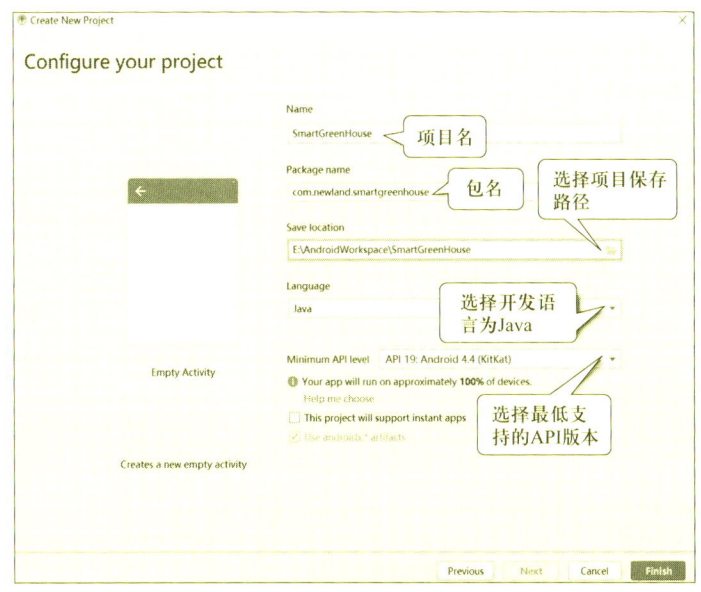

图 10-8 填写项目信息

等待项目构建完成后切换到 "Project" 模式,如图 10-9 所示。

当创建 SmartGreenHouse 项目时,默认自动创建了一个 MainActivity 和在 res/layout 下创建了默认的布局文件 activity_main.xml。Activity 是用来和用户进行交互的组件,一个 Activity 一般对应一个布局,布局是用来显示界面内容的。MainActivity 在 onCreate()方法中使用 setContentView (R.layout.activity_main) 加载了布局文件 activity_main.xml,其中 R.layout. activity_main 是当在项目中创建布局 activity_main.xml 文件时,在 R 文件中自动生成的布局对应的 ID,通过 R.layout 指明这是一个布局,因此可以用 R.layout. activity_main 来使用这个布局。activity_main.xml 布局文件中有个文本控件 TextView,文本内容为 "HelloWorld"。MainActivity 中加载布局的代码如下:

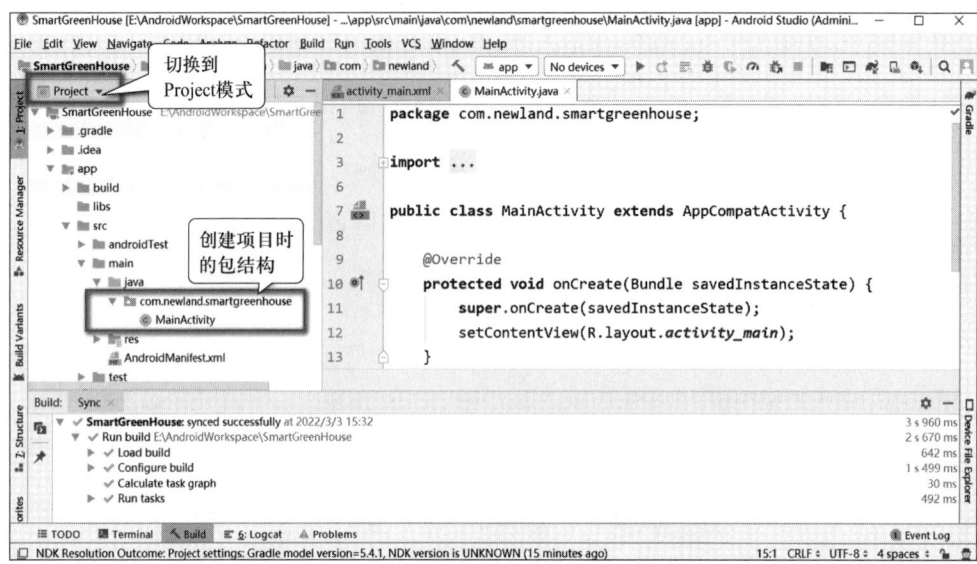

图 10-9　Project 模式下的 SmartGreenHouse 项目

```
public class MainActivity extends AppCompatActivity {
    @Override
    protected void onCreate(Bundle savedInstanceState) {
        super.onCreate(savedInstanceState);
        setContentView(R.layout.activity_main);
    }
}
```

一个 App 中可以包含多个 Activity，当创建新的 Activity 时，清单文件 AndroidManifest.xml 中也会注册该 Activity 的信息。当程序运行起来时，要在清单文件中指明先启动哪一个 Activity，用 <intent-filter> 限定 action 是"android.intent.action.MAIN"的就是程序运行后启动的 Activity，代码如下：

```
<activity android: name=".MainActivity">
    <intent-filter>
```

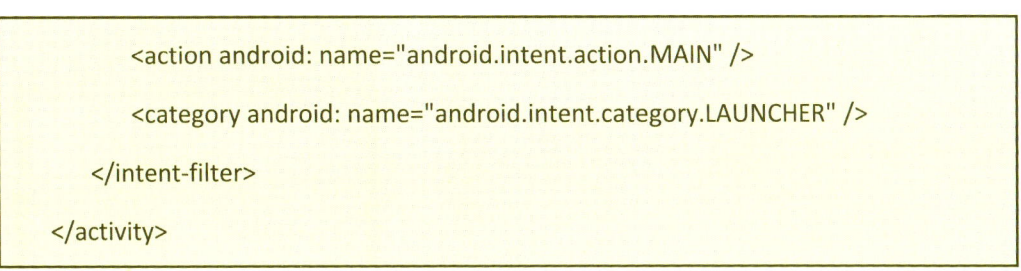

二、使用模拟器运行项目

项目创建好后,还需要一部 Android 设备,也可以是 Android 模拟器,这里使用模拟器来运行程序。创建 Android 模拟器,可以从 Android Studio 顶部工具栏中的图标进入,在此页面单击"Create Virtual Device"创建模拟器,如图 10-10 所示。

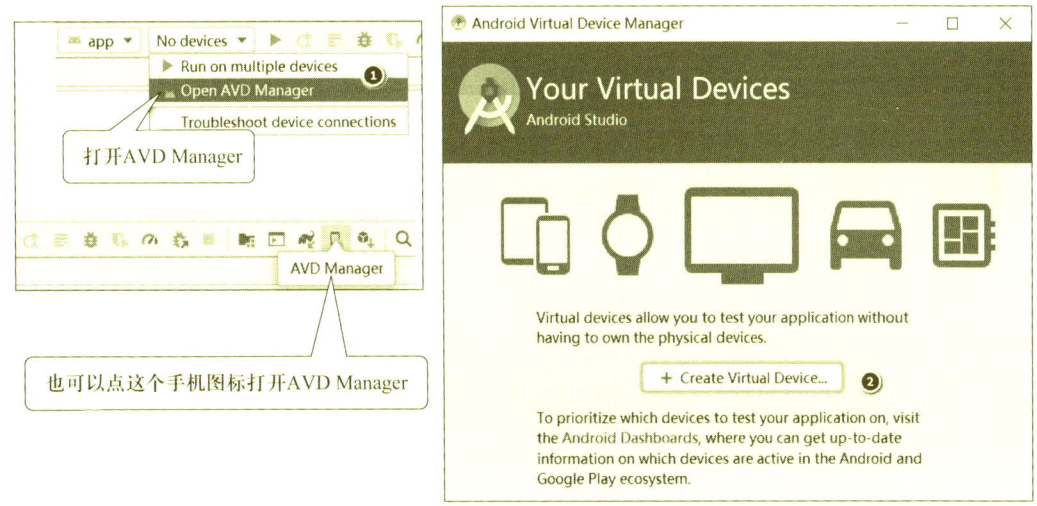

图 10-10　创建模拟器

可以依据自己的需要选择一款设备作为模拟器,按提示选择手机类型后,就可以选择对应版本的模拟器镜像文件进行下载。接受"Accest"许可,等待模拟器镜像文件下载完成后,按提示操作,直到在模拟器列表中出现一个模拟器设备。想运行时只要单击"action"中的三角符号按钮即可启动模拟器。模拟器启动好后,在工具栏中选择刚创建好的模拟器设备,单击绿色三角符号按钮运行项目,如图 10-11 所示。SmartGreenHouse 项目运行后的效果如图 10-12 所示。

图 10-11　用模拟器运行项目

图 10-12　Smart Green House 项目运行后的效果

第三节　新建智慧温室 App 项目

本节主要介绍如何创建智慧温室 App 项目,并进行模块、资源、依赖、权限的管理,同时封装项目中需要用到的基础工具类,为后续的智慧温室业务功能开发做准备。

考核知识点及能力要求:

- 能创建智慧温室 App 项目;

- 能管理模块和资源；
- 能添加依赖；
- 能处理基础工具类；
- 能处理用户权限。

一、项目模块管理

一个 App 项目的源码模块分包应遵循一定的规则，可以按功能模块分包、按组件分包和按混合方式进行分包。模块的管理在实际开发时可以按详细设计文档进行操作。

（一）项目分包方式

按功能分包一般有数据模块 model、通用模块 common、网络模块 net、界面模块 view 等；按组件分包一般有 activity 界面模块、service 服务模块等；通常可以采用混合分包方式，如 ui 包下有 activity、fragment 和 view 等。view 存放一些最通用的自定义视图控件，如定制的对话框、定制的列表等；而与 activity 相关如监听器、线程、适配器等非常多的类，这些不适合直接放在 activity 包下，有的直接写在相应的 activity 中以匿名或者内部类的形式定义，有的就再进一步分包成 adapter、listener 等，否则 activity 包会看上去比较杂乱；从多个应用中提取得到的通用的可以共享使用的，用于存放该应用中常用的功能和类等，通常放在 common 包中；一些工具类软件通常放在 utils 包中。也可以选择按功能模块和组件混合分包方式，如图 10-13 所示。

智慧温室 App 项目创建时选择按功能模块和组件混合分包约定，并添加项目中用到的资源包和基础工具类等。

（二）智慧温室 App 的模块管理

依据模块分包约定，在 SmartGreenHouse 项目工程下进行相关包的创建，分别输入包名 model、net、ui、utils，并在 ui 包下创建 activity 包、adapter 包、fragment 包，如图 10-14 所示，后期在开发中还可以按需求进行增减源码包结构。

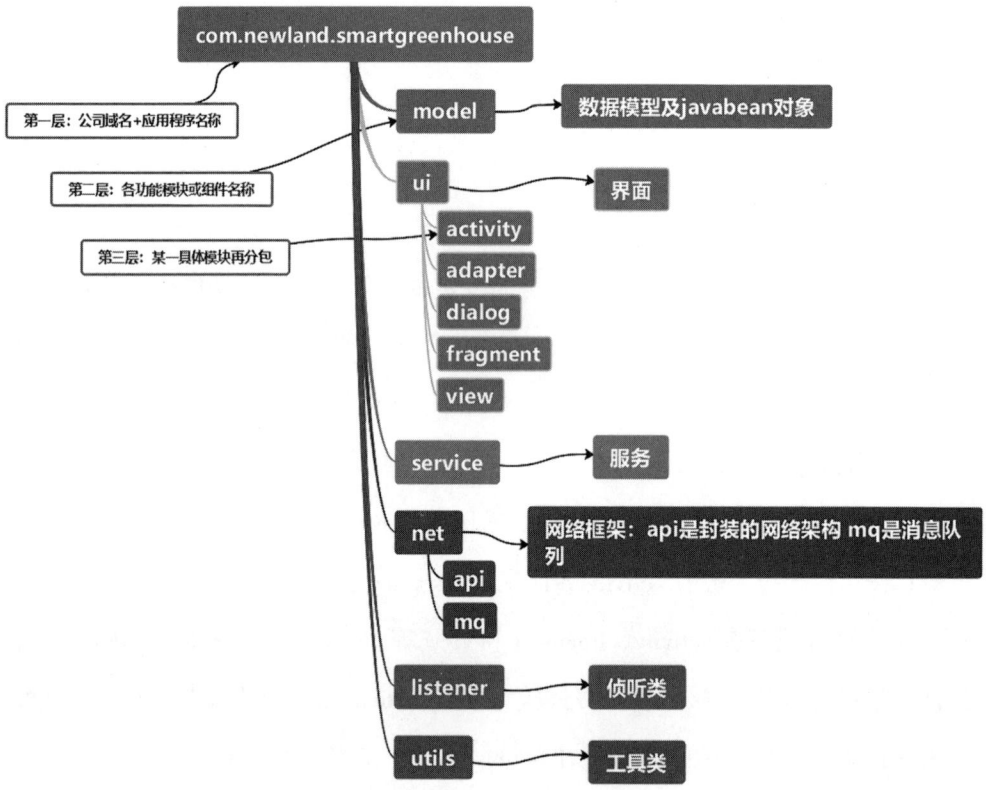

图 10-13 项目源码分包约定

图 10-14 项目源码包结构

二、资源和依赖管理

Android 项目中的资源管理主要是指布局、图片、字符串、颜色、样式等，当项目需要用到一些第三方库时，需要对依赖进行管理。

（一）Android 项目中的资源

Android 项目中的资源都放在 res 目录中。资源分类存放，通常 drawable 目录放图片、layout 目录放布局文件、mipmap 目录放应用图标、values 目录用来放字符串、颜色、样式等配置文件，如图 10-15 所示。

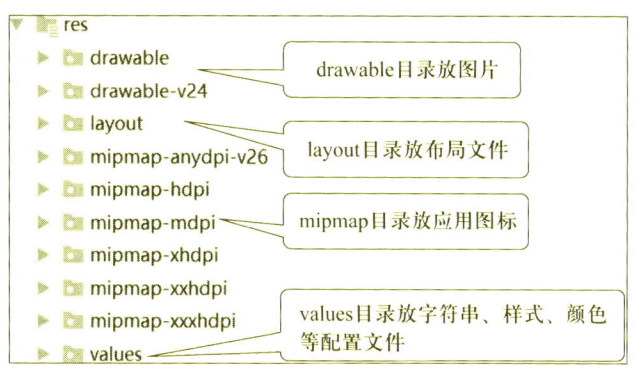

图 10-15　资源目录

可以看到以 drawable 和 mipmap 开头的目录有很多。由于 Android 系统的开放性，用户、开发者、厂商、运营商都可以对 Android 进行定制，于是导致 Android 系统碎片化、Android 机型屏幕尺寸碎片化（如 5 寸、5.5 寸、6 寸等）、Android 屏幕分辨率碎片化（如 320×480、480×800、720×1280、1080×1920 等）。为了让程序能够更好地兼容各种设备进行屏幕适配，于是有了这些不同分辨率的目录。建议开发时遵循以下规则：设计师的设计图是以像素（px）为单位的，Android 开发则是使用与像素无关的密度（dp）作为单位。在 Android 中，规定以 160dpi（即屏幕分辨率为 320×480）为基准，1dp=1px。因此需要进行 dp 与 px 的转换，简约的转换公式见表 10-1。

在开发过程中，图片大小使用 dp 为单位，字体大小使用 sp 为单位。sp 与 dp 一样，会按用户首选的文本尺寸进行缩放。

表 10-1　　　　　　　　　　　　dp 与 px 的转换

密度类型	代表的分辨率（px）	屏幕密度（dpi）	换算（px/dp）
低密度（ldpi）	240×320	120	1dp=0.75px
中密度（mdpi）	320×480	160	1dp=1px
高密度（hdpi）	480×800	240	1dp=1.5px
超高密度（xhdpi）	720×1280	320	1dp=2px
超超高密度（xxhdpi）	1080×1920	480	1dp=3px
超超超高密度（xxxhdpi）	1920×1920	640	1dp=4px

（二）智慧温室 App 使用到的资源

把 SmartGreenHouse 项目用到的图片等资源先统一添加到项目中，后续使用到该资源时再进行说明。需添加/覆盖/创建的资源文件有添加 drawable 文件、mipmap 文件、attr.xml 文件，覆盖 colors.xml 文件、string.xml 文件、styles.xml 文件，创建 xml 文件夹并添加文件。

xml 文件夹默认不存在，需要用户自己创建，选择 res 目录，右键后选择"New>Android Resource Diretory"，在弹出的界面中输入目录名和选择资源类型 xml，如图 10-16 所示。

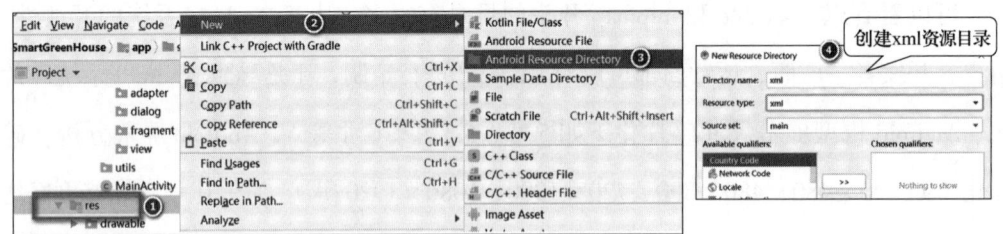

图 10-16　创建资源文件

（三）添加依赖

智慧温室 App 需要用到 RecyclerView 控件展示告警列表、使用 OkHttp 发起网络请求、使用 FastJson 库解析 JSON 格式的数据、使用地图、定位和注解，因此，项目中需要添加相关的依赖。在 app/build.gradle 中添加依赖，添加完成后要进行同步，如图 10-17 所示。

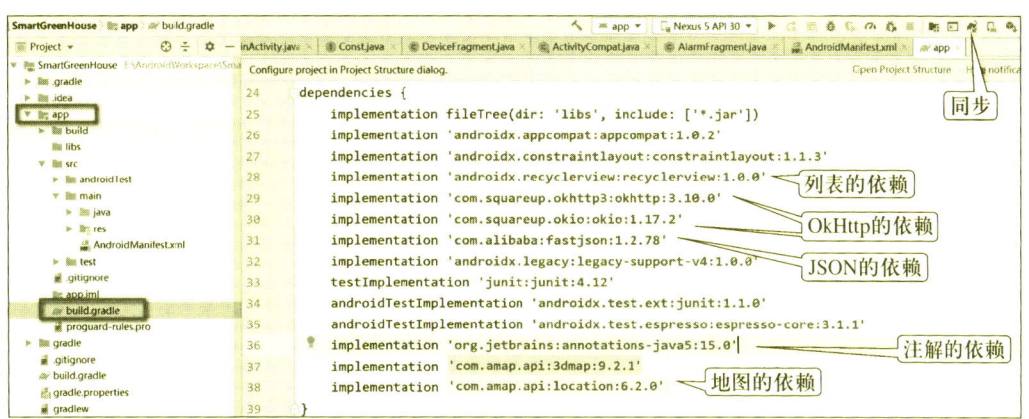

图 10-17 添加项目中需要的依赖

（四）添加基础工具类

在后续开发中，经常会用到输出日志信息进行检查和判断，用 Toast 进行一些信息提示以及一些日期信息转换，因此封装了对应的工具类：ToastUtils（弹窗信息）、DateUtil（处理日期格式）、LogUtil（日志输出）和 SPUtils（存取偏好设置），在这里先统一添加到项目中，在开发时可根据实际情况进行调用。把这四个工具类添加到 utils 文件夹下，单击同步，确保项目能同步完成，如图 10-18 所示。

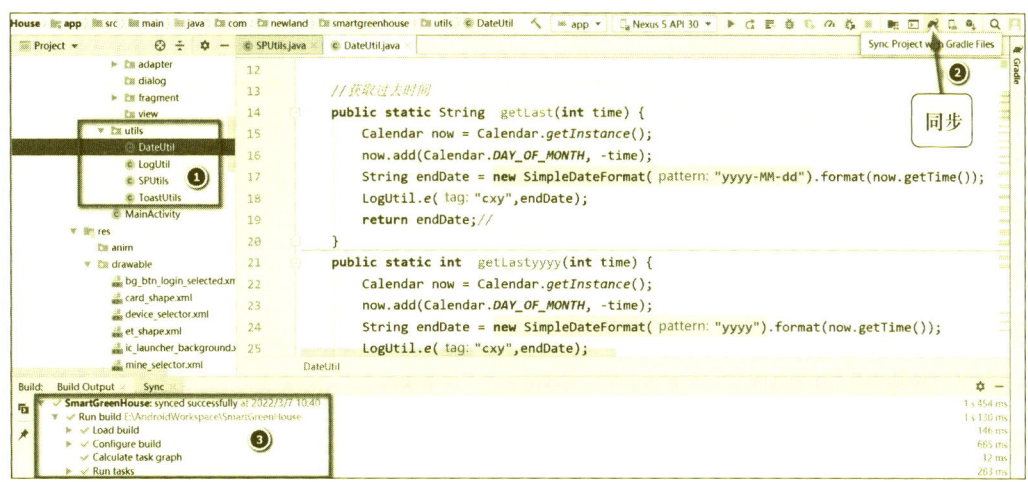

图 10-18 添加工具类到项目中并同步项目

利用刚添加的资源包和工具类进行测试，先在清单文件中修改应用程序名字和应用图标，使用上面添加的图片和字符串资源来修改。

在 res/values/strings.xml 中定义应用的名称为"智慧温室",代码如下:

```xml
<resources>
    <string name="app_name">智慧温室 </string>
</resources>
```

修改和确认清单文件 AndroidManifest.xml 中的 android：icon、android：label 和 android：roundIcon 属性的值,代码如下:

```xml
<application
    android: allowBackup="true"
    android: icon="@mipmap/icon_smartgreenhouse_app"         // 应用的图标
    android: label="@string/app_name"                         // 应用的名字
    android: roundIcon="@mipmap/icon_smartgreenhouse_app"// 圆形图标
    …
</application>
```

在 MainActivity 中添加测试代码,以便程序运行起来就能使用工具类进行当前系统时间的弹窗提示,代码如下:

```java
public class MainActivity extends AppCompatActivity {
    @Override
    protected void onCreate(Bundle savedInstanceState) {
      super.onCreate(savedInstanceState);
      setContentView(R.layout.activity_main);
      ToastUtils.toast(this, " 利用工具类 ToastUtils 和 DateUtil 进行信息提示,当前的时间是: "+ DateUtil.getNowTime());
    }
}
```

程序运行后,可以看到应用程序的图标和名称已使用到了资源文件中的文字和图片，并且程序中也利用 ToastUtils 和 DateUtil 工具类进行了信息提示和时间显示，如图 10-19 所示。

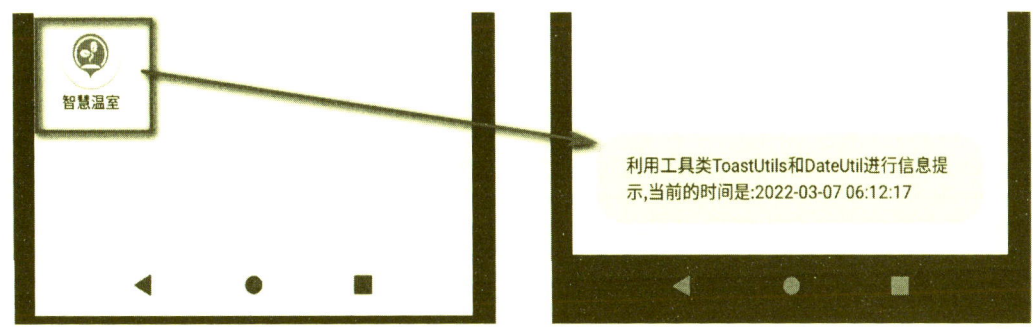

图 10-19　测试工具类的使用结果

三、权限管理

Android 6.0 系统在原有的 AndroidManifest.xml 声明权限的基础上新增了运行时权限动态检测，智慧温室 App 中用到的录音、定位等权限需要进行运行时权限的处理。

（一）权限分类

Android 将权限分为不同的类型，包括安装时权限、运行时权限和特殊权限。每种权限类型都指明了当系统授予应用该权限后，应用可以访问的受限数据范围以及应用可以执行的受限操作范围。

安装时权限授予应用对受限数据的访问权限，并允许应用执行对系统或其他应用只有最低影响的受限操作。只要在清单文件中注册了这些权限，系统就会在用户安装应用时自动授予应用相应权限。

Android 从 6.0 系统开始，为了保护用户隐私，将一些权限放在程序运行的时候去申请。运行时权限功能的核心就是在程序运行过程中由用户授权去执行一些危险操作。这种权限风险较高，应用程序请求的任何危险许可应该显示给用户，并且在继续运行程序之前需得到用户确认。

Android 中所有的危险权限一共有 9 组 24 个，见表 10-2。

表 10–2　　　　　　　　　　危险权限分组

权限分组	权限组中的权限
CALENDAR	READ_CALENDAR、WRITE_CALENDAR
CAMER	CAMERA
CONTACTS	READ_CONTACTS、WRITE_CONTACTS、GET_ACCOUNTS
LOCATION	ACCESS_FINE_LOCATION、ACCESS_COARSE_LOCATION
MICROPHONE	RECORD_AUDIO
PHONE	READ_PHONE_STATE、CALL_PHONE、READ_CALL_LOG、WRITE_CALL_LOG、ADD_VOICEMAIL、USE_SIP、PROCESS_OUTGOING_CALLS
SENSORS	BODY_SENSORS
SMS	SEND_SMS、RECEIVE_SMS、READ_SMS、RECEIVE_WAP_PUSH、RECEIVE_MMS
STORAGE	READ_EXTERNAL_STORAGE、WRITE_EXTERNAL_STORAGE

（二）处理运行时的权限

权限组中的权限只要有一个申请了，则组内其他权限也一并获得了权限。处理运行时权限申请的过程，请遵循以下操作步骤。

第一步：在清单文件中的 manifest 节点中使用 <uses-permission android：name="android.permission. 权限名 "/> 添加权限。

第二步：在代码中使用方法 ContextCompat.checkSelfPermission（上下文参数、具体权限名）判断用户是否授予过授权，用该方法的返回值与 PackageManager.PERMISSION_GRANTED 进行比较，如相等说明用户已授权，否则表示未授权。

第三步：如果用户未授权，则使用 ActivityCompat.requestPermissions（参数 1、参数 2、参数 3）方法向用户申请权限。参数 1 是 Activity 实例对象；参数 2 是一个 String 数组，把申请的权限名放在数组中即可；参数 3 是请求码，只要值是唯一值即可。

第四步：授权之后，系统会弹出一个申请权限的对话框，用户可以同意或拒绝。无论哪种结果，最终都会回调到 onRequestPermissionsResult（请求码、权限、授权结果）方法中，相等则说明已经授权，如果已授权则去处理业务。

(三)处理智慧温室 App 的权限

智慧温室 App 中需要从物联网平台获取传感器数据、需要向物联网云平台发送控制设备的语音指令,需要智慧温室的定位,因此需要的安装时权限有网络访问权限和判断 Wi-Fi 状态的权限,需要的处理运行时的权限有录音和定位等。不管哪一种权限,都需要在清单文件中添加。

在清单文件中的 manifest 节点中添加权限,代码如下:

```
<? xml 版本 ="1.0" 编码 ="utf-8"? >
<manifest xmlns: android="http://schemas.android.com/apk/res/android"
    package="com.newland.smartgreenhouse" >
    <!-- 用于访问网络 -->
    <uses-permission android: name="android.permission.INTERNET" />
    <!-- 获取运营商信息,用于支持提供运营商信息相关的接口 -->
    <uses-permission
android: name="android.permission.ACCESS_NETWORK_STATE" />
    <!-- 用于访问 wi-fi 网络信息,wi-fi 信息会用于进行网络定位 -->
    <uses-permission android: name="android.permission.ACCESS_WIFI_STATE" />
    <!-- 这个权限用于获取 wi-fi 的获取权限,wi-fi 信息会用来进行网络定位 -->
    <uses-permission
android: name="android.permission.CHANGE_WIFI_STATE"/>
    <uses-permission
android: name="android.permission.ACCESS_COARSE_LOCATION" />
    <!-- 用于访问 GPS 定位 -->
    <uses-permission
android: name="android.permission.ACCESS_FINE_LOCATION" />
    <!-- 写入扩展存储,向扩展卡写入数据,用于写入缓存定位数据 -->
    <uses-permission
```

```
android: name="android.permission.WRITE_EXTERNAL_STORAGE"/>
    <!-- 用于申请调用 A-GPS 模块 -->
    <uses-permission
android: name="android.permission.ACCESS_LOCATION_EXTRA_COMMANDS"/>
    <!-- 用于申请调用录音权限 -->
    <uses-permission android: name="android.permission.RECORD_AUDIO" />
    ……
</ manifest>
```

除了在清单文件中添加外,对于运行时权限,还需要用户进行授权。在项目中的 ui.activity 包下新建 LoginActivity 类,对应的布局文件为 activity_login.xml。在 LoginActivity 中编写 requestPermission( )方法用于处理运行时权限的申请、判断用户是否授权,然后进行处理,代码如下:

```
public class LoginActivity extends AppCompatActivity implements
View.OnClickListener {
    @Override
    protected void onCreate(Bundle savedInstanceState) {
        super.onCreate(savedInstanceState);
        setContentView(R.layout.activity_login);
        requestPermission();// 请求权限
        initView();
    }
    // 初始化组件
    public void initView() {
    }
    //Android6.0(API Level 是 23) 后需要动态申请权限
    public boolean isPermissionRequested;
```

```java
public void requestPermission() {
    // 判断是否 API Level>=23 同时还未获得过授权
    if (Build.VERSION.SDK_INT >=23 && !isPermissionRequested) {
        // 需要动态申请的权限
        String[] permissions={
                Manifest.permission.ACCESS_COARSE_LOCATION,
                Manifest.permission.ACCESS_FINE_LOCATION,
                Manifest.permission.ACCESS_LOCATION_EXTRA_COMMANDS,
                Manifest.permission.RECORD_AUDIO
        };
        // 用户未授权的权限集合
        ArrayList<String> permissionsList=new ArrayList<>();
        for (String perm: permissions) {
            if (PackageManager.PERMISSION_GRANTED !=checkSelfPermission(perm)) {
                // 进入到这里代表没有权限
                permissionsList.add(perm);
            }
        }
        if (!permissionsList.isEmpty()) {
            String[] strings=new String[permissionsList.size()];
            // 申请一个或多个权限，并提供用于回调的获取码
            ActivityCompat.requestPermissions(this, permissionsList.toArray(strings), 100);
        }
    }
}
```

```java
@Override
public void onRequestPermissionsResult(int requestCode, String[] permissions, int[] grantResults) {
    super.onRequestPermissionsResult(requestCode, permissions, grantResults);
    // 判断用户是否授权，如果没有授权，提醒用户并退出程序
    if (requestCode==100) {
        if (grantResults[0] !=0) {
            ToastUtils.toast(this," 请先开启权限方可使用! ");
            this.finish();
        }
    }
}
```

（四）权限测试

修改清单文件 AndroidManifest.xml，让 LoginActivity 成为应用的入口，代码如下：

```xml
<activity android: name=".ui.activity.LoginActivity"    >
    <intent-filter>
        <action android: name="android.intent.action.MAIN" />
        <category android: name="android.intent.category.LAUNCHER" />
    </intent-filter>
</activity>
```

运行程序，如果弹出授权页面，说明权限处理是成功的。用户可以选择"While using the app"，代表在整个使用 App 的过程中都允许使用相关权限，也可以选择"Only this time"代表只这一次允许授权，或者选择"Deny"拒绝授权后则程序退出，如图 10-20 所示。

图 10-20　智慧温室 App 的用户授权

至此已经完成了智慧温室 App 的项目搭建，后续就是在此基础上添加业务代码，实现相关功能即可。

思考题

1. 简述智慧温室移动端的数据流向。

2. 简述移动端项目的常见模块划分规则。

3. Android 常见资源有哪些？

4. 如何处理运行时权限？

第十一章
智慧温室 App 核心功能业务开发

本章主要介绍使用不同的布局和组件实现智慧温室 App 界面的设计与开发、使用网络编程技术完成登录物联网平台的安全认证、使用多线程技术从物联网平台获取实时的数据、实现物联网设备智能告警、在线、离线等提示以及实现设备控制等，带领读者熟悉和掌握物联网移动应用核心功能的开发过程。

- **职业功能：** 物联网移动应用开发。
- **工作内容：** 智慧温室 App 业务开发。
- **专业能力要求：** 能使用常用组件，完成物联网数据展示及设备控制的界面开发；能完成界面控件与物联网设备的绑定；能完成物联网数据流转、状态控制、智能报警提示、在线/离线状态的数据展示开发。
- **相关知识要求：** Android 开发基础知识、移动端与物联网平台对接知识。

第一节 界面设计与开发

本节主要介绍使用常用的布局和组件进行智慧温室 App 的界面设计与开发过程。

智慧温室 App 展示的物联网数据来自 ThingsBoard 物联网平台,需要先登录物联网平台获取访问令牌,因此需要制作登录界面。智慧温室的设备有室外温湿度传感器、室内温湿度传感器、循环机和恒温机,需要从物联网平台获取传感数据并显示,显示设备的在线与离线状态,可以控制循环机和恒温机的启动和停止,因此,需要制作数据展示与设备控制界面;当达到报警条件时,记录报警信息,同时界面可以进行一些参数的设置以及可以显示温室的定位信息,因此,需要制作告警页面和个人信息页面,并在个人信息页面中添加地图信息。

考核知识点及能力要求:

- 能选用合适的布局与组件进行界面设计;
- 能熟练使用布局与组件的各项属性设置;
- 能实现登录界面的开发;
- 能实现滑动页面开发;
- 能实现数据展示页和设备控制页界面开发;
- 能实现告警页和我的页(个人信息页)的开发。

一、登录界面开发

登录界面用到的控件有线性布局、文本框、输入框、密码输入框和按钮,当输入账号或密码时会出现删除的图标，可以删除已输入的数据，密码可以显示为明文或密文，效果如图 11-1 所示。

（一）登录界面中用到的布局和组件

1. LinearLayout

制作登录页面，需要把页面上用到的控件按一定的方式排列，这需要使用布局来控制。线性布局（LinearLayout）是布局管理器中最常用的一种布局方式。对于放入其中的元素可按照垂直或水平方向来排列。当线性布局水平排列时，其中的每一个元素都占一列；同理，当线性布局垂直排列时，其中的每一个元素都占一行。

线性布局中有一个非常重要的属性 android: orientation，用于控制控件的排列方向，该属性有垂直显示（vetical）和水平显示（horizontal）两个值，默认值是水平显示。比如有三个按钮，放在线性布局中，代码如下：

图 11-1　登录界面

```
<LinearLayout xmlns: android="http: //schemas.android.com/apk/res/android"
    android: layout_width="match_parent"        // 设置宽度填充父容器
    android: layout_height="match_parent"       // 设置高度填充父容器
    android: orientation="vertical">            // 设置布局方向为垂直显示
    <Button
        android: layout_width="wrap_content"    // 设置按钮的宽度为包裹内容
        android: layout_height="wrap_content"
        android: text="BUTTON1" />              // 设置按钮上显示的文字
    <Button
```

```
            android: layout_width="wrap_content"
            android: layout_height="wrap_content"
            android: text="BUTTON2" />
    <Button
            android: layout_width="wrap_content"
            android: layout_height="wrap_content"
            android: text="BUTTON3" />
</LinearLayout>
```

上述代码中的属性 android: layout_width 用来设置布局或控件的宽度，属性 android: layout_height 用来设置布局或控件的高度，宽度和高度可以设置数值大小，也可以设置为 wrap_content（大小由包裹的内容大小自动伸缩），或者设置为 match_parent（大小填充父容器）。需要注意的是，当控件水平排列时，控件的宽度不能设置为 match_parent，否则其余的控件会被挤出屏幕右侧不显示。同理，如果控件垂直排列时，控件高度不能设置为 match_parent，否则会出现其余控件无法显示的情况。Button 控件中还有一个属性 android: text，是用来设置按钮上的文本内容的。

如果将 android: orientation 属性值设置为 horizontal，控件会水平排列显示，如图 11-2 左图所示；若将该值设置为 vertical，则控件会垂直显示，如图 11-2 右图所示。

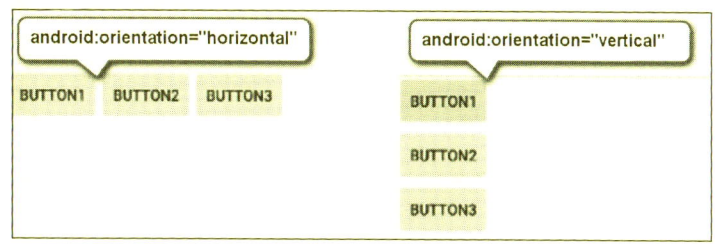

图 11-2　水平与垂直显示的属性值设置

在加入线性布局的控件中可以使用 android: layout_weight 属性，该属性的值为权重大小，通过权重比例调整布局中控件的大小，在进行屏幕适配时起到关键作用。

2. RelativeLayout

相对布局（RelativeLayout）是通过相对定位的方式指定控件的位置，以其他控件或父容器为参照物，摆放控件位置。在设计相对布局时要遵循控件之间的依赖关系，后放入的控件的位置依赖于先放入的控件。

相对布局的属性较多，但是都是有规律的，相对布局相对父容器定位的属性见表11-1，相对某个控件定位的属性见表11-2。

表11-1　　　　　　　　　设置控件相对父容器的位置

控件属性	功能描述
android：layout_centerHorizontal	设置当前控件位于父容器的水平居中位置
android：layout_centerVertical	设置当前控件位于父容器的垂直居中位置
android：layout_centerInParent	设置当前控件位于父容器的中央位置
android：layout_alignParentTop	设置当前控件与父容器顶部对齐
android：layout_alignParentLeft	设置当前控件与父容器左对齐
android：layout_alignParentRight	设置当前控件与父容器右对齐
android：layout_alignParentBottom	设置当前控件与父容器底部对齐

表11-2　　　　　　　　　设置控件相对某个控件的位置

控件属性	功能描述
android：layout_above	设置当前控件位于某个控件的上方
android：layout_below	设置当前控件位于某个控件的下方
android：layout_toLeftOf	设置当前控件位于某个控件的左侧
android：layout_toRightOf	设置当前控件位于某个控件的右侧
android：layout_alignTop	设置当前控件与某个控件顶部对齐
android：layout_alignBottom	设置当前控件与某个控件底部对齐
android：layout_alignLeft	设置当前控件与某个控件左对齐
android：layout_alignRight	设置当前控件与某个控件右对齐

3. TextView

文本框（TextView）可以说是 Android 中最简单的一个控件，它主要用于在界面上显示一段文本信息。开发者可以在代码中设置 TextView 控件属性，如字体大小、样式等。TextView 控件属性较多，常用属性见表 11-3。

表 11-3　　　　　　　　　　　　TextView 常用属性

控件属性	功能描述
android：text	设置显示文本
android：textColor	设置文本的颜色
android：textSize	设置文字大小，推荐单位为 sp
android：textStyle	设置文字样式，如 bold（粗体）、italic（斜体）、bolditalic（粗斜体）等
android：height	设置文本区域的高度
android：width	设置文本区域的宽度
android：maxlength	设置文本长度，超出不显示
android：gravity	设置文本位置
android：layout_height	设置 TextView 控件的高度
android：layout_width	设置 TextView 控件的宽度

4. EditText

输入框（EditText）控件，允许用户在控件里输入和编辑内容。EditText 继承自 TextView，所以 EditText 可以使用 TextView 定义的一些属性。除此之外，EditText 还定义了自己特有的属性。EditText 常用属性见表 11-4。

表 11-4　　　　　　　　　　　　EditText 常用属性

控件属性	功能描述
android：hint	设置 EditText 没有输入内容时显示的提示文本
android：inputType	设置输入文本的文本类型，例如 textPassword 表示输入的文本为密码类型（文本将以"."显示）、phone 表示电话号码类型、date 表示日期类型等

5. Button

按钮（Button）控件是程序与用户交互非常重要的一个控件，用于响应用户的一系列单击、双击、长按等事件。Button 控件使用 android：onClick 属性设置单击事件，如 android：onClick="loginButtonClick" 可以在方法 public void loginButtonClick（View view）方法中处理按钮被单击后的业务流程。

6. ImageView

视图控件（ImageView）是用于在界面上显示图片的控件，这个控件要显示的图片资源一般放在"res/drawable"目录下。可以根据不同的分辨率在 res 目录下创建"drawable"开头的目录，例如 drawable-hdpi 目录、drawable-xhdpi 目录。ImageView 控件使用 android：src 属性把图片当作内容显示；使用 android：background 属性把图片当作背景显示；使用 visibility 属性让图片可见或不可见：android：visibility="gone" 代表可见，android：visibility="invisible" 代表不可见。

7. padding 与 margin

在 Android 的布局中，经常需要给控件和容器设置一些边距，如图 11-3 所示。控件与控件之间的边距称为外边距（margin），控件与其内容的边距称为内边距（padding）。margin 可以使用属性 android：layout_margin 设置四个方向的外边距，比如，android：layout_marginLeft、android：layout_marginTop、android：layout_marginRight、android：layout_marginBottom 分别设置左、上、右、下四个方向的外边距。同理，可以使用属性 android：padding 设置四个方向相同的内边距，也可以加上方向分别设置某个方向的内边距。

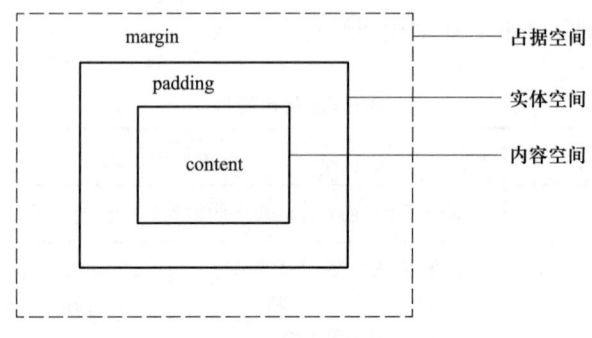

图 11-3　内边距与外边距

（二）实现登录界面

1. 登录界面布局和组件设计

登录界面最外层使用 RelativeLayout 布局，内嵌 LinearLayout 布局，各组件使用情况如图 11-4 所示。

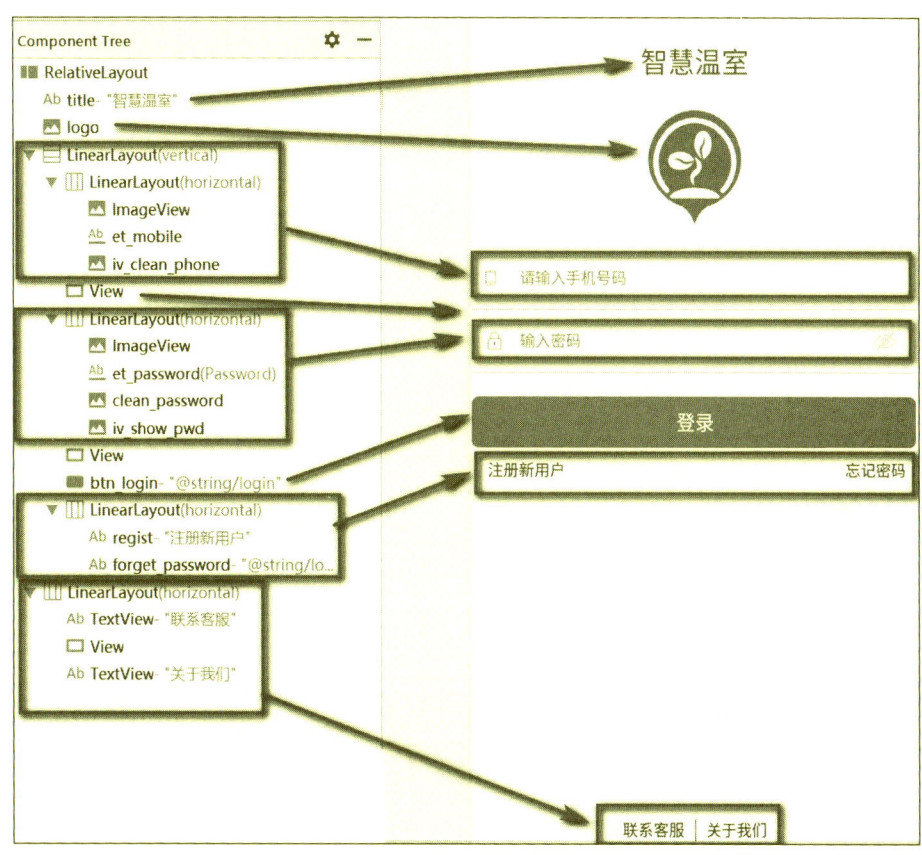

图 11-4 登录界面的布局和组件设计

2. 登录界面布局文件代码

在 LoginActivity 对应的布局文件 activity_login.xml 中编写和整理代码，请遵循以下操作步骤（说明：以下代码展示时有不同的缩进，是因为布局嵌套）。

第一步：编写整体布局框架。布局最外层为 RelativeLayout，代码如下：

```
<?xml version="1.0" encoding="utf-8"?>
<RelativeLayout xmlns: android="http: //schemas.android.com/apk/res/android"
```

```
    android: layout_width="match_parent"

    android: layout_height="match_parent"

    android: fitsSystemWindows="true"

    android: clipToPadding="true"

    android: background="@color/color_ffffff"

    android: orientation="vertical">

    <!-- 标题区 -->

    <!--logo 区 -->

    <!-- 电话号码区 -->

    <!-- 密码区 -->

    <!-- 登录区 -->

    <!-- 注册新用户区 -->

    <!-- 联系客服区 -->

</RelativeLayout>
```

第二步：编写标题区代码。使用 TextView 控件显示标题，代码如下：

```
<!-- 标题区 -->
  <TextView
      android: id="@+id/title"
      android: layout_width="wrap_content"
      android: layout_height="wrap_content"
      android: layout_gravity="right"
      android: layout_centerHorizontal="true"
      android: layout_marginTop="20dp"
      android: text=" 智慧温室 "
      android: textColor="@color/color_587197"
      android: textSize="25dp" />
```

第三步：编写 logo 区代码。使用 ImageView 显示图片，代码如下：

```xml
<!--logo 区 -->
    <ImageView
        android: id="@+id/logo"
        android: layout_width="100dp"
        android: layout_height="100dp"
        android: layout_centerHorizontal="true"
        android: layout_gravity="center"
        android: background="@null"
        android: layout_marginTop="80dp"
        android: scaleType="centerCrop"
        android: src="@mipmap/icon_smartgreenhouse_app" />
```

第四步：编写电话号码区代码。使用 LinearLayout 嵌套布局，代码如下：

```xml
<!-- 电话号码区 -->
    <LinearLayout
        android: layout_width="match_parent"
        android: orientation="vertical"
        android: layout_height="match_parent">
        <LinearLayout
            android: layout_width="match_parent"
            android: layout_height="55dp"
            android: layout_marginTop="200dp"
            android: gravity="center_vertical"
            android: orientation="horizontal"
            android: paddingLeft="13dp">
```

```xml
<ImageView
    android: layout_width="wrap_content"
    android: layout_height="wrap_content"
    android: layout_marginRight="15dp"
    android: src="@mipmap/ic_mobile_flag" />
<EditText
    android: id="@+id/et_mobile"
    android: layout_width="0dp"
    android: layout_height="match_parent"
    android: layout_weight="1"
    android: background="@null"
    android: hint="@string/hint_login_username"
    android: inputType="textVisiblePassword"
    android: maxLength="11"
    android: singleLine="true"
    android: text=""
    android: textColor="@color/color_999999"
    android: textColorHint="@color/color_999999"
    android: textSize="14dp" />
<ImageView
    android: id="@+id/iv_clean_phone"
    android: layout_width="wrap_content"
    android: layout_height="wrap_content"
    android: scaleType="centerInside"
    android: src="@mipmap/ic_clear"
    android: visibility="gone" />
```

```xml
        </LinearLayout>
</LinearLayout>
```

第五步：编写密码区代码。密码区前后用了 View 控件做隔离，代码如下：

```xml
<!-- 密码区 -->
    <View
        android: layout_width="match_parent"
        android: layout_height="1px"
        android: background="@color/color_A2A1A1" />
<!-- 密码输入 -->
    <LinearLayout
        android: layout_width="match_parent"
        android: layout_height="55dp"
        android: gravity="center_vertical"
        android: orientation="horizontal"
        android: paddingLeft="13dp">
        <ImageView
            android: layout_width="wrap_content"
            android: layout_height="wrap_content"
            android: layout_marginRight="15dp"
            android: src="@mipmap/ic_password_flag" />
        <EditText
            android: id="@+id/et_password"
            android: layout_width="0dp"
            android: layout_height="match_parent"
            android: layout_weight="1"
            android: background="@null"
```

```xml
            android:hint="@string/hint_login_password"
            android:inputType="textPassword"
            android:maxLength="30"
            android:singleLine="true"
            android:text=""
            android:textColor="@color/color_999999"
            android:textColorHint="@color/color_999999"
            android:textSize="14dp" />
        <ImageView
            android:id="@+id/clean_password"
            android:layout_width="40dp"
            android:layout_height="fill_parent"
            android:scaleType="centerInside"
            android:src="@mipmap/ic_clear"
            android:visibility="gone" />
        <ImageView
            android:id="@+id/iv_show_pwd"
            android:layout_width="40dp"
            android:layout_height="fill_parent"
            android:layout_marginRight="10dp"
            android:scaleType="centerInside"
            android:src="@mipmap/pass_gone" />
    </LinearLayout>
    <View
        android:layout_width="match_parent"
        android:layout_height="1px"
        android:background="@color/color_A2A1A1" />
```

第六步：编写登录区代码。代码如下：

```xml
<!-- 登录区 -->
    <Button
        android:id="@+id/btn_login"
        android:layout_width="match_parent"
        android:layout_height="45dp"
        android:layout_marginBottom="10dp"
        android:layout_marginTop="21dp"
        android:background="@drawable/bg_btn_login_selected"
        android:text="@string/login"
        android:textColor="@color/color_ffffff"
        android:textSize="18dp" />
```

第七步：编写注册新用户区的代码。代码如下：

```xml
<!-- 注册新用户区 -->
    <LinearLayout
        android:layout_width="match_parent"
        android:orientation="horizontal"
        android:layout_height="wrap_content">
        <TextView
            android:id="@+id/regist"
            android:layout_width="wrap_content"
            android:layout_height="wrap_content"
            android:layout_gravity="right"
            android:layout_marginBottom="10dp"
            android:layout_marginLeft="15dp"
            android:text="注册新用户"
```

```
                android: layout_weight="1"
                android: text Color="@color/color_3D5170"
                android: text Size="14dp" />
            <TextView
                android: id="@+id/forget_password"
                android: layout_width="wrap_content"
                android: layout_height="wrap_content"
                android: layout_gravity="right"
                android: layout_margin Bottom="10dp"
                android: layout_margin Left="21dp"
                android: layout_margin Right="10dp"
                android: text="@string/login_forget_pwd"
                android: text Color="@color/color_3D5170"
                android: text Size="14dp" />
        </LinearLayout>
```

第八步：编写联系客服区代码。代码如下：

```
    <!-- 联系客服区 -->
    <LinearLayout
        android: layout_width="match_parent"
        android: orientation="horizontal"
        android: gravity="center"
        android: padding="10dp"
        android: layout_align ParentBottom="true"
        android: layout_center Horizontal="true"
        android: layout_height="wrap_content">
        <TextView
```

```
            android: layout_width="wrap_content"

            android: layout_height="wrap_content"

            android: layout_gravity="right"

            android: text=" 联系客服 "

            android: textColor="@color/color_3D5170"

            android: textSize="14dp" />

        <View

            android: layout_width="1dp"

            android: layout_marginLeft="10dp"

            android: layout_marginRight="10dp"

            android: background="@color/color_A2A1A1"

            android: layout_height="match_parent"/>

        <TextView

            android: layout_width="wrap_content"

            android: layout_height="wrap_content"

            android: layout_gravity="right"

            android: text=" 关于我们 "

            android: textColor="@color/color_3D5170"

            android: textSize="14dp" />

</LinearLayout>
```

3. 登录界面的事件处理

在 LoginActivity 中编写代码，LoginActivity 类实现 View.OnClickListener 接口，重写 onClick (View v) 方法，处理电话号码输入和删除、密码输入和删除、密码明文和密文的显示切换事件，代码如下：

```
public class LoginActivity extends BaseActivity implements View.OnClickListener {
    private ImageView logo; // 智慧温室 logo
```

```java
private EditText et_mobile; // 电话号码
private EditText et_password; // 密码
private ImageView iv_clean_phone; // 清除电话号码
private ImageView clean_password; // 清除输入的密码
private ImageView iv_show_pwd; // 明文显示密码
private Button btn_login; // 登录按钮
// 加载登录界面布局
protected void onCreate (Bundle savedInstanceState) {
    super.onCreate (savedInstanceState);
    setContentView (R.layout.activity_login);
    requestPermission ( ); // 请求权限
    initView ( );
}
// 初始化组件
public void initView ( ) {
    logo=findViewById (R.id.logo);
    et_mobile=findViewById (R.id.et_mobile);
    et_password=findViewById (R.id.et_password);
    iv_clean_phone=findViewById (R.id.iv_clean_phone);
    clean_password=findViewById (R.id.clean_password);
    iv_show_pwd=findViewById (R.id.iv_show_pwd);
    btn_login=findViewById (R.id.btn_login);
    initListener ( );
}
```

```java
    // 按钮的事件处理
private void initListener ( ) {
    iv_clean_phone.setOnClickListener (this); // 给清除电话图片添加事件
    clean_password.setOnClickListener (this); // 给清除密码图片添加事件
    iv_show_pwd.setOnClickListener (this); // 给显示明文或密文的图片添加事件
    btn_login.setOnClickListener (this); // 给登录按钮添加事件
    // 电话号码输入框的文本改变监听
    et_mobile.addTextChangedListener (new TextWatcher ( ) {
        @Override
    public void beforeTextChanged (CharSequence s, int start, int count, int after) {
        }
        @Override
    public void onTextChanged (CharSequence s, int start, int before, int count) {
        }
// 当有输入时，显示 iv_clean_phone 组件，用于单击后删除输入的电话号码
        @Override
        public void afterTextChanged (Editable s) {
            if (!TextUtils.isEmpty (s) && iv_clean_phone.getVisibility ( )==View.GONE) {
                iv_clean_phone.setVisibility (View.VISIBLE);
            } else if (TextUtils.isEmpty (s)) {
                iv_clean_phone.setVisibility (View.GONE);
            }
        }
    });
    // 密码输入框的文本改变监听
```

```
et_password.addTextChangedListener (new TextWatcher ( ) {
    @Override
    public void beforeTextChanged (CharSequence s, int start, int count, int after) {
    }
    @Override
    public void onTextChanged (CharSequence s, int start, int before, int count) {
    }
    // 当有输入时,显示 clean_password 组件,用于单击后删除输入的密码
    @Override
    public void afterTextChanged (Editable s) {
        if (!TextUtils.isEmpty (s) && clean_password.getVisibility ( )==View.GONE) {
            clean_password.setVisibility (View.VISIBLE);
        } else if (TextUtils.isEmpty (s)) {
            clean_password.setVisibility (View.GONE);
        }
        if (s.toString ( ).isEmpty ( ))
            return;
        if (!s.toString ( ).matches ("［A-Za-z0-9］+")) {
            String temp=s.toString ( );
            Toast.makeText (LoginActivity.this, R.string.please_input_limit_pwd, Toast.LENGTH_SHORT).show ( );
            s.delete (temp.length ( ) - 1, temp.length ( ));
            et_password.setSelection (s.length ( ));
        }
    }
```

```java
            });
    }

        @Override
        public void onClick (View v) {
            int id=v.getId ( );
            switch (id) {
                case R.id.iv_clean_phone:
                    et_mobile.setText (""); // 清空电话输入框
                    break;
                case R.id.clean_password:
                    et_password.setText (""); // 清空密码输入框
                    break;
                case R.id.iv_show_pwd:
                    // 密码明文和密文的显示切换
                    if (et_password.getInputType ( ) !=InputType.TYPE_TEXT_VARIATION_VISIBLE_PASSWORD) {
                        et_password.setInputType (InputType.TYPE_TEXT_VARIATION_VISIBLE_PASSWORD);
                        iv_show_pwd.setImageResource (R.mipmap.pass_visuable);
                    } else {
                        et_password.setInputType (InputType.TYPE_CLASS_TEXT | InputType.TYPE_TEXT_VARIATION_PASSWORD);
                        iv_show_pwd.setImageResource (R.mipmap.pass_gone);
                    }
                    String pwd=et_password.getText ( ).toString ( );
                    if (!TextUtils.isEmpty (pwd))
                        et_password.setSelection (pwd.length ( ));
```

```
                    break;
                case R.id.btn_login:
                    // 这里处理登录的业务,登录成功后跳转到主界面
                    break;
            }
        }
        ...
}
```

上述代码中,登录按钮的业务代码还未实现,此处先预留位置。

二、页面滑动与切换开发

智慧温室 App 有三个页面:设备、告警、我的。这三个页面需要使用 ViewPager 设置 PagerAdapter 来完成页面和数据的绑定、底部菜单切换使用 RadioButton 单选按钮、三个页面使用 Fragment 实现,如图 11-5 所示。

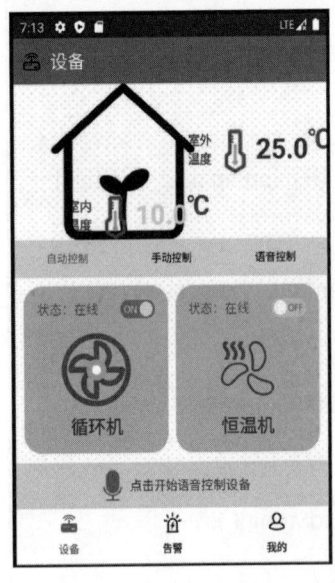

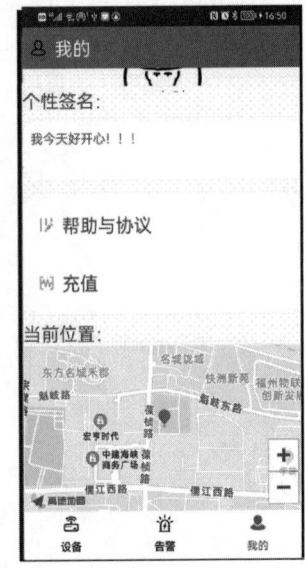

图 11-5 智慧温室 App 页面效果图

（一）页面滑动与切换中用到的组件

1. Fragment

碎片（Fragment）是 Android3.0（API 11）中引入的概念，其主要目的是工作于大屏幕移动设备上，如平板电脑等。大屏幕设备有更多的空间来放置更多的 UI 组件，并且这些组件之间会产生更多的交互。Fragment 允许这样的设计，不需要开发者亲自管理 UI 布局的复杂变化。例如，一个新闻应用可以在屏幕左侧使用一个 Fragment 来展示一个文章的列表，然后在屏幕右侧使用另一个 Fragment 来展示一篇文章。两个 Fragment 并排显示在一个相同的 Activity 中。每一个 Fragment 都拥有自己的一套生命周期回调方法，并能处理 Fragment 的用户输入事件。

Fragment 在应用中表现为一个模块化和可重用的组件。在 Fragment 定义了它自己的布局，以及通过它自己的生命周期回调方法定义了它自己的行为，在使用时可以将 Fragment 包含到多个 Activity 中。

2. ViewPager

视图滑动切换工具（ViewPager）是一个简单的页面切换组件，可以向里面填充多个 View，通过手势滑动可以完成 View 的切换。ViewPager 一般用来做 App 的引导页或者实现图片轮播。ViewPager 使用特定的适配器（Adapter）将 View 和 ViewPager 进行绑定，编写 ViewPager 适配器时要继承 PagerAdapter 类。

3. RadioButton

单选按钮（RadioButton）需要与单选组合框（RadioGroup）配合使用，才能实现多个单选按钮之间的互斥效果。在 RadioGroup 中加入了 RadioButton，RadioButton 需要设置 ID 属性，否则有可能不会出现互斥效果。RadioButton 中的 android：checked 属性用来设置是否选中，默认为 false。

（二）实现页面滑动与切换

1. 主页面布局和组件设计

在 ui.activity 包下新建 SmartMainActivity 作为主页面，对应的布局文件为 smart_activity_main.xml。整个主页面使用 RelativeLayout 布局，上部是 ViewPager 组件用于切换页面，底部是按钮组，如图 11-6 所示。

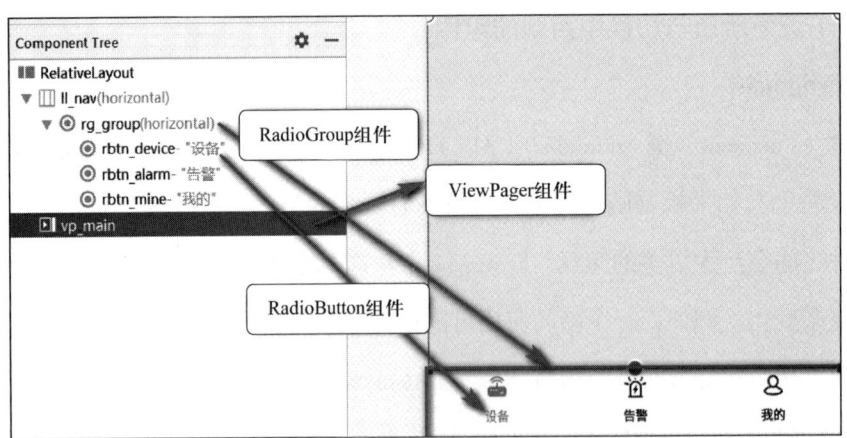

图 11-6　主页面中的组件

2. 底部菜单的图片和文字切换

当选中或者滑动到某个页面时，底部菜单中的按钮组对应按钮的文字和图片会发生变化，选中时为蓝色，未选中时为黑色，因此需要使用选择器来设置。在 drawable 目录中新建四个资源文件，分别为 device_selector.xml、alarm_selector.xml、mine_selector.xml、rbtn_text_selector，创建资源文件如图 11-7 所示。

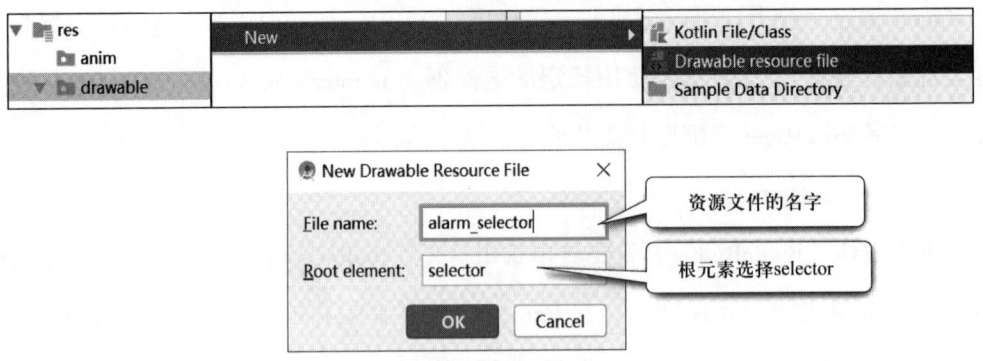

图 11-7　创建资源文件

资源文件中的 state_checked="true" 项用于指定选中时的图片或颜色，否则就是未选中时的图片或颜色，代码如下：

图片选择：
    <item android: state_checked="true"
android: drawable="@mipmap/alarm_fill"/>

```
<item android: drawable="@mipmap/alarm"/>
```

文字颜色:

```
<item android: state_checked="true" android: color="@color/color_1296db"/>
<item android: color="#000000"/>
```

按钮组中的图片和文字设置如图 11-8 所示。

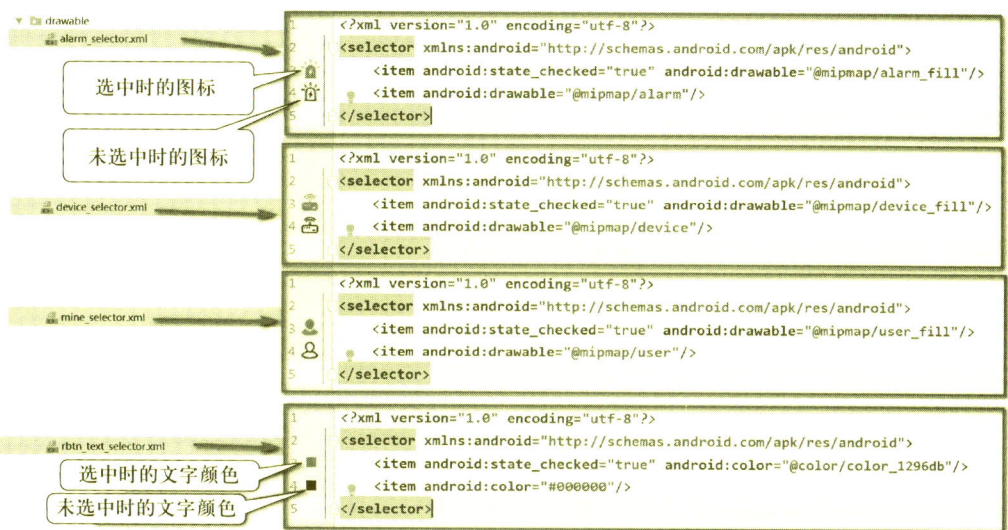

图 11-8 底部菜单中的图片和文字设置

3. 编写主页面布局文件

基于以上的介绍,smart_activity_main.xml 布局文件中的代码如下:

```
<?xml version="1.0" encoding="utf-8"?>
<RelativeLayout xmlns: android="http: //schemas.android.com/apk/res/android"
    xmlns: app="http: //schemas.android.com/apk/res-auto"
    xmlns: tools="http: //schemas.android.com/tools"
    android: layout_width="match_parent"
    android: layout_height="match_parent"
    tools: context=".ui.activity.SmartMainActivity">
```

```xml
<LinearLayout
    android: id="@+id/ll_nav"
    android: layout_width="match_parent"
    android: background="#fff"
    android: layout_alignParentBottom="true"
    android: layout_height="60dp">
    <RadioGroup
        android: id="@+id/rg_group"
        android: layout_width="match_parent"
        android: layout_height="match_parent"
        android: orientation="horizontal">
        <RadioButton
            android: id="@+id/rbtn_device"
            android: layout_width="0dp"
            android: layout_weight="1"
            android: layout_height="match_parent"
            android: button="@null"
            android: textSize="12sp"
            android: gravity="center"
            android: checked="true"
            android: paddingTop="5dp"
            android: drawableTop="@drawable/device_selector"
            android: textColor="@drawable/rbtn_text_selector"
            android: text=" 设备 "/>
        <RadioButton
            android: id="@+id/rbtn_alarm"
```

```xml
            ... // 这里省略了与"设备"按钮设置相同的部分
            android: drawableTop="@drawable/alarm_selector"
            android: textColor="@drawable/rbtn_text_selector"
            android: text=" 告警 "/>
        <RadioButton
            android: id="@+id/rbtn_mine"
            ... // 这里省略了与"设备"按钮设置相同的部分
            android: drawableTop="@drawable/mine_selector"
            android: textColor="@drawable/rbtn_text_selector"
            android: text=" 我的 "/>
    </RadioGroup>
</LinearLayout>
<!-- 页面滑动 -->
<androidx.viewpager.widget.ViewPager
    android: id="@+id/vp_main"
    android: background="#EFECCA"
    android: layout_above="@+id/ll_nav"
    android: layout_width="match_parent"
    android: layout_height="match_parent" />
</RelativeLayout>
```

4. 编写 Fragment 页面及对应的布局文件

三个需要滑动切换的页面分别是设备页、告警页、我的页。这里用三个 Fragment 来充当准备装填进 ViewPager 中的 View。在 ui.fragment 包下新建 DeviceFragment、AlarmFragment、MineFragment，对应的布局文件分别为 fragment_device.xml、fragment_alarm.xml、fragment_mine.xml。创建 Fragment 时选择 "New>Fragment>Fragmeng（Blank）"，会同时创建对应的布局。创建过程示例如图 11-9 所示。

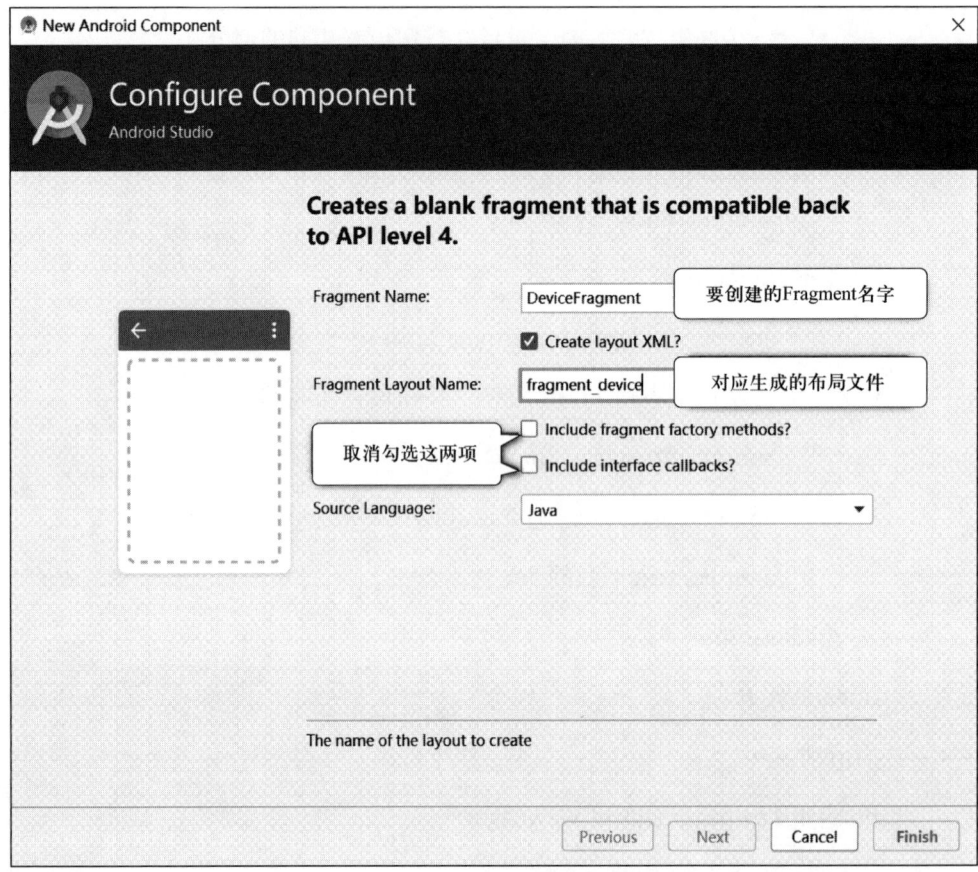

图 11-9　创建 Fragment 布局

三个布局文件中用 android: background 属性修改了背景色,以及都只有一个 TextView 用于简单显示切换到了哪个页面。fragment_device.xml 文件中的代码如下:

```
<?xml version="1.0" encoding="utf-8"?>
<LinearLayout xmlns: android="http: //schemas.android.com/apk/res/android"
    xmlns: tools="http: //schemas.android.com/tools"
    android: layout_width="match_parent"
    android: layout_height="match_parent"
    android: orientation="vertical"
    android: background="@color/color_F7F7F7"
    tools: context=".ui.fragment.DeviceFragment">
```

```
    <TextView
        android: layout_width="match_parent"
        android: layout_height="match_parent"
        android: textColor="@color/color_1296db"
        android: textSize="30sp"
        android: gravity="center"
        android: text=" 设备页 "/>
</LinearLayout>
```

修改 fragment_alarm.xml 文件中 TextView 控件的文字和颜色,其他与 fragment_device.xml 相同。修改处的代码如下:

```
android: textColor="@color/color_FFF44336"    // 修改 TextView 的文字颜色
android: text=" 告警页 "                       // 修改 TextView 的文字
```

修改 fragment_mine.xml 文件中 TextView 控件的文字和颜色,其他与 fragment_device.xml 相同。修改处的代码如下:

```
android: textColor="@color/color_ FFDD33"    // 修改 TextView 的文字颜色
android: text=" 我的页 "                       // 修改 TextView 的文字
```

在用 Fragment 的时候需要在 onCreateView ( ) 方法中返回要显示的视图,作用是关联布局文件。

DeviceFragment 文件中的代码如下:

```
public class DeviceFragment extends Fragment {
    public DeviceFragment ( ) {
    }
    @Override
    public View onCreateView (LayoutInflater inflater, ViewGroup container,
```

Bundle savedInstanceState) {

　　return inflater.inflate (R.layout.fragment_device, container, false);

　}

}

参考 DeviceFragment，AlarmFragment 文件中关联布局的关键代码如下：

return inflater.inflate (R.layout.fragment_alarm, container, false);

参考 DeviceFragment，MineFragment 文件中关联布局的关键代码如下：

return inflater.inflate (R.layout.fragment_mine, container, false);

5. 编写页面切换的适配器

在 adapter 包下新建 ViewPager 使用的适配器文件 VpAdapter，继承自 FragmentPager-Adapter。在构造方法中传入要管理的 Fragment 集合，在 getItem ( ) 方法中返回选中的 Fragment，在 getCount ( ) 方法中返回 Fragment 集合的成员个数，代码如下：

```
public class VpAdapter extends FragmentPagerAdapter {
    List<Fragment> list;
    public VpAdapter (FragmentManager fm, List<Fragment> list) {
        super (fm);
        this.list=list;   // 传入要管理的 Fragment 集合
    }
    @Override
    public Fragment getItem (int position) {
        return list.get (position);   // 返回选中的 Fragment
    }
    @Override
    public int getCount ( ) {
        return list.size ( ); // 返回 Fragment 集合的成员个数
```

        }
    }

6. 编写页面切换的逻辑代码

在 SmartMainActivity 中编写代码，进行组件初始化，给 Fragment 集合添加三个成员，初始化适配器，将 ViewPager 与适配器绑定，添加页面切换的事件监听，添加按钮组的单选事件监听。代码如下：

```java
public class SmartMainActivity extends AppCompatActivity {
    ViewPager vpMain; //ViewPager 组件
    List<Fragment> list; //Fragment 集合
    DeviceFragment deviceFragment; // 设备页
    MineFragment mineFragment; // 我的页
    AlarmFragment alarmFragment; // 告警页
    VpAdapter vpAdapter; // ViewPager 对应的适配器
    RadioGroup radioGroup; // 按钮组组件
    @Override
    protected void onCreate (Bundle savedInstanceState) {
        super.onCreate (savedInstanceState);
        setContentView (R.layout.smart_activity_main);
        initView ( );
    }
    // 初始化组件
    private void initView ( ){
        vpMain=findViewById (R.id.vp_main);
        radioGroup=findViewById (R.id.rg_group);
        deviceFragment=new DeviceFragment ( );
        mineFragment=new MineFragment ( );
```

```
alarmFragment=new AlarmFragment ( );
list=new ArrayList<> ( );
list.add (deviceFragment); // 把 Fragment 放到集合中
list.add (alarmFragment);
list.add (mineFragment);
// 生成适配器对象并传入 Fragment 集合
vpAdapter=new VpAdapter (getSupportFragmentManager ( ), list);
vpMain.setAdapter (vpAdapter); // 绑定适配器
// 页面改变的事件监听
vpMain.setOnPageChangeListener (new ViewPager.OnPageChangeListener ( ) {
    @Override
    public void onPageScrolled (int position, float positionOffset, int positionOffsetPixels) {
    }
    @Override
    public void onPageSelected (int position) {
        switch (position){
            case 0: // 页面被选中时对应的单选按钮被选中
                radioGroup.check (R.id.rbtn_device); // 设备按钮
                break;
            case 1:
                radioGroup.check (R.id.rbtn_alarm); // 告警按钮
                break;
            case 2:
                radioGroup.check (R.id.rbtn_mine); // 我的按钮
                break;
        }
```

```
        }
        @Override
        public void onPageScrollStateChanged (int state) {
        }
    });
    // 按钮组的单选事件监听
    radioGroup.setOnCheckedChangeListener (new
RadioGroup.OnCheckedChangeListener ( ) {
        @Override
    public void onCheckedChanged (RadioGroup group, int checkedId) {
            switch (checkedId){
                case R.id.rbtn_device:
                    vpMain.setCurrentItem (0); // 绑定设备页
                    break;
                case R.id.rbtn_alarm:
                    vpMain.setCurrentItem (1); // 绑定告警页
                    break;
                case R.id.rbtn_mine:
                    vpMain.setCurrentItem (2); // 绑定我的页
                    break;
            }
        }
    });
}
// 对外提供方法，用于获取各个 Fragment
  public DeviceFragment getDeviceFragment ( ) {
```

```
            return deviceFragment;
        }
    public MineFragment getMineFragment ( ) {
            return mineFragment;
        }
    public AlarmFragment getAlarmFragment ( ) {
            return alarmFragment;
        }
}
```

修改清单文件,让 SmartMainActivity 成为程序的主入口,代码如下:

```
<activity android: name=".ui.activity.SmartMainActivity" >
    <intent-filter>
            <action android: name="android.intent.action.MAIN" />
            <category android: name="android.intent.category.LAUNCHER" />
    </intent-filter>
</activity>
```

7. 验证滑动切换的效果

运行程序,验证滑动切换的效果,如图 11-10 所示。

三、数据展示与设备控制界面开发

在设备页里需要进行传感数据展示与设备控制,针对智慧温室中的室内外温度传感器、循环机和恒温机,需要展示室内外温度传感器的数据、控制循环机和恒温机的启停、需要显示设备的在线与离线状态。

(一)展示与控制界面设计

数据展示与设备控制界面最外层采用 LinearLayout,如图 11-11 所示。

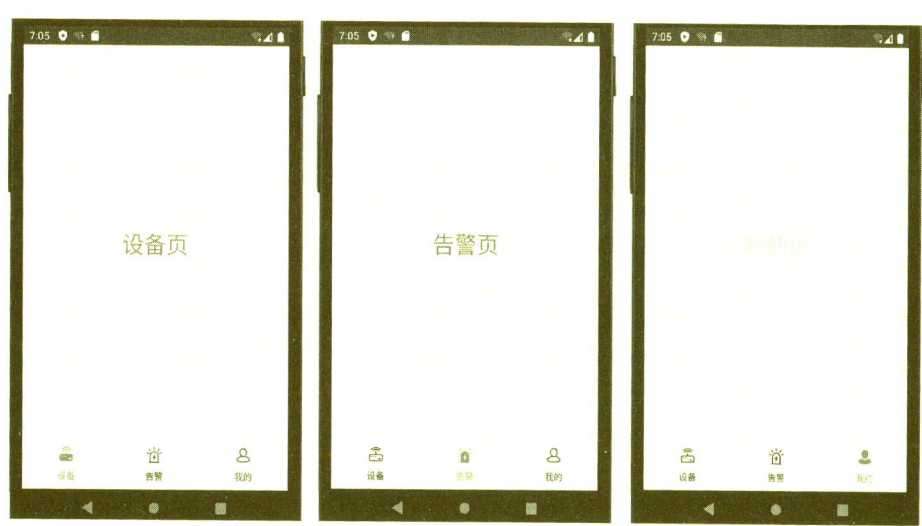

图 11-10 滑动切换效果图

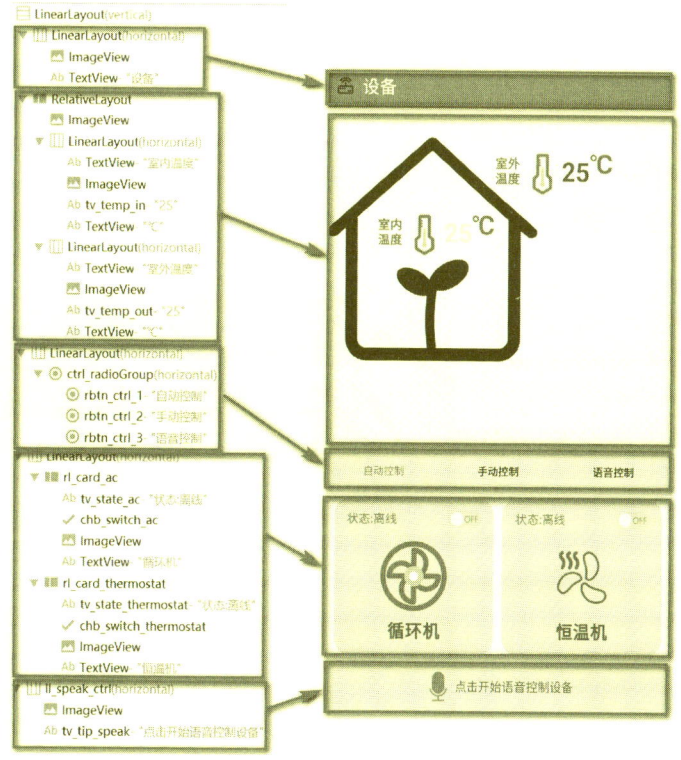

图 11-11 展示与控制界面设计

(二)编写展示与控制界面代码

在 drawable 目录中新建一个资源文件 power_selector.xml,用于开关设备时的图片

293

切换，代码如下：

```
<?xml version="1.0" encoding="utf-8"?>
<selector xmlns: android="http: //schemas.android.com/apk/res/android">
    <item android: state_checked="true" android: drawable="@mipmap/on"/>
    <item android: drawable="@mipmap/off"/>
</selector>
```

在 fragment_device.xml 中编写代码，实现展示界面，因为该界面用到的元素都已经在上面的代码中介绍过，这里不再展开，读者可以自行实现。

四、告警页面开发

告警页面主要用于展示告警信息，当超过设定阈值时，推送告警信息。

（一）告警界面设计

告警页面使用 LinearLayout 进行嵌套，最外层是垂直方向，里层的 LinearLayout 是水平方向。告警的具体信息在 RecyclerView 控件中展示，如图 11-12 所示。

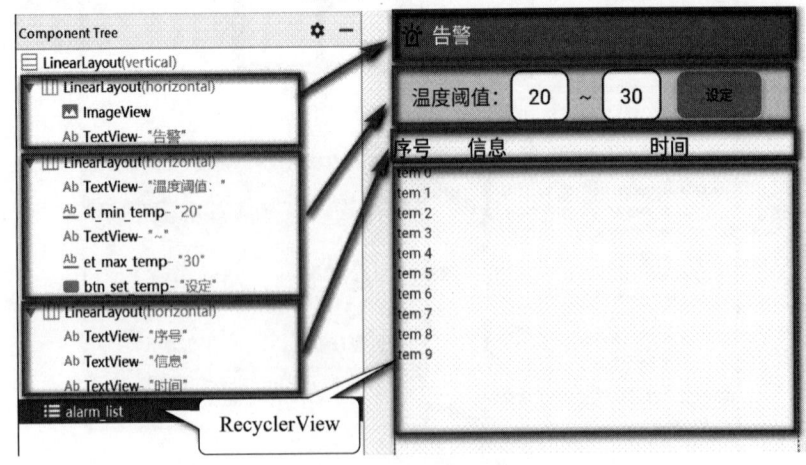

图 11-12　告警界面设计

（二）编写告警界面代码

在 fragment_alarm.xml 中编写代码，RecyclerView 控件部分的关键代码如下：

```xml
<?xml version="1.0" encoding="utf-8"?>
<LinearLayout xmlns: android="http: //schemas.android.com/apk/res/android"
    // 这里省略若干代码 >
    <androidx.recyclerview.widget.RecyclerView
    android: id="@+id/alarm_list"
    android: layout_weight="1"
    android: layout_width="match_parent"
    android: layout_height="match_parent"/>
</LinearLayout>
```

五、个人信息界面开发

（一）个人信息界面设计

个人信息界面主要用来进行一些参数的设置，个人信息界面设计如图 11-13 所示。

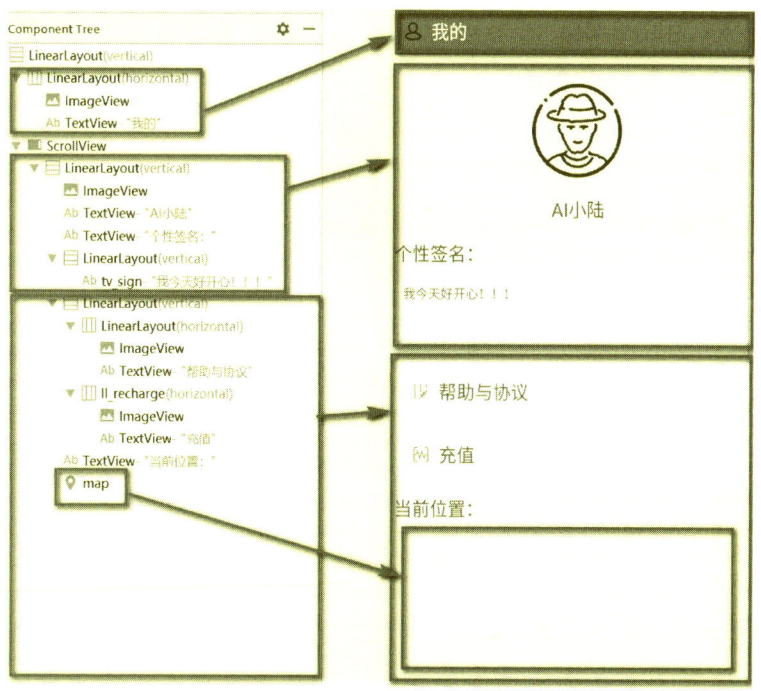

图 11-13　个人信息界面设计

(二)编写个人信息界面代码

在 fragment_mine.xml 中编写个人信息界面代码,地图控件部分的关键代码如下:

```
<com.amap.api.maps.MapView
    android: id="@+id/map"
    android: layout_width="match_parent"
    android: layout_height="200dp"/>
```

第二节 登录物联网平台

本节主要介绍登录物联网云平台时如何处理身份认证、网络安全策略、GET 方式和 POST 方式的请求数据以及如何解析物联网云平台的响应数据。

考核知识点及能力要求:

- 能使用安全认证方式登录物联网云平台;
- 能添加网络安全策略;
- 能处理 GET 方式和 POST 方式的请求数据;
- 能解析物联网云平台的响应数据;
- 能封装网络连接的工具类;
- 能解决登录过程中出现的错误。

一、封装 OkHttp 工具类

OkHttp 是一个开源的、很出色的网络通信库,在接口封装上做得简单易使用,目前已经成为 Android 开发的首选网络通信库。

(一)添加 OkHttp 依赖库

在使用 OkHttp 之前,要先在项目中添加 OkHttp 库的依赖。OkHttp 内部依赖另一个开源库 Okio,Okio 是 OkHttp 的通信基础。从物联网云平台返回的数据大部分使用 JSON 格式,因此也一并添加 JSON 解析库的依赖。在 app/build.gradle 文件中的 dependencies 闭包中添加依赖的关键代码如下:

```
implementation 'com.squareup.okhttp3: okhttp: 3.10.0'

implementation 'com.squareup.okio: okio: 1.17.2'

implementation 'com.alibaba: fastjson: 1.2.78'
```

上述代码在智慧温室 App 搭建时已在清单文件中添加,同时因为需要访问网络,因此网络的相关权限也已添加。

(二)OkHttp 的 GET 请求与 POST 请求

1. 使用 OkHttp 发送 GET 请求

使用 OkHttp 发送 GET 请求,请遵循以下操作步骤。

第一步:创建 OkHttpClient 实例。通过 OkHttpClient 类创建对应的实例。示例代码如下:

```
OkHttpClient client=new OkHttpClient ( );
```

第二步:创建一个 Request 对象。用于发送 HTTP 请求,默认是 GET 方式。示例代码如下:

```
Request request=new Request.Builder ( ).build ( );
```

第三步:设置要连接的参数。上述代码只是创建了一个空的 Request 对象,想要让它连接网络发送请求还需要在 build ( ) 方法前连缀其他方法,比如设置要连接的

URL 等。示例代码如下:

```
Request request=new Request.Builder ( )
                .url ("api.nlecloud.com")
                .build ( );
```

第四步:调用 OkHttpClient 的 newCall ( ) 方法来创建一个 CALL 对象,传入 Request 对象,并调用它的 execute ( ) 方法来发送请求并获得从服务器返回的数据。示例代码如下:

```
try {
    Response response=client.newCall (request).execute ( );
    String data=  response.body ( ).string ( );
} catch (IOException e) {
    e.printStackTrace ( );
}
```

要注意使用 OkHttp 的 Response,最低要求的 API level 为 19,如果不满足要求,读者需要修改 gradle 中的 API 版本。

2. 使用 OkHttp 发送 POST 请求

使用 OkHttp 发送 POST 请求,应遵循以下操作步骤。

第一步:声明媒体类型为 JSON。媒体类型在一些协议的消息头中叫作 Content-Type,用 utf-8 编码格式。示例代码如下:

```
public static final MediaType JSON=MediaType.parse ("application/json; charset=utf-8");
```

第二步:创建 OkHttpClient 实例。示例代码如下:

```
OkHttpClient client=new OkHttpClient ( );
```

第三步:创建一个 RequestBody 对象,用来存放待提交的数据,其中 json 就是要提交的数据的 JSON 格式数据。示例代码如下:

```
RequestBody requestBody=RequestBody.create (JSON, json);
```

第四步：创建 Request 对象，调用 post（）方法，并将 RequestBody 对象传入，用到的 url 地址要根据实际的地址进行更改。示例代码如下：

```
Request request=new Request.Builder ()
        .url ("api.nlecloud.com")
        .post (requestBody)
        .build ( );
```

第五步：调用一个 OkHttpClient 的 newCall（）方法创建 CALL 对象，传入 Request 对象，并调用它的 execute（）方法来发送请求并获得从服务器返回的数据。示例代码如下：

```
try {
    Response response=client.newCall (request).execute ( );
    String data=response.body ( ).string ( );
} catch (IOException e) {
    e.printStackTrace ( );
}
```

（三）封装智慧温室使用的 OkHttp 帮助类

基于上一节的分析，为方便智慧温室 App 的 HTTP 请求，在 net 包下新建 HttpHelper 类，封装 OkHttp 的 GET 请求和 POST 请求，代码如下：

```
public class HttpHelper {
    private static final MediaType JSON=MediaType.parse ("application/json; charset=utf-8"); // 声明媒体类型为 JSON
    private static OkHttpClient client;
    static {
```

```java
            client=new OkHttpClient ( ).newBuilder ( ).addNetworkInterceptor (new TokenInterceptor ( )).build ( ); // 创建 OkHttpClient 实例并添加拦截器
        }
        // 发送 GET 请求
        public static String get (String url) throws IOException {
            Request request=new Request.Builder ( ).url (url).build ( ); // 构建 Request 对象
            try (
                    Response response=client.newCall (request).execute ( )) {
                return response.body ( ). string ( ); // 获得从服务器返回的数据
            }
        }
        // 发送 GET 请求并携带请求头参数
        public static String getWithHeader (String url, HashMap<String, String> headers) throws IOException {
            Request.Builder builder=new Request.Builder ( );
            for (String key: headers.keySet ( )){
                builder.addHeader (key, headers.get (key));
            }
            Request request=builder.url (url).build ( );
            try (Response response=client.newCall (request).execute ( )) {
                return response.body ( ).string ( );
            }
        }
        // 发送 POST 请求并携带 JSON 格式的字符串参数
        public static String post (String url, String json) throws IOException {
            RequestBody body=RequestBody.create (JSON, json);
```

```
        Request request=new Request.Builder ( ).url (url).post (body).build ( );
        try (Response response=client.newCall (request).execute ( )) {
            return response.body ( ).string ( );
        }
    }
    // 发送 POST 请求并携带 JSON 对象的参数
    public static String postJSON (String url, JSONObject json) throws IOException {
        RequestBody body=RequestBody.create (JSON, String.valueOf (json));
        Request request=new Request.Builder ( ).url (url).post (body).build ( );
        try (Response response=client.newCall (request).execute ( )) {
            return response.body ( ).string ( );
        }
    }
    // 发送 POST 请求并携带要上报的参数和请求头
    public static String postWithHeader (String url, HashMap<String, String> params , HashMap<String, String> headers) throws IOException {
        FormBody.Builder formBuilder=new FormBody.Builder ( );
        for (String key: params.keySet ( )){
            formBuilder.add (key, params.get (key));
        }
        RequestBody body=formBuilder.build ( );
        Request.Builder builder=new Request.Builder ( );
        for (String key: headers.keySet ( )){
            builder.addHeader (key, headers.get (key));
        }
        Request request=builder.url (url).post (body).build ( );
```

```
try (Response response=client.newCall (request).execute ( )) {
    return response.body ( ).string ( );
        }
    }
}
```

上述代码中使用到的拦截器 TokenInterceptor 会在下一节中进行解释。

二、登录 ThingsBoard 物联网云平台

ThingsBoard 提供了 RESTful 供第三方应用与 ThingsBoard 进行交互。ThingsBoard 的 RESTful 使用 Swagger 框架（一个规范和完整的框架用于生成、描述、调用和可视化 RESTful 风格的 Web 服务），默认访问地址可通过 Swagger UI 获得。安装 ThingsBoard 服务器后，可以使用以下 URL 打开 RESTful 互式文档 http：//YOUR_HOST: PORT/swagger-ui.html，也可以通过官网获取。

ThingsBoard 的接口安全使用 JWT(Json Web Token，是基于 JSON 的一个公开规范) 在用户和服务器之间传递安全可靠的信息，是目前较为流行的跨域认证解决方案。登录 ThingsBoard 后，登录的用户名和密码将交换为 ACCESS_TOKEN。智慧温室移动端使用 HTTP 协议从 ThingsBoard 请求数据和发送控制指令给 ThingsBoard，在每个 HTTP 请求中需携带 ACCESS_TOKEN 和 ThingsBoard 进行数据交互。

（一）ThingsBoard 的 RESTful 认证

登录 ThingsBoard 所用的 RESTful 是：http：// THINGSBOARD_URL /api/auth/login，获取 ACCESS_TOKEN 的命令如下：

```
curl -i -X POST --header 'Content-Type: application/json' --header 'Accept: application/json' -d '{"username": " 登录账号 ", "password": " 密码 "}'
  'http: //THINGSBOARD_URL/api/auth/login'
```

命令成功后的响应如下：

```
{"token": "$YOUR_JWT_TOKEN",
"refreshToken": "$YOUR_JWT_REFRESH_TOKEN"}
```

以第一章第二节部署的单体应用 ThingsBoard 为例。假设 ThingsBoard 服务器所在的 IP 是 192.168.43.166，端口是 9090，租户管理员账号是 tenant@thingsboard.org，密码是 tenant，在 Windows 下使用 curl 命令获取 ACCESS_TOKEN 的指令如下：

```
curl -i -X POST --header "Content-Type: application/json" --header "Accept: application/json" -d
"{""username"": ""tenant@thingsboard.org"", ""password"": ""tenant""}"
http: //192.168.43.166: 9090/api/auth/login
```

命令发送成功后，会返回 ACCESS_TOKEN，如图 11-14 所示。

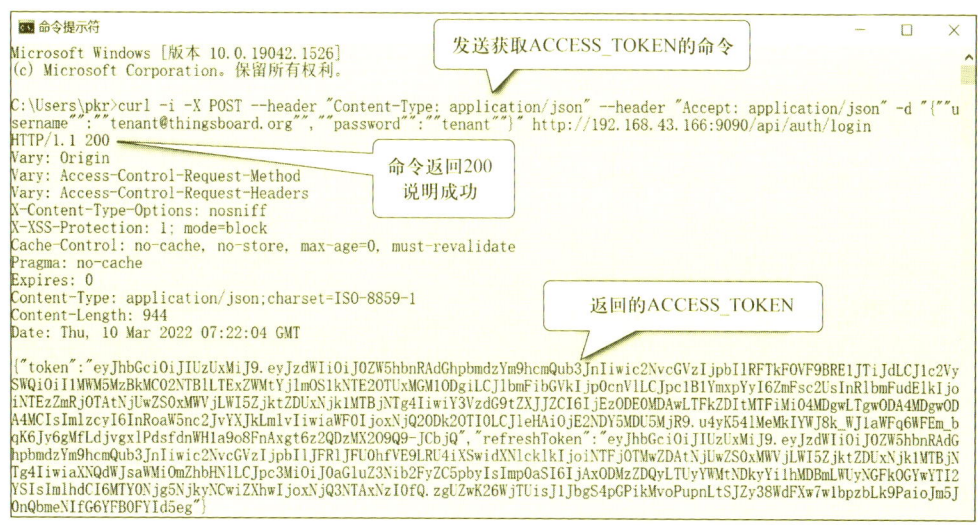

图 11-14　获取 ACCESS_TOKEN

获取 ACCESS_TOKEN 后，使用后续的 API 时应该将"X-Authorization"标头设置为"Bearer $YOUR_JWT_TOKEN"。

（二）AIoT 平台 ThingsBoard 的 RESTful 认证

智慧温室移动端从 AIoT 平台中的 ThingsBoard 平台获取数据。登录过程是：先登录 AIoT 平台，得到 AIoT 平台的 ACCESS_TOKEN（这里用 aiotToken 描述）后，用 aiotToken

登录 ThingsBoard。从 ThingsBoard 成功返回的 ACCESS_TOKEN（这里用 accessToken 描述）才是后续数据交互需要的访问令牌。

1. 新建 Config 类用于记录登录用的信息

在 net 包下新建 Config 类，把登录 AIoT 平台需要的 URL 和授权码、通过 AIoT 平台登录 ThingsBoard 的 URL 作为变量记录下来。代码如下：

```
public class Config {
    //AIoT 平台用户登录 URL
    public static String URL_LOGIN="http: //sso-gateway.nlecloud.com/nledu-cloud-sso-uaa/oauth/token";
    // 登录 AIoT 平台的授权码
    public static String AUTH_AIOT="Basic bmxlZHUtY2xvdWQtc3NvLXVhYToxMjM0NTY=";
    // 通过 AIoT 平台登录 ThingsBoard 的 URL
    public static String URL_GET_TBTOKEN="http: //teaching-gateway.nlecloud.com/api-upms/user/getTbUserToken";
}
```

2. 新建拦截器用于添加认证标头

获取 ACCESS_TOKEN 后，使用后续的 API 时应该将"X-Authorization"标头设置为"Bearer $YOUR_JWT_TOKEN"。可以在拦截器中定义 accessToken 变量。登录成功后，把应答的 ACCESS_TOKEN 赋值过来，后面的所有请求通过拦截器携带 ACCESS_TOKEN。在 net 包下新建类 TokenInterceptor，实现 Interceptor 接口并重写相关 intercept () 方法，代码如下：

```
public class TokenInterceptor implements Interceptor {
    private static final String TOKEN_KEY="X-Authorization";
    public static String aiotToken;//AIoT 平台的 ACCESS_TOKEN，在登录到 AIoT 时使用
    public static String accessToken; //ThingsBoard 平台的 ACCESS_TOKEN，在登录到 AIoT 的 ThingsBoard 时使用
```

```
@Override
public Response intercept (Chain chain) throws IOException {
    Request request=chain.request ( );
    if (accessToken !=null){// 如果登录 AIoT 成功
        request=request.newBuilder ( )
                // 将 accessToken 添加到认证标头
                .addHeader (TOKEN_KEY, accessToken)
                .build ( );
    }
    Response response=chain.proceed (request);
    return response;
}
```

3. 新建 TbCloud 类用于与物联网云平台进行数据交互

在 net 包下创建类 TbCloud 用于与物联网云平台进行数据交互，这里先完成登录的交互。在类中添加无参构造方法，添加 login ( ) 方法用于登录 AIoT 平台，添加 getTbToker ( ) 方法用于登录 AIoT 平台中的 ThingsBoard。具体流程在以下代码中进行了解释：

```
public class TbCloud {
    private static Logger logger=Logger.getLogger ("TbCloud");
    public TbCloud ( ){  }
    /**
     * 登录 AIoT 平台
     * @param username    AIoT 平台的账号
     * @param password    AIoT 平台的密码
     * @return
     * @throws RuntimeException
```

```java
 * @throws IOException
 */
public boolean login (String username, String password) {
    String url=Config.URL_LOGIN;
    HashMap<String, String> params=new HashMap<> ( );
    params.put ("grant_type", "password"); // 登录 AIoT 平台需要的授权类型参数
    params.put ("username", username); // 登录 AIoT 平台需要的账号参数
    params.put ("password", password); // 登录 AIoT 平台需要的密码参数
    HashMap<String, String> headers=new HashMap<> ( );
    headers.put ("Authorization", Config.AUTH_AIOT); // 登录 AIoT 平台的授权码
    String response=null;
    try {
        // 使用 POST 向 AIoT 平台发起登录请求并获取响应值
        response=HttpHelper.postWithHeader (url, params, headers);
    } catch (IOException e) {
        e.printStackTrace ( );
    }
    logger.info (response);
    JSONObject jsonObj=JSONObject.parseObject (response);
    Integer code=jsonObj.getInteger ("code"); // 获取返回码
    if (code.equals (200)) {// 返回码为 200 代表连接成功
        // 将 AIoT 平台应答的 aiotToken 赋值给拦截器
        TokenInterceptor.aiotToken="bearer "+jsonObj.getJSONObject ("data").getString ("access_token");
        logger.info ("aiotToken=" + TokenInterceptor.aiotToken);
        return true;
```

```
        }else {
            return false;
        }
    }
    /**
     * 登录 AIoT 平台中的 ThingsBoard
     */
    public boolean getTbToker ( ) {
        String url=Config.URL_GET_TBTOKEN;
        HashMap<String, String> headers=new HashMap<> ( );
        // 使用 AIoT 平台的 aiotToken
        headers.put ("Authorization", TokenInterceptor.aiotToken);
        String response=null;
        try {
            // 使用 GET 向 AIoT 平台的 ThingsBoard 发起登录请求并获取响应值
            response=HttpHelper.getWithHeader (url, headers);
        } catch (IOException e) {
            e.printStackTrace ( );
        }
        logger.info (response);
        JSONObject jsonObj=JSONObject.parseObject (response);
        Integer code=jsonObj.getInteger ("code");
        if (code.equals (200)) {
            // 将 ThingsBoard 应答的 accessToken 赋值给拦截器
            TokenInterceptor.accessToken="Bearer "+jsonObj.getString ("data");
            logger.info ("accessToken=" + TokenInterceptor.accessToken);
```

```
            return true;
        }else {
            return false;
        }
    }
}
```

（三）添加网络安全策略允许当前应用使用 HTTP 请求

从 Andorid9.0（API 28）系统开始，限制了明文流量的网络请求，非加密的流量请求都会被系统禁止。所以，如果当前应用的请求是 HTTP 请求而非 HTTPS 请求，就会被系统禁止。因为智慧温室移动端连接服务器使用的是 HTTP，因此需要进行安全策略配置以支持 HTTP 的连接，否则会报以下错误：

```
java.net.UnknownServiceException: CLEARTEXT communication to wanandroid.com not permitted by network
```

配置安全策略的方法有很多种，最常用的是在 res 的 xml 目录下，新建一个 network_security_config.xml 文件（文件名自定义），文件中的代码如下：

```xml
<?xml version="1.0" encoding="utf-8"?>
<network-security-config>
    <base-config cleartextTrafficPermitted="true" />
</network-security-config>
```

在清单文件的 application 标签中配置，代码如下：

```
<application
    android: networkSecurityConfig="@xml/network_security_config"
    ... >
</application>
```

(四)登录功能的实现

在 LoginActivity 类的登录按钮的 onClick() 方法中处理登录的业务,代码如下:

```java
TbCloud tbCloud;
@Override
public void onClick (View v) {
    int id=v.getId ( );
    switch (id) {
        ...
        case R.id.btn_login: // 处理登录的业务
            tbCloud=new TbCloud ( );
            final String username=et_mobile.getText ( ).toString ( ); // 获取账号
            final String password=et_password.getText ( ).toString ( ); // 获取密码
            new Thread (new Runnable ( ) {// 在新线程中处理登录的耗时任务
                @Override
                public void run ( ) {
                    if (tbCloud.login (username, password)){//AIoT 平台认证成功
                        // 登录 AIoT 平台的 ThingsBoard,获取 ThingsBoard 的 ACCESS_TOKEN
                        boolean flag=tbCloud.getTbToker ( );
                        if (!flag)//ThingsBoard 认证失败
                        {
                            ToastUtils.toast (LoginActivity.this, " 认证失败 !");
                            return;
                        }
                        //ThingsBoard 认证失败,返回 UI 线程,跳转到主界面
                        runOnUiThread (new Runnable ( ) {
```

```
                    @Override
                    public void run ( ) {
             Intent intent=new Intent (LoginActivity.this, SmartMainActivity.class);
                        startActivity (intent); // 跳转到主界面
                    }
                });
            }else{//AIoT 平台认证失败
                runOnUiThread (new Runnable ( ) {
                    @Override
                    public void run ( ) {
                        ToastUtils.toast (LoginActivity.this, " 登录失败！ ");
                    }
                });
            }
        }
    }).start ( );
    break;
}
```

修改清单文件中的主入口为 LoginActivity，运行程序，登录成功后会跳转到主界面。至此就完成了登录物联网云平台的业务处理。

第三节 数据展示

本节主要介绍如何从物联网云平台获取设备的最新遥测数据，实现设备数据的获取并分析数据状态，把传感数据与设备进行绑定，更新设备的在线与离线状态。

考核知识点及能力要求：

- 能查阅文档获取物联网云平台相应的 API；
- 能使用相应的 API 获取最新的遥测数据；
- 能获取设备的在线与离线状态；
- 能解析物联网云平台返回的数据；
- 能在界面上进行数据的展示；
- 能在界面上更新设备的状态。

一、从物联网云平台获取传感数据

在第五章实现的智慧温室的基础上，移动端成功登录 ThingsBoard 后，从 ThingsBoard 中获取室内外温度的最新遥测数据以及循环机和恒温机的最新状态。

（一）分析获取最新遥测的 RESTful

查阅 ThingsBoard 官网，获取指定 entityTyte 和 entityId 的所有属性值 values 列表的 RESTful，代码如下：

```
http (s): //host: port/api/plugins/telemetry/{entityType}/{entityId}/values/
```

timeseries{?keys, useStrictDataTypes}

其中，entityType 是实体类型，这里要设为 DEVICE；entityId 是设备 ID；keys 是遥测值的 key 名称；useStrictDataTypes 代表是否严格数据格式，选 true 或 false 都行。在返回的属性值 value 中包含了设备的最新遥测值。

假设有一个温湿度传感器的设备 ID 为"2344cdf40-98e9-11ea-a395-29ac603606d4"，遥测值的 key 为温度（temperature）和湿度（humidity），获取最新遥测数据的写法如下：

localhost: 8080/api/plugins/telemetry/DEVICE/2344cdf40-98e9-11ea-a395-29ac603606d4/values/timeseries?keys=temperature, humidity&useStrictDataTypes=false

响应的数据如下：

{"temperature": [{"ts": 1589793820234, "value": "26.4"}], "humidity": [{"ts": 1589793820234, "value": "77.6"}]}

（二）封装获取最新遥测数据的相关方法

依据上面获取最新遥测值的 RESTful，在 Config 类里添加相关变量，设备 ID 要依据实际的设备进行修改，代码如下：

```
public class Config {
    // 获取最新遥测值的 RESTful 的前缀部分
    public static String URL_TB_TELEMETRY_BASE="http: // tb.nlecloud.com/api/plugins/telemetry/DEVICE/";
    // 获取最新遥测值的 RESTful 的中间部分
    public static String URL_GET_TELEMETRY="/values/timeseries";
    // 以下 4 项设备 ID, xxxx 处请替换成您的对应设备的 ID
    // 室外温湿度传感器的设备 ID
    public static String ID_TEMP_OUT="xxxx";
    // 室内温湿度传感器的设备 ID
```

```
public static String ID_TEMP_IN="xxxx";
// 循环机的设备 ID
public static String ID_AC="xxxx";
// 恒温机的设备 ID
public static String ID_THERMOSTAT="xxxx";
…
}
```

在 TbCloud 类里添加有参构造方法，接收 DeviceFragment 参数，添加 getDevicesTelemetry()方法，用于获取最新遥测值，代码如下：

```
public class TbCloud {
    …
    DeviceFragment deviceFragment;
    public TbCloud (DeviceFragment deviceFragment) {
        this.deviceFragment=deviceFragment;
    }
    /**
     * 获取最新遥测数据
     * @param deviceId 设备 ID
     * @param keys 遥测值的 key
     * @return  遥测数据集合
     * @throws IOException
     */
    public Map<String, JSONObject> getDevicesTelemetry (String deviceId, String... keys) {
        if (deviceId==null || deviceId.trim ( ).length ( )==0) {
            return null;
        }
```

```
            // 组装获取最新遥测值的 URL
            StringBuilder url=new StringBuilder (Config.URL_TB_TELEMETRY_BASE);
    url.append (deviceId).append (Config.URL_GET_TELEMETRY).append ("?keys="+keys[0]);
            for (int i=1; i < keys.length; i++) {
                url.append (", ").append (keys[i]);
            }
            url.append ("&useStrictDataTypes =false");
            String response=null;
            try {
                response=HttpHelper.get (url.toString ( )); // 使用 get 方式获取
            } catch (IOException e) {
                e.printStackTrace ( );
            }
            logger.info (response);
            // 保存获取到的数据的集合
            Map<String, JSONObject> data=new HashMap<> ( );
            JSONObject jsonObj=JSONObject.parseObject (response);
            for (int i=0; i < keys.length; i++){
                // 按关键字解析从物联网云平台返回来的 JSON 数据
                JSONArray arr=jsonObj.getJSONArray (keys[i]);
                data.put (keys[i], arr.getJSONObject (0));
            }
            return data;
        }
    }
```

二、展示设备数据及在线、离线状态

利用封装好的获取遥测数据的方法，实现设备数据的获取并分析状态，把传感数据与设备进行绑定，更新设备在线与离线状态。

（一）查看最新遥测数据的 key 值与设备的对应关系

打开 ThingsBoard 中的智慧温室项目，查看设备信息，观察遥测数据对应的 key 值，如图 11-15 所示。

图 11-15　最新遥测数据的 key 值

由此得知，室内外温度传感器设备的遥测数据的 key 值是"temperature"，循环机和恒温机遥测数据的 key 值是"value"，所以，凭着最新遥测 key 值和设备 ID，可利用封装好的方法获取对应设备的数据，示例代码如下：

// 获取室内温湿度传感器的最新遥测数据

Map<String, JSONObject> data_in=tbCloud.getDevicesTelemetry (Config.ID_TEMP_IN, "temperature");

// 获取恒温机的最新状态遥测数据

Map<String, JSONObject> data_thermostat=tbCloud.getDevicesTelemetry (Config.ID_THERMOSTAT, "value");

（二）绑定设备进行数据展示及在线与离线状态更新

为了获取室内温度、室外温度的最新遥测值和循环机、恒温机的最新状态，可以利用线程每隔 5 秒从 ThingBoard 平台获取数据，进行设备绑定，判断最新遥测值，如果距离上一次接收数据的时间超过 10 秒，则认为设备离线，更新设备状态。详细流程在代码中进行了注释，在 net 包下新建类 GetDataThread，代码如下：

```java
public class GetDataThread extends Thread {
    TbCloud tbCloud; // 与物联网云平台进行数据交互的对象
    SmartMainActivity mainActivity; // 主界面
    DeviceFragment deviceFragment; // 设备页
    public GetDataThread (SmartMainActivity mainActivity){
        this.mainActivity=mainActivity;
        deviceFragment=mainActivity.getDeviceFragment ( );
        tbCloud=new TbCloud (deviceFragment);
    }
    @Override
    public void run ( ) {
        super.run ( );
        while (true){
            // 获取室内传感器的最新温度遥测数据
            Map<String, JSONObject> data_in=
tbCloud.getDevicesTelemetry (Config.ID_TEMP_IN, "temperature");
            // 获取室外传感器的最新温度遥测数据
            Map<String, JSONObject> data_out=
tbCloud.getDevicesTelemetry (Config.ID_TEMP_OUT, "temperature");
            // 获取循环机的最新状态遥测数据
            Map<String, JSONObject> data_ac=
tbCloud.getDevicesTelemetry (Config.ID_AC, "value");
```

```java
            // 获取恒温机的最新状态遥测数据
            Map<String, JSONObject> data_thermostat=
tbCloud.getDevicesTelemetry (Config.ID_THERMOSTAT, "value");
            // 获取系统当前时间
            final long currTime=System.currentTimeMillis ( );
            // 计算真实的室内外温度
            final double temp_in=
Double.valueOf (data_in.get ("temperature").getString ("value"))/10;
            final double temp_out=
Double.valueOf (data_out.get ("temperature").getString ("value"))/10;
            // 更新设备页上的室内外温度值
            mainActivity.runOnUiThread (new Runnable ( ) {
                @Override
                public void run ( ) {
    deviceFragment.getTvTempIn ( ).setText (String.valueOf (temp_in));
    deviceFragment.getTvTempOut ( ).setText (String.valueOf (temp_out)); }
            });
            // 获取循环机返回最新遥测数据时的时间
            final long ts_ac=data_ac.get ("value").getLong ("ts");
            // 获取循环机返回最新遥测数据时的状态
            final boolean state_ac=data_ac.get ("value").getBoolean ("value");
        // 判断设备是否在线：如果 10 秒后还未收到最新值，则认为设备离线
            mainActivity.runOnUiThread (new Runnable ( ) {
                @Override
                public void run ( ) {
                    if ( (currTime-ts_ac)/1000>10){
```

```
                    // 如果循环机离线，更新背景为灰色，标志更新为"离线"
deviceFragment.getRlCardAC ( ).setBackground (mainActivity.getResources ( ).getDrawable (R.drawable.card_shape));
                        deviceFragment.getTvStateAC ( ).setText (" 状态 : 离线 ");
                    }else{
                    // 如果循环机在线，则更新背景为草绿色，标志更新为"在线"
deviceFragment.getRlCardAC ( ).setBackground (mainActivity.getResources ( ).getDrawable (R.drawable.card_shape_online));
                        deviceFragment.getTvStateAC ( ).setText (" 状态 : 在线 ");
                    }
                }
            });
            final long ts_thermostat=data_thermostat.get ("value").getLong ("ts");
            final boolean state_thermostat=data_ac.get ("value").getBoolean ("value");
            mainActivity.runOnUiThread (new Runnable ( ) {
                @Override
                public void run ( ) {
                    if ( (currTime-ts_thermostat)/1000>10){
                    // 如果恒温机离线，更新背景为灰色，标志更新为"离线"
deviceFragment.getRlCardThermostat ( ).setBackground (mainActivity.getResources ( ).getDrawable (R.drawable.card_shape));
                        deviceFragment.getTvStateThermostat ( ).setText (" 状态 : 离线 ");
                    }else{
                    // 如果恒温机在线，则更新背景为草绿色，标志更新为"在线"
deviceFragment.getRlCardThermostat ( ).setBackground (mainActivity.getResources ( ).
```

```
            getDrawable (R.drawable.card_shape_online));
                    deviceFragment.getTvStateThermostat ( ).setText (" 状态 : 在线 ");
                }
            }
        });
        try {
            Thread.sleep (5000);
        } catch (InterruptedException e) {
            e.printStackTrace ( );
        }
    }
}
```

修改 SmartMainActivity 类，添加线程对象，在 onCreate ( ) 方法中启动线程，代码如下：

```
public class SmartMainActivity extends AppCompatActivity {
    ...
    GetDataThread getDataThread; // 获取设备最新遥测数据及设备状态的线程
    @Override
    protected void onCreate (Bundle savedInstanceState) {
        super.onCreate (savedInstanceState);
        setContentView (R.layout.smart_activity_main);
        initView ( );
        getDataThread=new GetDataThread (this);
        getDataThread.start ( ); // 启动线程
    }
```

```
    ...
}
```

(三)验证最新遥测数据的获取及设备状态的更新

运行程序,到 AIoT 平台开启 ThingsBoard、开启终端等待 tb-gateway 网关的容器启动成功、开启虚拟仿真的模拟数据,获取最新遥测数据并显示在界面上,同时设备的状态更新为"在线"状态,循环机和恒温机的背景色更新为草绿色,如图 11-16 所示。

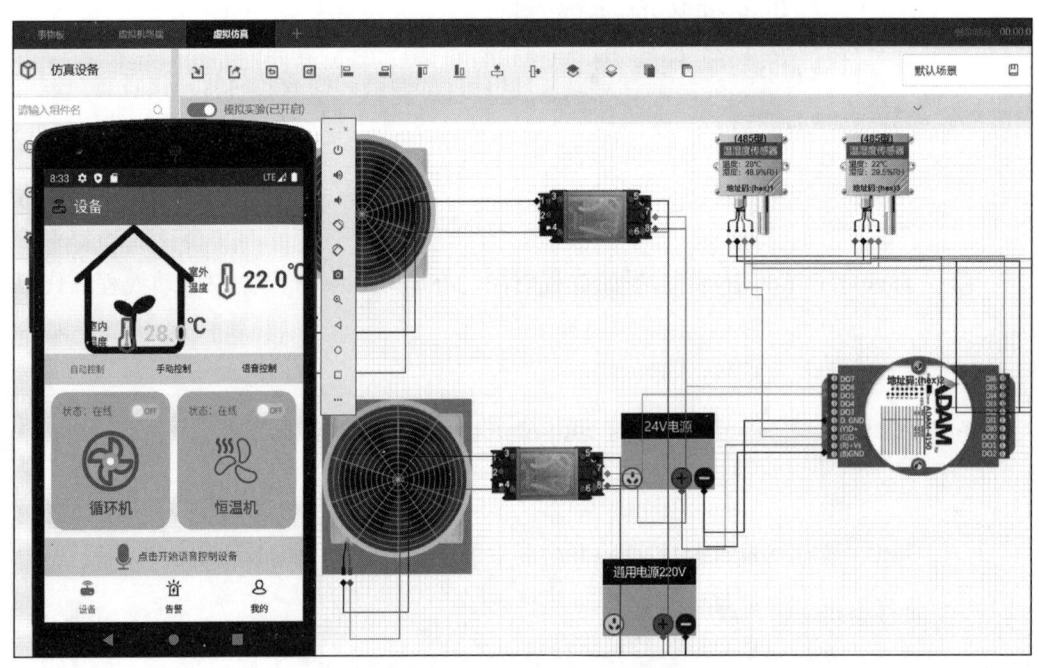

图 11-16 设备的遥测数据及在线状态

关闭仿真的模拟数据,可以看到设备状态更新为离线状态,循环机和恒温机的背景色更新为灰色。

第四节 设备控制

本节主要介绍如何通过规则链进行设备控制。移动端获取到室内外温度后，当满足控制要求时，发送控制指令对设备进行控制。这里分两步实现，首先要在 ThingsBoard 上添加规则链，这个规则链可以接收遥测指令，并实现控制仿真平台的设备，然后再改成在移动端发送遥测指令实现设备控制。需要说明的是，本节的设备控制是基于第五章的网关配置进行操作的，如果读者学习第九章时修改过网关设置，把物联网平台的网关恢复成第五章的配置即可。

考核知识点及能力要求：

- 能添加设备及设备的关联关系；
- 能编写控制设备的规则链；
- 能将规则链添加到根规则链中；
- 能实现手动控制设备；
- 能实现自动控制设备；
- 能解决设备控制过程中出现的问题。

一、在 ThingsBoard 上添加规则链实现控制设备

在 ThingsBoard 上添加两个设备，用于接收发送的遥测控制指令，并使用规则链进行 RPC 指令发送，把控制指令传递到仿真平台的循环机和恒温机设备，以达到控制仿真平台的设备的目的。

(一)添加设备及关联关系

1. 添加设备

在 ThingsBoard 上新添加两个设备,分别为"安卓控制恒温机"和"安卓控制循环机"。添加设备时的"Device profile"采用默认即可。这两个设备用来接收 Android 程序通过遥测发来的控制指令。添加好的设备如图 11-17 所示。

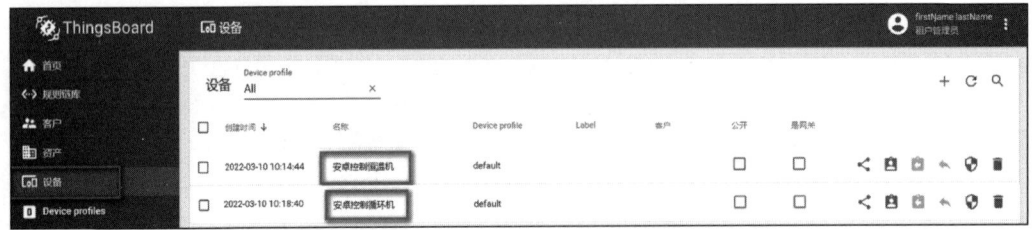

图 11-17 添加"安卓控制恒温机"和"安卓控制循环机"设备

2. 添加设备的关联关系

给新添加的两个设备增加关联关系,"安卓控制恒温机"关联设备"green_thermostat","安卓控制循环机"关联设备"green_airCirculator",方向都是"到",代表分别控制智慧温室的对应设备,如图 11-18 所示。

图 11-18 添加关联关系

（二）添加"控制设备"规则链

1. 新增规则链并添加到根规则链中

新增一条规则链，名称为"控制设备"，并把它链接到根规则链中，如图 11-19 所示。

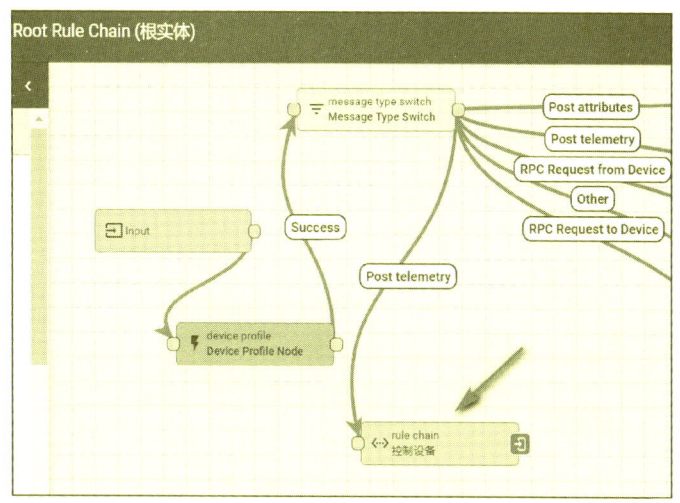

图 11-19　将"控制设备"规则链添加到根规则链中

编辑"控制设备"规则链，添加四个节点，如图 11-20 所示。

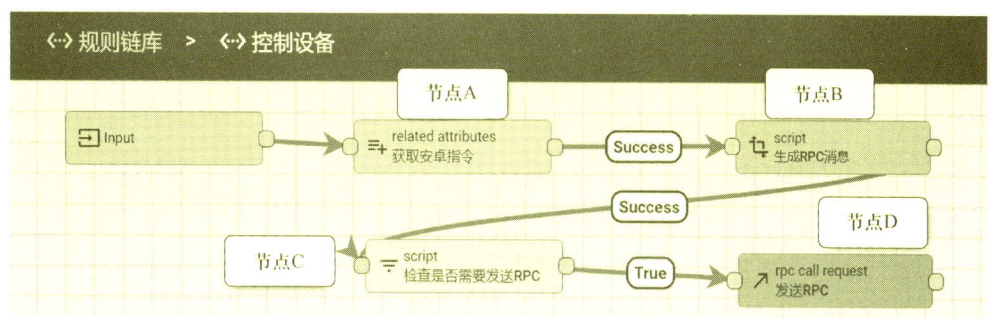

图 11-20　"控制设备"规则链中的节点

2. 节点 A

节点 A 用于增强关联实体属性。编辑节点 A，关联类型选"Contains"，实体类型选"设备"，添加两项遥测数据源，分别为"ctrl_thermostat"和"ctrl_airCirculator"，如图 11-21 所示。

这里填写的"ctrl_thermostat"和"ctrl_airCirculator"是用来发送控制指令的 key 值。

图 11-21 添加关联实体

3. 节点 B

节点 B 用于生成 RPC 消息，在函数中填写代码实现当收到控制指令时，将控制指令向下传给 tb-gateway。收到"ctrl_airCirculator"的值为"1"时打开循环机，为"0"时关闭。收到"ctrl_thermostat"的值为"1"时打开恒温机，为"0"时关闭。函数中的代码如下：

```
var newMsg={};
if (metadata.deviceName=='green_airCirculator'){// 如果是循环机
    if (metadata.ctrl_airCirculator=='1') {// 打开循环机
        newMsg.method="setValue";
        newMsg.params=[1, 1, 1, 1, 1, 1, 1];
    }else{// 关闭循环机
        newMsg.method="setValue";
        newMsg.params=[0, 0, 0, 0, 0, 0, 0];
    }
}
```

```
if (metadata.deviceName=='green_thermostat'){// 如果是恒温机
    if (metadata.ctrl_thermostat=='1') {// 打开恒温机
        newMsg.method="setValue";
        newMsg.params=［1, 1, 1, 1, 1, 1, 1, 1］;
    }else{// 关闭恒温机
        newMsg.method="setValue";
        newMsg.params=［0, 0, 0, 0, 0, 0, 0, 0］;
    }
}
return {
    msg: newMsg,
    metadata: metadata,
    msgType: msgType
};
```

4. 节点 C 和节点 D

节点 C 用于判断是否发送 RPC，节点 D 用于发送 RPC，创建过程与第五章所讲解的过程完全一样，这里不再展开。

（三）测试设备控制规则链

编辑并保存好规则节点后，复制两个设备的访问令牌，假设"安卓控制循环机"的访问令牌是"LwkmdricfF8P7LZSw3pY"，"安卓控制恒温机"的访问令牌是"lHKfq4KQqM96pJDCZu9A"。注意，访问令牌一定要依据实际的设备情况进行修改。查阅 ThingsBoard 官网得知，使用 curl 发送控制设备的遥测指令的命令如下：

打开循环机设备：

curl -i -X POST -d "{""ctrl_airCirculator"": ""1""}"

http://tb.nlecloud.com/api/v1/LwkmdricfF8P7LZSw3pY/telemetry --header "Content-Type: application/json"

关闭循环机设备：

curl -i -X POST -d　"{""ctrl_airCirculator"": ""0""}"

http: //tb.nlecloud.com/api/v1/LwkmdricfF8P7LZSw3pY/telemetry --header "Content-Type: application/json"

打开恒温机设备：

curl -i -X POST -d　"{""ctrl_thermostat"": ""1""}"

http: //tb.nlecloud.com/api/v1/lHKfq4KQqM96pJDCZu9A/telemetry --header "Content-Type: application/json"

关闭恒温机设备：

curl -i -X POST -d　"{""ctrl_thermostat"": ""0""}"

http: //tb.nlecloud.com/api/v1/lHKfq4KQqM96pJDCZu9A/telemetry --header "Content-Type: application/json"

打开 AIoT 中的智慧温室项目，可以看到能控制成功，说明规则链是正确的，如图 11-22 所示。

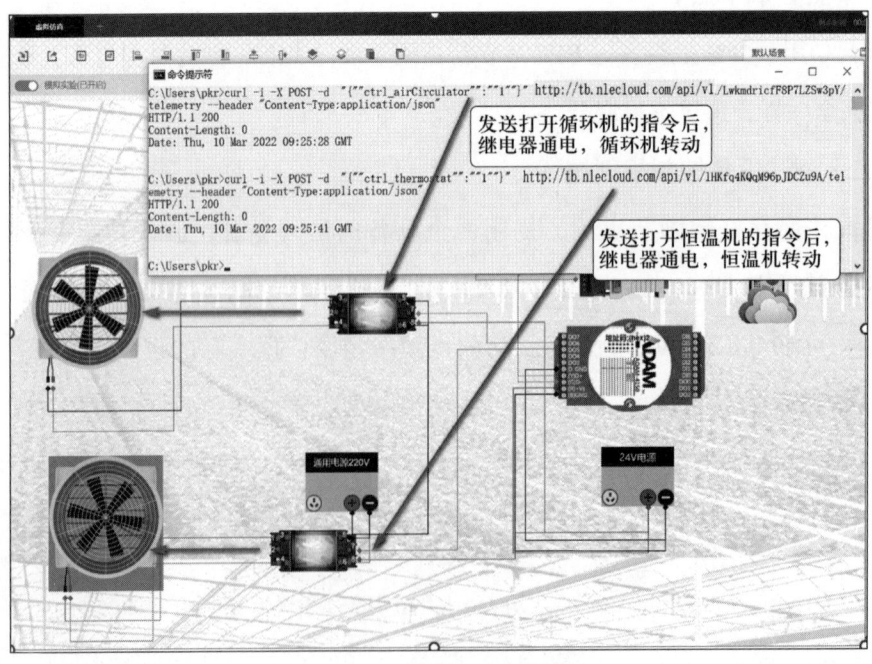

图 11-22　控制设备的效果图

再次发送关闭指令后,就可以将设备关闭,读者可自行尝试。

二、在移动端实现远程控制设备

通过移动端远程控制设备分为自动控制、手动控制和语音控制三种方式。自动控制是按需求实现当满足条件时自动发送指令进行设备控制,手动控制是当需要时可以直接发送指令进行设备控制,语音控制通过使用百度实时语音包实现。

(一)手动控制

在上一节的"控制设备"的规则链中,接收控制指令是通过接收遥测值实现的。遥测数据的 key 分别是"ctrl_thermostat"和"ctrl_airCirculator",值为"1"是打开设备,值为"0"是关闭设备。

将遥测数据发布到 ThingsBoard,使用 POST 请求发送 RESTful 是 http(s)://host:port/api/v1/$ACCESS_TOKEN/telemetry。这里的 ACCESS_TOKEN 是设备的访问令牌。发送的控制指令的 key 值与上一节规则链中的相同,为了组装方便,在 Config 类里添加相关变量,代码如下:

```
public class Config {
    ...
    // 发送遥测值到 ThingsBoard 的 RESTful 的前缀部分
    public static String URL_TB_TEL_BASE="http://tb.nlecloud.com/api/v1/";
    // 发送遥测值到 ThingsBoard 的 RESTful 的中间部分
    public static String URL_TEL="/telemetry";


    // 循环机和恒温机的访问令牌,xxxx 处请替换成您的设备的访问令牌
    // 控制循环机的命令中的 key 值
    public static String CMD_AC_KEY="ctrl_airCirculator";
    // 循环机的访问令牌
```

```java
    public static String TOKEN_AC="xxxx";

// 控制恒温机的命令中的 key 值
public static String CMD_THERMOSTAT_KEY="ctrl_thermostat";
// 恒温机的访问令牌
public static String TOKEN_THERMOSTAT="xxxx";
}
```

在 TbCloud 类里新增 sendCmds()方法,按发送遥测数据的 RESTful 构成组装相关参数,添加 HTTP 协议头为 "Content-Type","application/json",向 ThingsBoard 发送 POST 请求实现控制指令的发送,同时添加控制设备和改变开关状态的 handlerDevice()方法,代码如下:

```java
public class TbCloud {
    ...
    /**
     * 发送设备控制指令
     * @param deviceToken 设备访问令牌
     * @param key    控制设备指令的 key
     * @param value   控制设备指令的 value
     * @return
     * @throws IOException
     */
    public boolean sendCmds (String deviceToken, String key, String value) {
        if (deviceToken==null||deviceToken.trim().length()==0){
            return false;
        }
        // 组装发送遥测数据的 RESTful 相关
```

```java
StringBuilder url=new StringBuilder (Config.URL_TB_TEL_BASE);
url.append (deviceToken).append (Config.URL_TEL);
JSONObject json=new JSONObject ( );
json.put (key, value);
HashMap<String, String> headers=new HashMap<> ( );
headers.put ("Content-Type", "application/json"); // 添加认证头
String response=null;
try {
    // 发送 POST 请求并获取响应值
    response=HttpHelper.postJSON (url.toString ( ), json);
} catch (IOException e) {
    e.printStackTrace ( );
}
logger.info (response);
return true;
}
/**
 * 控制设备及改变开关状态
 * @param state
 * @param tag
 */
public void handlerDevice (String state, String tag){
    switch (tag){
        case "ac":
            if (state.equals ("OPEN")){// 开循环机
                sendCmds (Config.TOKEN_AC, Config.CMD_AC_KEY, "1");
```

```java
                    deviceFragment.getActivity ( ).runOnUiThread (new Runnable ( ) {
                        @Override
                        public void run ( ) {
                            deviceFragment.getChbSwitchAC ( ).setChecked (true);
                        }
                    });
                }else{// 关循环机
                    sendCmds (Config.TOKEN_AC, Config.CMD_AC_KEY, "0");
                    deviceFragment.getActivity ( ).runOnUiThread (new Runnable ( ) {
                        @Override
                        public void run ( ) {
                            deviceFragment.getChbSwitchAC ( ).setChecked (false);
                        }
                    });
                }
                break;
            case "thermostat":
                if (state.equals ("OPEN")){// 开恒温机
                    sendCmds (Config.TOKEN_THERMOSTAT, Config.CMD_THERMOSTAT_KEY, "1");
                    deviceFragment.getActivity ( ).runOnUiThread (new Runnable ( ) {
                        @Override
                        public void run ( ) {
                            deviceFragment.getChbSwitchThermostat ( ).setChecked (true);
                        }
                    });
                }else{// 关恒温机
```

```
sendCmds (Config.TOKEN_THERMOSTAT, Config.CMD_THERMOSTAT_KEY, "0");
            deviceFragment.getActivity ( ).runOnUiThread (new Runnable ( ) {
                @Override
                public void run ( ) {
deviceFragment.getChbSwitchThermostat ( ).setChecked (false);
                }
            });
        }
        break;
    }
  }
}
```

修改设备页对应的 DeviceFragment 类，让该类实现接口 View.OnClickListener，在类中初始化组件，判断当前是在手动控制的模式下。如果循环机和恒温机的控制开关被选中，则发送"1"控制设备开，否则发送"0"控制设备关，代码如下：

```
public class DeviceFragment extends Fragment implements View.OnClickListener{
    TextView tvTipSpeak; // 语音提示
    LinearLayout llSpeakCtrl; // 语音控制所在的线性布局
    boolean startSpeak; // 开始语音的标志
    RelativeLayout rlCardThermostat, rlCardAC; // 循环机和恒温机设备所在的布局
    TextView tvStateThermostat, tvStateAC;
    TextView tvTempIn, tvTempOut;
    CheckBox chbSwitchAC, chbSwitchThermostat;
    TbCloud tbCloud;
    RadioGroup ctrl_radioGroup; // 按钮组组件
    int ctrl_flag=1; // 控制标志 1: 自动控制 ( 默认 ) 2: 手动控制  3: 语音控制
```

```java
public DeviceFragment ( ) {
    tbCloud=new TbCloud (this);
}
@Override
public View onCreateView (LayoutInflater inflater, ViewGroup container,
                Bundle savedInstanceState) {
    View view=inflater.inflate (R.layout.fragment_device, container, false);
    initView (view);
    return view;
}
@Override
public void onClick (View view) {
    switch (view.getId ( )){
        case R.id.chb_switch_ac:
            if (ctrl_flag==2) {// 手动控制下
                CheckBox chb_ac=(CheckBox) view;
                if (chb_ac.isChecked ( )) {// 开循环机
                    new Thread (new Runnable ( ) {
                        @Override
                        public void run ( ) {
                            tbCloud.sendCmds (Config.TOKEN_AC, Config.CMD_AC_KEY, "1");
                        }
                    }).start ( );
                } else {// 关循环机
                    new Thread (new Runnable ( ) {
                        @Override
```

```java
                    public void run ( ) {
            tbCloud.sendCmds (Config.TOKEN_AC, Config.CMD_AC_KEY, "0");
                    }
                }).start ( );
            }
        } else
            ToastUtils.toast (getActivity ( ), " 请先选择手动控制 ");
        break;
    case R.id.chb_switch_thermostat:
        if (ctrl_flag==2) {// 手动控制下
            CheckBox chb_thermostat=(CheckBox) view;
            if (chb_thermostat.isChecked ( )) {// 开恒温机
                new Thread (new Runnable ( ) {
                    @Override
                    public void run ( ) {
                        tbCloud.sendCmds (Config.TOKEN_THERMOSTAT, Config.CMD_THERMOSTAT_KEY, "1");
                    }
                }).start ( );
            } else {// 关恒温机
                new Thread (new Runnable ( ) {
                    @Override
                    public void run ( ) {
                        tbCloud.sendCmds (Config.TOKEN_THERMOSTAT, Config.CMD_THERMOSTAT_KEY, "0");
                    }
                }).start ( );
            }
```

```
                }
                else
                    ToastUtils.toast (getActivity ( )," 请先选择手动控制 ");
                break;
        case    R.id.ll_speak_ctrl: // 语音控制
            break;
    }
}
// 初始化组件和添加事件监听
public void initView (View view){
    // 查找组件
    rlCardThermostat=view.findViewById (R.id.rl_card_thermostat);
    rlCardAC=view.findViewById (R.id.rl_card_ac);
    tvStateThermostat=view.findViewById (R.id.tv_state_thermostat);
    tvStateAC=view.findViewById (R.id.tv_state_ac);
    tvTempIn=view.findViewById (R.id.tv_temp_in);
    tvTempOut=view.findViewById (R.id.tv_temp_out);
    chbSwitchAC=view.findViewById (R.id.chb_switch_ac);
    chbSwitchThermostat=view.findViewById (R.id.chb_switch_thermostat);
    ctrl_radioGroup=view.findViewById (R.id.ctrl_radioGroup);
    tvTipSpeak=view.findViewById (R.id.tv_tip_speak);
    llSpeakCtrl=view.findViewById (R.id.ll_speak_ctrl);
    // 添加事件监听
    llSpeakCtrl.setOnClickListener (this);
    chbSwitchAC.setOnClickListener (this); // 循环机的开关监听事件
    chbSwitchThermostat.setOnClickListener (this); // 恒温机的开关监听事件
```

```java
// 按钮组的监听事件
ctrl_radioGroup.setOnCheckedChangeListener (new
RadioGroup.OnCheckedChangeListener ( ) {
    @Override
    public void onCheckedChanged (RadioGroup group, int checkedId) {
        switch (checkedId){
            case R.id.rbtn_ctrl_1: // 自动控制
                chbSwitchAC.setEnabled (false); // 禁用循环机的开关
                chbSwitchThermostat.setEnabled (false);
                ctrl_flag=1; // 设置自动控制模式 1
                break;
            case R.id.rbtn_ctrl_2: // 手动控制
                chbSwitchAC.setEnabled (true);
                chbSwitchThermostat.setEnabled (true);
                ctrl_flag=2; // 设置手动控制模式 2
                break;
            case R.id.rbtn_ctrl_3: // 语音控制
                chbSwitchAC.setEnabled (false);
                chbSwitchThermostat.setEnabled (false);
                ctrl_flag=3; // 设置语音控制模式 3
                break;
        }
    }
});
// 这里省略各控件的 get 和 set 方法，需要的时候可自行增加
}
```

到 AIoT 平台中开启 ThingsBoard、开启 tb-gateway 所在的终端，运行程序，开启虚拟仿真的模拟数据（标号①），选择"手动控制"（标号②），单击恒温机的"开"（标号③），执行器（标号④）通电，恒温机转动。同样，开启循环机后，单击循环机的"关"（标号⑤），执行器断电，循环机关机，如图 11-23 所示。

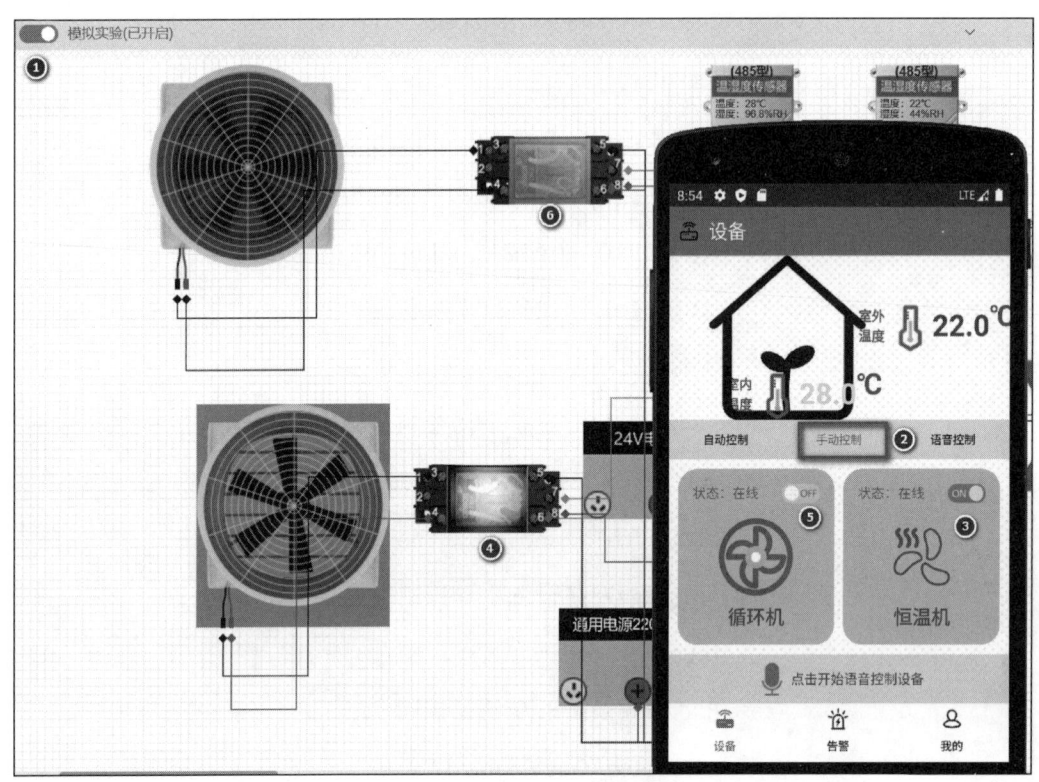

图 11-23 手动控制设备的效果图

（二）联动控制

智慧温室移动端联动控制的需求如下：

（1）预设一个正常温度范围 20 ~ 30 ℃，如果室内、室外传感器监测到的温度在正常范围内，则循环机和恒温机都不转动。

（2）当室内温度异常、室外温度正常时，循环机转动。

（3）当室内温度异常、室外温度也异常时，恒温机转动。

在 Config 类中添加正常温度范围的最小值与最大值，代码如下：

```java
public class Config {
    ...
    // 温度阈值
    public static int min_temp=20;
    public static int max_temp=30;
}
```

在线程类 GetDataThread 中的 while (true){} 中增加设备联动控制的代码,设备联动是在自动控制模式下实现的,代码如下:

```java
public class GetDataThread extends Thread {
    ...
    @Override
    public void run ( ) {
        super.run ( );
        while (true){
            ...
            // 设备联动
            if (deviceFragment.getCtrl_flag ( )==1)// 自动控制
            {
                String tsAlarm=sdf.format (currTime);
                if (temp_in > Config.max_temp || temp_in < Config.min_temp) {
                    if (alarmFragment.getList ( ).size ( ) >=1000) {
                        alarmFragment.getList ( ).clear ( );
                    }
                    if (temp_out > Config.min_temp && temp_out < Config.max_temp) {
                        // 室内异常、室外正常,开循环机
                        tbCloud.handlerDevice ("OPEN", "ac");
                        alarm=new Alarm (" 室内异常、室外正常,开循环机 !", tsAlarm);
```

```
                    } else {
                        // 室内异常、室外异常，开恒温机
                        tbCloud.handlerDevice ("OPEN", "thermostat");
                alarm=new Alarm (" 室内异常、室外异常，开恒温机 !", tsAlarm);
                    }
                    // alarmFragment.getList ( ).add (0, alarm);
                    if (alarmFragment.getAdapter ( ) !=null) {
                        mainActivity.runOnUiThread (new Runnable ( ) {
                            @Override
                            public void run ( ) {
                                alarmFragment.getList ( ).add (0, alarm);
                            // 通知适配器，数据发生了改变
                                alarmFragment.getAdapter ( ).notifyDataSetChanged ( );
                            }
                        });
                    }
                    SPUtils.putAlarm (mainActivity, tsAlarm, alarm);
                } else {
                    // 室内正常，设备关闭
                    tbCloud.handlerDevice ("CLOSE", "ac");
                    tbCloud.handlerDevice ("CLOSE", "thermostat");
                }
            }
            ...
}
```

运行程序，选择自动控制模式，按第五章表 5-6 的测试条件进行测试，验证设备联动控制的效果。

第五节 智 能 告 警

本节主要介绍如何实现智能告警。当采集的室内外温度不在预设的范围内时进行告警。

考核知识点及能力要求：

- 能添加列表的依赖；
- 能定义告警的适配器；
- 能绑定列表与适配器；
- 能实现告警；
- 能使用偏好数据库进行告警信息的保存和读取；
- 能解决告警功能实现中出现的问题。

一、告警信息列表与适配器

当温室的室内外温度异常时，将会自动告警，并将告警信息进行列表展示。告警信息列表使用 RecyclerView 组件，需要在项目中添加依赖和定义适配器等。

（一）添加 RecyclerView 依赖

RecyclerView 是 support-v7 包中的新组件，是一个强大的滑动组件，用于大量数据展示，拥有回收复用 View 的功能。

使用 RecyclerView 需要在 build.gradle 文件中引入依赖 implementation 'androidx.recyclerview:recyclerview:1.0.0'。依赖添加完成后，需要使用同步进行项目构建。在智

慧温室 App 搭建时已添加了该依赖，读者可查看第十章图 10-17 的说明。

（二）定义告警列表的适配器

使用 RecyclerView 需要自定义适配器，比如告警列表对应的适配器定义为 AlarmAdapter。AlarmAdapter 适配器继承自 RecyclerView.Adapter，并指定泛型 AlarmAdapter.ViewHolder。ViewHolder 是 AlarmAdapter 中的一个内部类，继承自 RecyclerView.ViewHolder 类，在内部定义了一个构造方法并传入一个 View 参数。这个参数通常就是 RecyclerView 子项的最外层布局，通过 findViewById () 方法来获取布局中的组件。

在 AlarmAdapter 中也有一个构造方法，并传入一个 List，这个 List 就是适配器需要传入的数据。

由于 AlarmAdapter 继承自 RecyclerView.Adapter，那么就必须重写 onCreateViewHolder ()、onBindViewHolder () 和 getItemCount 这三个方法。onCreateViewHolder () 方法用于创建 ViewHolder 实例，在这个方法中绑定子项的布局产生一个 View，并创建一个 ViewHolder 对象返回；onBindViewHolder () 方法用于绑定 RecyclerView 子项的数据，可以通过第二个整型参数表示当前子项的索引（索引从 0 开始）；getItemCount () 方法返回的是数据源的长度。

由上述描述得知，使用 RecyclerView 时需要有一个子列表，因此先在 res/layout 下新建子项的布局文件 item_layout.xml。界面布局设计如图 11-24 所示，读者可自行实现界面代码。

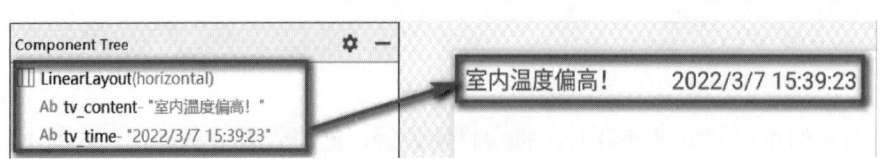

图 11-24　告警列表子项的布局设计

在 ui.adapter 包下新建 AlarmAdapter 类，继承自 RecyclerView.Adapter。代码如下：

```
public class AlarmAdapter extends RecyclerView.Adapter<AlarmAdapter.ViewHolder> {
    private List<Alarm> list; // 传给适配器的数据
    public AlarmAdapter (List<Alarm> list){
```

```java
        this.list=list;
    }
    @NonNull
    @Override
    public ViewHolder onCreateViewHolder (@NonNull ViewGroup parent, int viewType) {
        // 创建 ViewHoler 实例并绑定子项列表布局文件
        View view=LayoutInflater.from (parent.getContext ( )).inflate (R.layout.item_layout, parent, false);
        ViewHolder holder=new ViewHolder (view);
        return holder;
    }
    @Override
    public void onBindViewHolder (@NonNull ViewHolder holder, int position) {
        Alarm alarm=list.get (position);
        // 绑定子项数据
        holder.tvContent.setText (alarm.getContent ( ));
        holder.tvTime.setText (alarm.getTime ( ));
    }
    @Override
    public int getItemCount ( ) {
        return list.size ( );
    }
    public class ViewHolder extends RecyclerView.ViewHolder{
        TextView tvContent, tvTime;
        public ViewHolder (@NonNull View itemView) {
```

```
            super (itemView);
            // 获取列表子项布局中的组件
            tvContent=itemView.findViewById (R.id.tv_content);
            tvTime=itemView.findViewById (R.id.tv_time);
        }
    }
}
```

（三）绑定告警列表与适配器

在 AlarmFragment 类中进行组件初始化，并把告警数据传递给适配器，将 RecyclerView 组件与适配器进行绑定。代码如下：

```
public class AlarmFragment extends Fragment {
    RecyclerView recyclerView;
    public static List<Alarm> list; // 告警数据
    EditText etMinTemp, etMaxTemp;
    Button btnSetTemp;
    AlarmAdapter adapter; // 告警适配器
    public AlarmFragment ( ) {
    }
    public void initData ( ){
    }
    public void initRecyclerView (View view){
        recyclerView=view.findViewById (R.id.alarm_list);
        LinearLayoutManager layoutManager=new LinearLayoutManager (getActivity ( ));
        recyclerView.setLayoutManager (layoutManager);
        adapter=new AlarmAdapter (list); // 把告警列表数据传给适配器
        recyclerView.setAdapter (adapter); // RecyclerView 组件与适配器绑定
```

```
    }
    public void initView (View view){
        etMinTemp=view.findViewById (R.id.et_min_temp);
        etMaxTemp=view.findViewById (R.id.et_max_temp);
        btnSetTemp=view.findViewById (R.id.btn_set_temp);
    }
    @Override
    public View onCreateView (LayoutInflater inflater, ViewGroup container,
                    Bundle savedInstanceState) {
        View view=inflater.inflate (R.layout.fragment_alarm, container, false);
        initData ( );
        initRecyclerView (view);
        initView (view);
        return view;
    }
    public AlarmAdapter getAdapter ( ) {
        return adapter;
    }
}
```

（四）封装告警类

上述代码涉及类 Alarm。Alarm 用于封装告警数据，在 model 包下新建类 Alarm 的代码如下：

```
public class Alarm {
    private String content; // 告警信息
    private String time; // 告警时间
    // 自行添加构造方法、get、set 方法
}
```

（五）在页面切换事件中通知适配器数据改变

当告警页被选中时，进行告警数据初始化并通知适配器数据改变，在SmartMainActivity类中的onPageSelected()方法中增加三行代码，代码如下：

```java
@Override
public void onPageSelected (int position) {
    switch (position){
        case 0:
            radioGroup.check (R.id.rbtn_device); // 设备页
            break;
        case 1:
            radioGroup.check (R.id.rbtn_alarm); // 告警页
            // 增加三行代码
            alarmFragment.getList ( ).clear ( ); // 清除集合中的内容
            alarmFragment.initData ( ); // 读取文件中保存的告警数据
            alarmFragment.getAdapter ( ).notifyDataSetChanged ( ); // 通知适配器数据发生了改变
            break;
        case 2:
            radioGroup.check (R.id.rbtn_mine); // 我的页
            break;
    }
}
```

二、实现自动告警

产生告警数据时，可以把告警信息进行保存，当需要时读取数据进行分析，以充分利用数据产生价值。Android中的数据保存可以使用数据库、文件和偏好数据库，这里使用偏好数据库进行保存和读取。

（一）实现保存和读取告警信息的方法

在工具类 SPUtils 中添加告警信息保存用的文件名、保存方法和读取方法，代码如下：

```java
public class SPUtils {

    ...

    // 保存告警信息
    public static final String FILE_AlARM="NLE_alarm_data";
    // 保存告警数据
    public static void putAlarm (Context context, String key, Alarm alarm) {
        SharedPreferences sp=context.getSharedPreferences (FILE_AlARM,
            Context.MODE_PRIVATE); // 偏好数据库对象
        SharedPreferences.Editor editor=sp.edit ( ); // 偏好数据库对象的编辑器
        editor.putString (alarm.getTime ( ), JSON.toJSONString (alarm));
        SharedPreferencesCompat.apply (editor); // 提交
    }
    // 获取所有告警的方法
    public static List<Alarm> getAllAlarm (Context context) {
        SharedPreferences sp=context.getSharedPreferences (FILE_AlARM,
            Context.MODE_PRIVATE);
        List<Alarm> alarms=new ArrayList<> ( );
        Map<String, ?> data=sp.getAll ( );
        for (String key: data.keySet ( )){
            String alarmJson=(String) data.get (key);
            alarms.add (JSON.parseObject (alarmJson, Alarm.class));
```

```
        }
            return alarms;
        }
}
```

（二）读取告警数据

在 AlarmFragment 类的 initData（）方法中，读取所有告警信息，以便程序一启动就能加载保存过的告警信息。代码如下：

```
public class AlarmFragment extends Fragment {
    ...
    Context context; // 上下文对象
    List<Alarm> list=new ArrayList ( ); // 告警集合对象
    public List<Alarm> getList ( ){
        return list;
    }
    public void initData ( ){
        context=getContext ( ); // 获取上下文对象
        list=SPUtils.getAllAlarm (context); // 获取所有告警信息
    }
    public void initRecyclerView (View view){
        ...
        adapter=new AlarmAdapter (list); // 把告警列表数据传给适配器
        recyclerView.setAdapter (adapter); // 绑定适配器
        adapter.notifyDataSetChanged ( ); // 通知适配器数据发生改变
    }
}
```

(三)告警阈值的设置

在 AlarmFragment 类的 initView()方法中,获取用户输入的温度最大值与最小值,并记录到 Config 类中。代码如下:

```java
public void initView (View view){
    ...
    btnSetTemp=view.findViewById (R.id.btn_set_temp);
    // 告警阈值设置
    btnSetTemp.setOnClickListener (new View.OnClickListener ( ) {
        @Override
        public void onClick (View view) {
            try {
                Config.min_temp=Integer.parseInt (etMinTemp.getText ( ).toString ( ));
                Config.max_temp=Integer.parseInt (etMaxTemp.getText ( ).toString ( ));
                ToastUtils.toast (context, " 设定成功 !");
            } catch (NumberFormatException e) {
                ToastUtils.toast (context, " 请输入数字 !");
            }
        }
    });
}
```

(四)编写自动告警的代码

当获取到室内温度和室外温度后,与预设的正常范围值进行判断,当符合异常告警条件时,组装告警对象并把它添加到告警集合中,通知适配器数据发生了改变,同时保存告警数据。

在线程类 GetDataThread 中,增加 handlerDevice()方法用于控制设备的开与关,在线程的 while (true){} 中增加设备联动控制的代码。代码如下：

```java
public class GetDataThread extends Thread {
    //...
    Alarm alarm;
    AlarmFragment alarmFragment;
    SimpleDateFormat sdf=new SimpleDateFormat ("yyyy-MM-dd HH: mm: ss");
    public GetDataThread (SmartMainActivity mainActivity){
        //...
        alarmFragment=mainActivity.getAlarmFragment ( );
    }
    @Override
    public void run ( ) {
        super.run ( );
        while (true){
            //...
            // 设备联动
            String tsAlarm=sdf.format (currTime);
            if (temp_in>Config.max_temp||temp_in<Config.min_temp){// 室内异常
                // 告警条数超过 1000 行就清 0
                if (alarmFragment.getList ( ).size ( )>=1000)
                {
                    alarmFragment.getList ( ).clear ( );
                }
                if (temp_out>Config.min_temp&&temp_out<Config.max_temp){
                    // 室内异常、室外正常，开循环机
                    handlerDevice (true, "ac");
                    // 组装告警对象
```

```
        alarm=new Alarm (" 室内异常、室外正常，开循环机 !", tsAlarm);
      }else{
          // 室内异常、室外异常，开恒温机
          handlerDevice (true, "thermostat");
          // 组装告警对象
        alarm=new Alarm (" 室内异常、室外异常，开恒温机 !", tsAlarm);
      }
      alarmFragment.getList ( ).add (0, alarm); // 告警对象存放到集合中
      if (alarmFragment.getAdapter ( )!=null)
      {
          mainActivity.runOnUiThread (new Runnable ( ) {
              @Override
              public void run ( ) {
             // 通知适配器，数据发生了改变
             alarmFragment.getAdapter ( ).notifyDataSetChanged ( );
              }
          });
      }
      SPUtils.putAlarm (mainActivity, tsAlarm, alarm); // 保存告警数据
  }else{
      // 室内正常，设备关闭
      handlerDevice (false, "ac");
      handlerDevice (false, "thermostat");
  }
}
```

（五）效果验证

自动告警的效果最好与上面的联动控制一起测试，改变室内外温湿度传感器上报的数据，查看告警页面的信息，如图11-25所示。

图11-25　自动告警效果图

至此，智慧温室App针对物联网的常见功能（如传感数据获取、展示、设备控制、自动告警等）的开发都实现了，设备控制部分除了手动控制和自行控制，还可以使用第三方接口进行智慧温室的定位显示等，有兴趣读者可自行研究。

思考题

1. Android移动开发有哪些常用布局和组件？

2. 页面滑动切换是如何实现的？

3. 简述OkHttp网络库的使用方式。

4. 简述Android与物联网云平台的RESTful认证过程。

5. 简述获取物联网云平台数据的过程。

6. 设备控制是如何实现的？

7. 自动告警是如何实现的？

参考文献

[1] 杨保华，戴王剑，曹亚伦. Docker 技术入门与实战[M]. 3 版. 北京：机械工业出版社，2018.

[2] 付强. 物联网系统开发：从 0 到 1 构建 IoT 平台[M]. 北京：机械工业出版社，2020.

[3] 韩健. InfuluxDB 原理与实战[M]. 北京：机械工业出版社，2020.

[4] 佩里·利. 物联网系统架构设计与边缘计算[M]. 2 版. 中国移动设计院北京分院，译. 北京：机械工业出版社，2021.

[5] 郭霖. 第一行代码 Android[M]. 3 版. 北京：人民邮电出版社，2020.

后 记

2022年1月12日，国务院正式发布《"十四五"数字经济发展规划》（以下简称《规划》）。根据《规划》，到2025年，数字经济迈向全面扩展期，数字经济核心产业增加值占GDP比重达到10%。而作为未来数字经济重要底座支撑的物联网新型基础设施建设，《规划》也做了重点布局。伴随国家政策大力支持以及技术逐渐成熟，物联网产业发展的驱动力愈发强劲，发展势头越来越好。据IoT Analytics统计数据显示，2025年中国物联网连接数将增长至309亿。可以预见在"十四五"期间，我国物联网领域会迎来新时代、新态势、新征程。

在"十四五"规划中，物联网被划定为7大数字经济重点产业之一。我国的物联网产业链及市场发展拥有广阔的发展前景，产业正处于蓬勃发展的阶段，需要大量的专业人才提供支撑。

人力资源社会保障部、国家市场监督管理总局、国家统计局在2019年4月正式发布13个新职业，这是自2015年版国家职业分类大典颁布以来发布的首批新职业。这批新职业主要集中在高新技术领域，既有时下热门的物联网工程技术人员、云计算工程技术人员、电子竞技员等，也有适应传统行业变化需求的工业机器人系统操作员、农业经理人等。

以《人力资源社会保障部办公厅　市场监管总局办公厅　统计局办公室关于发布人工智能工程技术人员等职业信息的通知》（人社厅发〔2019〕48号）为依据，在充分考虑科技进步、社会经济发展和产业结构变化对物联网工程技术人员专业要求的基础上，以客观反映物联网技术发展水平对其从业人员的专业能力要求为目标，根据《物联网工程技术人员国家职业技术技能标准（2021年版）》（以下简称《标准》）对物联网工程技术人员职业功能、工作内容、专业能力要求和相关知识要求的描述，人力资源社会保障部专业技术人员管理司指导工业和信息化部教育与考试中心，组织有关专家开展了物联网工程技术人员培训教程（以下简称教程）的编写工作，用于全国专业技术人员新职业培训。

物联网工程技术人员是从事物联网架构、平台、芯片、传感器、智能标签等技术的研究和开发，并加以利用、管理、维护和服务的工程技术人员。其共分为三个专业技术等级，分别为初级、中级、高级。其中，初级、中级分为三个职业方向：物联网嵌入式开发方向、物联网应用开发方向、物联网系统集成与管理方向；高级不分职业方向。

与此相对应，教程也分为初级、中级、高级，分别对应其专业能力考核要求。另外，本系列教程单独设置《物联网工程技术人员——物联网基础知识》，对应其理论知识考核要求。《物联网工程技术人员——物联网基础知识》一书涵盖《标准》中从事本职业人员所需具备的基础知识和基本技能，是开展新职业技术技能培训的必备用书。

在使用本系列教程开展培训时，应当结合培训目标与受众人员的实际水平和专业方向，选用合适的教程。在物联网工程技术人员培训中涉及的基础知识是初级、中级、高级工程技术人员都需要掌握的；初级、中级物联网工程技术人员培训中，可以根据培训目标与受众人员实际，选用物联网嵌入式开发、物联网应用开发、物联网系统集成与管理三个职业方向培训教程的一至三本。培训考核合格后，获得相应证书。

初级教程包含《物联网工程技术人员（初级）——物联网嵌入式开发》《物联网工程技术人员（初级）——物联网应用开发》《物联网工程技术人员（初级）——物联网系统集成与管理》。《物联网工程技术人员（初级）——物联网嵌入式开发》一书内容对应《标准》中物联网初级工程技术人员嵌入式开发职业方向应该具备的专业能力要求；《物联网工程技术人员（初级）——物联网应用开发》一书内容对应《标准》中物联网初级工程技术人员应用开发职业方向应该具备的专业能力要求；《物联网工程技术人员（初级）——物联网系统集成与管理》一书内容对应《标准》中物联网初级工程技术人员系统集成与管理职业方向应该具备的专业能力要求。

　　本教程读者为大学专科学历（或高等职业学校毕业）以上，具有较强的学习能力、计算能力、表达能力及分析、推理和判断能力，参加全国专业技术人员新职业培训的人员。

　　物联网工程技术人员需按照《标准》的职业要求参加有关课程培训，完成规定学时，取得学时证明。初级 128 标准学时，中级 128 标准学时，高级 160 标准学时。

　　本教程编写过程中，得到了人力资源社会保障部、工业和信息化部相关部门的正确领导，得到了一些大学、科研院所、企业的专家学者的大力帮助和指导，同时参考了多方面的文献，吸收了许多专家学者的研究成果，在此表示由衷感谢。

　　由于编者水平、经验与时间所限，本书的不足与疏漏之处在所难免，恳请广大读者批评与指正。

本书编委会